U0343727

首届科学施肥研讨会论文集

全国农业技术推广服务中心　编

中国农业出版社

北　京

图书在版编目（CIP）数据

首届科学施肥研讨会论文集／全国农业技术推广服务中心编. —北京：中国农业出版社，2023.1
　　ISBN 978-7-109-30713-1

　　Ⅰ.①首…　Ⅱ.①全…　Ⅲ.①合理施肥－中国－学术会议－文集　Ⅳ.①S147.3-53

　　中国国家版本馆 CIP 数据核字（2023）第 089062 号

中国农业出版社出版

地址：北京市朝阳区麦子店街 18 号楼
邮编：100125
责任编辑：魏兆猛
责任设计：杨　婧　　责任校对：吴丽婷
印刷：中农印务有限公司
版次：2023 年 1 月第 1 版
印次：2023 年 1 月北京第 1 次印刷
发行：新华书店北京发行所
开本：787mm×1092mm　1/16
印张：16.5
字数：370 千字
定价：85.00 元

编 委 会

主　编　杜　森　薛彦东　傅国海　周　璇
副主编　徐　洋　潘晓丽　钟永红　胡江鹏
编　者（按姓氏笔画排序）
　　　　丁亚会　万亚男　王　琪　王云龙
　　　　苏新新　杜　森　李增源　吴雨清
　　　　张卫峰　周　璇　胡江鹏　钟永红
　　　　徐　洋　徐俊平　傅国海　潘晓丽
　　　　薛彦东

前　言

　　肥料是粮食的"粮食"，是农业生产的基本要素，是农产品产量和品质的物质基础，也是生态环境保护和资源高效利用的关键因子。2015年以来，农业农村部组织实施化肥使用量零增长行动，推广普及测土配方施肥技术，农用化肥施用量连续6年保持下降。2021年全国农用化肥施用量5 191万吨（折纯）、比2015年减少13.8%，化肥减量增效取得显著成效。科学施肥技术应用逐渐普及，有力保障了粮食安全，推动了农业绿色发展。2022年7月，全国农业技术推广服务中心联合农业农村部科学施肥专家指导组举办首届科学施肥研讨会，交流科学施肥技术研究进展，促进新技术、新产品、新机具"三新"集成配套与示范推广，为进一步做好科学施肥工作提供有力支撑。

　　本届研讨会开展了论文征集，共收到有关研究成果、技术总结、经验介绍等论文40多篇，较为系统地总结了近年来我国推广科学施肥技术进行的有效探索和取得的阶段性成果，对于指导生产实践具有较高的参考价值。为了使相关研究成果和技术应用成效得以广泛交流，我们编辑出版论文集，旨在推进科学施肥技术推广，促进稳粮保供和农业绿色发展。

　　因时间仓促及水平所限，书中难免错漏之处，敬请广大读者提出宝贵意见。

编　者

2023年1月

目 录

前言

我国中微量元素肥料研究应用进展 ……………………… 许猛　袁亮　李燕婷 等（1）

沼液对无土栽培生菜产量与品质的影响 ……………… 卢威　傅国海　张晓丽 等（15）

苹果最佳养分管理技术 ……………………… 姜远茂　葛顺峰　朱占玲 等（24）

我国科学施肥发展历程概述 ……………………… 杜森　徐洋　傅国海 等（30）

押金制肥料包装废弃物回收试点新模式初探 ………… 郝立岩　马记良　赵奇 等（35）

青海省化肥农药减量增效行动实践及对策 ……………………………… 王生（40）

土壤调理剂不同用量在旱地上的改良效果 ………………………………… 张世昌（46）

缓释肥料与增效复合肥混施在冬小麦种肥同播技术中的
　　施用效果初探 ……………………… 张培　郝立岩　李旭光 等（53）

有机肥替代化肥对桃产量及品质的影响 ……………………………… 颜士敏（59）

硝化抑制剂在肥料增效上的研究进展 ……………………… 赵嘉祺　兰晓庆（67）

肥料产品质量监督抽查的突出问题及对策研究 ……………………… 胡劲红（75）

马铃薯种植区酸化土壤改良试验研究 ……………… 席兴文　石丽　张海腾 等（81）

缓控释肥对土壤中不同形态氮素含量的影响 ……………… 杨彦　赵兴杰　刘雪宁（88）

日光温室西葫芦水肥一体化节水节肥效果浅析 ……………… 赵建华　赵嘉祺（94）

鲁中地区有机肥替代化肥对"沂源红"苹果产量及
　　果实品质的影响 ……………………… 刘玉婷　宋淑玲　宋诚亮 等（99）

化肥减量增效行动对濮阳市小麦、玉米施肥状况的影响分析 ……………… 张芳（107）

浅谈有机农业地力培肥途径 ……………………… 王美玲　李吉进（112）

江津区 2018—2019 年花椒协作试验综合性报告 ………… 彭清　王帅　赵敬坤 等（115）

南充市秸秆还田培肥地力技术模式初探 ……………… 王婉秋　钱建民　刘泳宏 等（121）

商洛市耕地土壤肥力变化研究及施肥建议 ……………………… 李存玲（126）

锌肥在大棚番茄上的应用效果 ……………… 李艳宁　姚振刚　李雪华 等（134）

锌肥在玉米栽培上的施用效果分析 ……………… 刘金玺　齐建军　陈红霞 等（138）

玉米缺锌症状及施肥技术 …………………… 齐建军 刘金玺 陈红霞 等（142）

喷施锌肥对花生产量影响效果探析 …………………………… 巴玉环（146）

关于全域推进种植业绿色发展的思考 ………… 王自立 陈强 李芳 等（150）

有机肥施用对作物生长和产量的影响 ……………………… 李晓雨（156）

浙北地区单季稻一次性施肥技术要点及效益评价 …………… 潘建清（165）

小麦-玉米一年两熟亩产吨半粮高产节肥技术模式研究与示范 … 张有成 李玉兰（170）

豫西南中低产田夏玉米高产高效轻简化集成施肥技术初探 …… 李玉兰 张有成（179）

对南方柑橘园绿肥新品种种植减肥效果的评估 ……… 纪海石 谢灵先 贾振刚 等（187）

水稻化肥减量推广应用助力农业面源污染治理 ………………… 雷竹光（196）

有机肥替代部分化肥对重庆城口马铃薯产量的影响 …… 宁红 颜德青 张波 等（203）

古蔺县化肥减量增效技术研究与推广 ………… 胡伟 杨力瑶 李平 等（208）

猕猴桃化肥减量稳产提质增效技术模式研究 ………… 朱岁层 黄晓静 杜建平（213）

湟中区化肥减量增效技术模式及工作成效 …………………… 李文玲（220）

新疆塔城地区滴灌玉米肥料利用率研究 ………… 李亚莉 杨芳永 汤明尧 等（226）

不同有机肥对英红九号一芽二叶产量和品质的影响 …… 李志坚 俞露婷 李燕青 等（232）

钙、镁中量元素肥料对黄瓜产量、品质的影响 ………………… 姜姗 于洋（237）

含菌复合肥的生产与应用 ………………………… 张晓丽 陈晓忍（242）

减氮及配施镁肥对水稻产量、品质的影响 ………………… 于洋 姜姗（248）

通菜施用小分子有机水溶肥小区试验初报 ……… 黄继川 许杨贵 徐小霞 等（253）

我国中微量元素肥料研究应用进展

许 猛 袁 亮 李燕婷* 赵秉强

中国农业科学院农业资源与农业区划研究所

摘　要： 中微量元素肥料在农业生产中起着重要的作用：防治植物缺素症、提高作物产量和改善作物品质，并可应用于生物强化。比较不同中微量元素肥料的效果对其研究和应用具有指导意义。通过查阅大量文献，本文阐述了中微量元素肥料研究和应用的发展，比较了不同类型中微量元素肥料的应用效果，分析了无机类、有机类中微量元素肥料应用效果的差异性，并重点介绍了小分子有机物（氨基酸）螯合中微量元素肥料的应用效果。氨基酸等有机小分子螯合中微量元素肥料具有肥效显著、原料来源广泛、成本低廉的特点，符合资源节约-环境友好型社会的要求，在节水农业、设施农业中具有良好的应用前景，应成为中微量元素肥料研究和应用的发展方向。

关键词： 中微量元素肥料；肥效；缺素症；螯合肥

中微量元素在植物生长发育过程中是不可缺少的。缺乏中微量元素作物会发生缺素症状而影响生长发育，进而影响农产品的产量和品质。施用中微量元素肥料是防治作物中微量元素缺素症最便捷、高效，也是最重要的手段[1]。

早在19世纪40年代，法国植物学家E. Gris就研究了植物失绿症状与叶片铁含量的关系，并利用$FeSO_4$溶液矫正了葡萄的缺铁黄叶病[2]。20世纪30年代左右，锰、硼、锌、铜等微量元素相继被确定为植物必需元素[3]，为中微量元素以肥料的形式进入农业生产系统奠定了理论基础。20世纪70～80年代是世界中微量元素肥料发展的黄金年代，在此期间，以简单无机盐类为主的中微量元素肥料每年的消费量得到了稳步增长，规模日益扩大；到90年代初，以美国、苏联、日本为代表的世界20多个国家均已大规模生产和施用中微量元素肥料[4]。作为人工螯合剂的EDTA被工业化生产始于1939年[5]；70年代后，出现了人工螯合态的中微量元素肥料[6]，以美国、德国、英国、日本等发达国家产品为代表；90年代初以EDTA螯合剂为代表的人工螯合类中微量元素肥料已经非常丰富，虽然价格高昂，但因为效果好，应用越来越广泛；与此同时，便宜、环保的氨基酸、柠檬酸、磺酸木质素等天然螯合剂类中微量元素肥料也已出现[4]。

* 通讯作者：李燕婷，E-mail：liyanting@caas.cn

我国中微量元素肥料的科学研究开始于 20 世纪 40 年代[7]，比西方晚了一个世纪。20 世纪 50～60 年代开始研究微量元素在农业中的应用，在局部地区进行了实践应用；70 年代我国中微量元素肥料的研究与应用得到较全面的发展，应用种类和应用地区进一步扩大；80 年代开展的全国第二次土壤普查首次摸清了我国耕地土壤里中微量元素养分的基本情况，也为之后全国中微肥的进一步普及应用提供了科学的理论依据；90 年代我国在主要中微量元素缺乏的诊断、微量元素的生理效应等领域的研究与发达国家的差距进一步缩小，中微量元素肥料的应用也基本普及全国[7-15]。目前我国市场上的多数中微量元素肥料产品还比较重视生物活性物质的应用，尤其是对黄腐酸、氨基酸等天然小分子生物活性物质的应用[8]。总体而言，虽然我国中微量元素的应用水平落后于国外，但近年来差距一直在缩小。

纵观国内外，中微量元素肥料的研究和应用均先后经历了从无机盐类向有机类的发展，有机类又经历了由人工螯合类中微量元素肥料向以氨基酸、腐植酸等天然有机分子为代表的螯合中微量元素肥料的发展[16-17]。目前，国内市场上中微量元素肥料品种十分丰富，包括大量的国外进口产品。截至 2015 年 8 月，农业部登记的通用名称为"微量元素水溶肥料"的产品数就有 1 714 个，其中国外产品几乎占一半［数据来源于国家化肥质量监督检验中心（北京）］。

1　中微量元素肥料在农业生产中的重要性

中微量元素与大量元素一样，是植物正常生长发育的必需营养元素，相对于大量元素（氮、磷和钾）而言，植物需要量较少，在实际生产应用中，微量元素一般包括铁、锰、铜、锌，中量元素包括钙、镁、硫。植物严重缺乏某种中微量元素时，会发生典型的缺素症状（表 1），不仅阻碍作物的生长发育，还会降低作物的产量和品质，进而影响动物和人类的中微量元素摄入。对于人体来说，摄入微量元素不足也会出现微量元素缺乏症状，也就是"隐性饥饿"。全球处于隐性饥饿的人口超过 20 亿[3]。不仅粮食安全问题是全人类必须面临的重要挑战，隐性饥饿问题也是必须积极应对的重大课题。通过生物强化，提高食品中的中微量元素含量，补充人体所需的微量元素是应对隐性饥饿的有效手段[18-19]。施用中微量元素肥料除了可以补充作物的中微量元素营养、预防和矫正作物中微量元素的缺素症外，还可以用于生物强化，增加作物产量、提高农产品品质，对于解决世界粮食安全问题和隐性饥饿问题均具有重要意义[1]。

表 1　作物中微量元素典型缺素症

元素名称		作物及缺素症
中量元素	钙	番茄脐腐病；苹果苦痘病；白菜"干烧心"、叶焦病
	镁	水稻叶斑病、稻瘟病；胡麻叶斑病；小麦"念珠斑"
	硫	大豆黄叶病；茶叶茶黄病

(续)

元素名称		作物及缺素症
微量元素	铁	桃树、柑橘、栀子花、杜鹃花、杨树失绿黄化病
	锰	麦类、豆类杂斑病；甜菜黄斑病
	硼	棉花"蕾而不花"；油菜"花而不实"；芹菜茎折病
	锌	苹果、柑橘小叶病；水稻僵苗、矮缩苗；玉米白苗病
	钼	柑橘黄斑病；花椰菜、烟草鞭尾病；豆类"杯状叶"
	铜	麦类、果树顶枯病；小麦白瘟病（易感）、直穗病
	氯	烟草黄叶病；喜氯作物"抗病能力下降、叶片失氯凋萎"
	镍	豆科、葫芦科"脲酶活性下降、叶片出现坏死斑"

随着农业的发展，我国中微量元素缺乏现象越来越严重，中微量元素肥料的应用日益受到重视，应用也越来越广泛。在我国，土壤缺乏中微量元素已不仅仅是局部的、某一元素缺乏的现象，而且更多元素的缺乏一定程度上是潜在的缺乏，正如人类因微量元素不足而表现为"隐性饥饿"一样，有时虽然没有表现缺素症状但适当补充即有显效，这种潜在的缺乏比有症状的缺乏范围更为普遍[20]。大量试验证明，中微量元素肥料在全国各地区不同作物上均有明显的增产提质效果（表 2），而且在大部分区域作物上都是未表现缺素症状的"显效"。在我国，锌是最常见的土壤潜在缺乏微量元素，几种微量元素潜在缺乏顺序和比例为：Zn 51%>Mo 47%>B 35%>Mn 21%>Cu 7%>Fe 5%[21]。

随着人们对中微量元素在作物营养和人类营养方面认识的逐步深入，中微量元素肥料的应用也将随之更为广泛。

表 2 近十年来我国中微量元素肥料的肥效试验

开始时间	试验省份	供试作物	施肥方式	中微量元素肥料种类	增产（%）($P<0.05$)	提质参数（$P<0.05$）
2006	安徽[22]	砀山酥梨	喷施	硼砂（B）		可溶性糖、可溶性固形物、含酸量
2012	北京[23]	茄子	喷施	硼砂、八硼酸钠（B）	5.1～7.6	维生素 C 含量、可溶性固形物和糖酸比
2014	甘肃[24]	马铃薯	拌种	氨基酸微肥	7.7～34.5	
2009	广东[25]	甜、糯玉米	土施	硫黄粉、速效硫肥（S）	>3.3	风味（甜玉米）
2008	海南[26]	木薯	土施	硫酸盐（Mg）	14.3	淀粉产量
2005	河北[27]	益母草	喷施	硫酸盐（Mn、Zn）；EDTA 铁（Fe）		水苏碱
2009	河北[28]	苹果	注射	氨铁溶液（Fe）		缺素症指标下降
2010	河北[29]	小麦	土施	硫黄粉、速效硫肥（S）	3.3～10.2	籽粒蛋白质（部分提高）

（续）

开始时间	试验省份	供试作物	施肥方式	中微量元素肥料种类	增产（%）（$P<0.05$）	提质参数（$P<0.05$）
2006	河南[30]	小麦	土施	硫酸铵（S）	10.5	
2006	河南[31]	紫花苜蓿	喷施	硫酸铜（Cu）	6.9～31.4	
2006	河南[32]	紫花苜蓿	喷施	硫酸锰（Mn）；硼酸（B）	提高	含锰或硼量
2013	河南[33]	玉米	喷施	硫酸锌、氧化钼（Zn、Mo）		玉米抗性，延缓老叶衰老
2013	黑龙江[34]	大豆	土施	中微肥（多种）	1.2～4.7	蛋白质
2014	黑龙江[35]	马铃薯	土施	氯化钙（Ca）	提高	可溶性蛋白、维生素C、淀粉
2013		大白菜	喷施	氨基酸钙、氯化钙（Ca）	25.6	
2013	湖北[36]	番茄	喷施	氨基酸钙、氯化钙（Ca）	10.8	
2013		辣椒	喷施	氨基酸钙、EDTA钙、氯化钙（Ca）		可溶性糖
2006	江苏[37]	葡萄	土施	氨基酸螯合中微肥		可溶性固形物、还原糖含量，糖酸比
2007	江苏[38]	新高梨	土施	氨基酸螯合中微肥	提高	外观品质
2013	江苏[39]	番红花	喷施	硫酸盐（Mn、Cu、Mo、Zn）		可溶性糖，可溶性蛋白，淀粉
2012	江西[40]	水稻	土施	硅钙肥、过氧化钙（Ca）	>0.08	
2011	辽宁[41]	苹果	喷施	氨基酸钙（Ca）		苦痘病和痘斑病治愈率
2013	宁夏[42]	羊草	土施	无机盐（Fe、Mn、Cu、Zn、B、Mo）	>6.0	
2010	山东[29]	小麦	土施	硫黄粉、速效硫肥（S）	3.3～10.1	籽粒蛋白质
2008	山西[43]	大豆、玉米	土施	硫酸镁（Mg）	>2.8	粗蛋白
2007	陕西[44]	小麦	喷施	硫酸锌（Zn）		含锌量、含铁量
2011	陕西[45]	小麦	土施	石膏（S）	30.1	
2009	新疆[46]	玉米	土施	硫酸锌（Zn）	6.6	
2010	新疆[47]	枣树	注射	锰肥（Mn）	提高	单果重，铁锰锌钙含量
2012	新疆[48]	紫花苜蓿	喷施	无机盐（B、Mo、Fe）	7.5～12.9	
2010	云南[49]	甘蔗	喷施	氨基酸螯合中微肥	>10.6	产糖量
2008	浙江[50]	水稻	喷施	氨基酸铁肥（Fe）		精米铁含量，氨基酸、蛋白质含量
2009	浙江[51]	水稻	喷施	硫酸锌、硫酸亚铁（Zn、Fe）	4.5	
2014	浙江[52]	大豆	土施	硼肥、钼肥（B、Mo）	4.1～13.0	

2 中微量元素肥料的类型及其应用

中微量元素肥料（以下简称中微肥）按照产品化学形态可分为两大类：无机态和螯合态，后者又可分为人工螯合剂中微肥和天然螯合剂中微肥[20,53]。

无机态中微肥指农用中微量元素的无机盐或含有中微量元素的化学肥料。目前市场上存在的无机态中微肥包括：易溶性无机盐（如硫酸锌、硫酸铁）、含中微量元素缓控释肥料（如硫包衣钙和镁磷肥包膜）、含中微量元素的复合肥、玻璃微肥和可直接施用的含中微量元素的矿石粉等。对于大多数中微量元素，硫酸盐类均是应用较为广泛的无机态中微肥[53,54]，故本文探讨的无机态中微肥主要是指硫酸盐类。

螯合态中微肥是指中微量元素与螯合剂，如 EDTA、有机酸和多糖等配位体通过离子键或共价键结合形成的螯（络）合物，即含有中微量元素的螯（络）合物[55]。国外在20 世纪 50 年代就开始研究用螯合剂来解决中微量元素生物有效性低的问题[56]，经过几十年的发展，螯合剂的种类越来越丰富。当今市场上存在的螯合态中微肥包括：人工合成螯合剂（如 EDTA、DTPA 等）螯合中微肥、有机物螯合中微肥（如木质素磺酸络合微肥、腐植酸微肥、海藻酸微肥、氨基酸微肥等）。其中，EDTA 几乎可以与所有中微量元素都能形成稳定的螯合物，EDTA 螯合肥料的应用非常广泛[53,55,57-59]，且效果好于其他人工螯合剂[59-60]。腐植酸和氨基酸是天然有机物螯合剂中开发应用较多的类型[55]。本文主要探讨以 EDTA 为代表的人工螯合剂类以及以腐植酸为代表的天然大分子有机物和以氨基酸等为代表的天然小分子有机物螯合剂类的螯合态中微肥的应用。

2.1 螯合态中微肥与无机态中微肥肥效差异

不仅施肥方式、作物品种、土壤类型、灌溉制度等会影响中微量元素肥料肥效的发挥，肥料类别本身对肥效的影响也很大。不同类型的中微肥因原料来源及其性质的不同，使得不同产品的生产技术工艺和产品性质等均存在较大的差异（表 3）。这些差异导致无机态中微肥与螯合类中微肥在应用中的效果也不同。

表 3　不同类型中微肥生产工艺和产品性质的比较

类型	原料再生性	加工工艺	相对成本	相对分子质量	水溶性	肥效	土壤固定	环境风险
硫酸盐类	否	较简单	高	小	强	一般	易	土壤酸化等
EDTA 类	否	复杂	最高	大	最强	好	难	残留污染等
腐植酸类	否	复杂	低	大	强	好	难	无
氨基酸类	是	复杂	低	小	强	优	难	无

前人在螯合态中微肥与无机态中微肥对作物增产提质方面做了大量的对比试验，但因环境条件、施肥方式、比较指标的不同，其试验结果差异也很大（表 4）。通过肥效对比

试验发现：螯合态中微肥肥效优于无机态中微肥，包括 EDTA、氨基酸在内的绝大多数螯合态中微肥对作物的增产提质效果一般都要优于同类型的无机态中微肥。一般认为，EDTA 螯合中微肥的肥效要好于无机中微肥[53,61-63]，并且 EDTA 螯合中微肥的效果优于其他人工螯合剂类螯合的中微肥[59-60]。关于螯合类中微肥肥料之间的肥效对比报道不多，天然螯合剂中微肥之间的肥效对比试验更少。对于表 4 中有限的螯合态肥料之间的肥效对比试验显示，氨基酸类螯合中微肥肥效一般要优于 EDTA 螯合中微肥。

表 4　有机态中微肥和螯合态中微肥肥效对比

供试作物	中微肥类型及其肥效对比	响应指标（$P < 0.05$）
茄子[63]		产量、维生素 C、糖酸比
菜心[64]	糖醇螯合钙＞硝酸钙	维生素 C、氨基酸、叶面积
黄瓜[65]		叶干鲜重，根、茎、叶钙吸收量
番茄[66]	糖醇螯合钙＞氯化钙	叶片钙、光合作用（抗高温胁迫条件）
苋菜[67]	糖醇螯合锌＞硫酸锌	硝酸盐、鲜重、可溶性糖、维生素 C
玉米[68]	木质螯合锌＞硫酸锌	株高、生物量（两茬）（未标显著性）
白菜、水稻[69]	氨基酸螯合中微肥＞无机中微肥（多种）	水稻、白菜生物量，稻粒淀粉含量
小麦[70]	氨基酸螯合中微肥＞硫酸盐（多种）	产量、蛋白质含量
玉米[71]	EDTA 锌＞硫酸锌	茎、叶磷锌比（降低值）（未标显著性）
三种小麦[61]	谷氨酸螯合锌/甘氨酸螯合锌＞硫酸锌精氨酸螯合锌/组氨酸螯合锌＞硫酸锌	产量 谷物锌含量、铁含量、蛋白质
两种小麦[72]	精氨酸、甘氨酸、组氨酸＞硫酸锌	产量，谷物含锌量、含铁量、磷锌比
水稻[73]	氨基酸螯合亚铁＞EDTA 三铁＞硫酸亚铁	稻米蛋白含量、铁含量、硼含量、锌含量
水稻[74]	氨基酸铁＞EDTA 铁＞硫酸铁	根、叶生长素、叶绿素、可溶性蛋白质
苹果[75]	氨基酸钙＞黄腐酸钙、硝酸钙	维生素 C、花青苷、叶绿素、可滴定酸含量
小麦[76]	EDTA 锌＞硫酸锌	结实率、千粒重、单位穗数、产量
水稻[77]	氨基酸锌、硫酸锌＞柠檬酸锌、EDTA 锌	谷物锌含量，精米锌利用率、磷含量
大豆[78]	EDDS 铁、EDTA 铁＞氨基酸铁	叶绿素、生物量、叶铁的浓度
桃[79]	硫酸亚铁＞EDTA 铁、柠檬酸铁	桃叶铁的浓度、矫正黄化症
小麦[80]	EDTA 锌＞硫酸锌	谷物锌含量、吸收浓度
水稻[81]	硫酸锌＋有机肥＞硫酸锌、EDTA 锌＞对照	产量，谷物锌含量、锌吸收（最佳浓度）
樱桃番茄[82]	小分子螯合钙＞硝酸钙	产量、可溶性糖、维生素 C

螯合态中微肥肥效优于无机态中微肥主要体现在提高作物产量和品质等方面，主要表现如下：

（1）螯合态中微肥生物强化作用突出　试验证明，螯合态中微肥对提高作物中微量元素含量（主要指钙、铁和锌元素）的作用明显优于无机态中微肥[61,72-73,77]。因植物性食品中的植酸会与中微量元素发生络合反应形成不溶物，从而影响人体对中微量元素的吸收[83]，而氨基酸螯合中微肥对降低植物产品中植酸含量的效果非常好[84-86]。氨基酸还可抑制植物对硝酸盐的吸收[87]。无论是单一还是混合氨基酸替代硝态氮，都可明显降低植物体内的硝酸盐含量[85,88]。

（2）螯合态中微肥用量少、后效好　无机态中微肥施入土壤后，过量会导致植物重金属中毒，影响植物正常生长，起到负面作用，而且很容易被土壤固定失效，利用率差。螯合态中微肥在土壤中稳定性好、损失少，利用率高。在石灰性土壤上，EDTA 螯合锌肥肥料利用率一般会比硫酸锌高出 3～5 倍[89]。因此，螯合态锌肥建议用量要低于无机类锌肥[90]；而且螯合态中微肥还具有养分缓释作用，在轮作或者多茬作物试验中均表现出较好的肥料后效[74,84,88]。例如，木质素磺酸锌与硫酸锌肥相比，在施锌量一致时（20 毫克/千克，Zn），施硫酸锌玉米生长受到抑制，而施木质素磺酸锌玉米生长良好，不仅第一茬玉米效果明显，第二茬玉米生长仍较硫酸锌好[68]。即便如此，有机螯合中微肥用量也要适宜，若用量过多同样也会有负面效果，对作物造成伤害，导致产量下降、肥料浪费等[69,74,91]。

2.2　螯合态中微肥的增效原因

（1）具有良好的稳定性和水溶性　土壤施肥方式下，中微肥的肥效很大程度上受其在土壤中稳定性的影响，无机类中微肥施入土壤后，很容易被土壤吸附固定或发生化学反应而失效，尤其是锌和铁元素[1]；而且土壤溶液中离子的互相作用也通常会使得中微量元素离子不能完全发挥作用，如磷-锌的拮抗作用。不仅土壤施用，叶面喷施时营养元素间的相互促进或拮抗作用也会影响肥料的效果[62]。螯合态中微肥由螯合剂和中微量元素螯合而成，其分子具有良好的化学稳定性，有效降低了化学反应失效和不同元素间的拮抗作用，提高了中微量营养元素的利用率。而且，利用天然螯合物形成的螯合态中微肥还具有螯合剂和元素间的协同作用，其整体性能高于单施螯合物（如氨基酸）和单施矿物元素[84,89]。中微肥营养元素移动到根表面的能力影响其肥效的发挥，水溶性好的肥料更易扩散到根区。相同元素的中微肥一般螯合态较无机态更易溶于水，如对于锌肥来说，Zn-EDTA 比易溶的 $ZnSO_4$ 溶解度还要大[91]，比不易溶的 ZnO 和玻璃态 Zn 更易到达根区[90]。

（2）易于作物吸收，利用率高　在自然条件下，受中微量元素胁迫时，植物本身可分泌有机螯合物以提高土壤中微量元素的有效性。例如，在缺铁胁迫条件下，禾本科植物根尖细胞向根际分泌一类非蛋白质氨基酸，可与根际土壤中的铁或锌发生螯合作用，提高其活性，这使得禾本科植物即使在 pH 很高的石灰性土壤上，一般也不易出现缺铁症状。据研究，氨基酸、糖醇等小分子螯合物，其相对分子质量小可直接进入植物体内[88]，它们形成的螯合物有些也可被作物直接吸收。如糖醇螯合钙，不仅稳定性好，其在碱性溶液中溶解度也高[63]。植株韧皮部内是碱性环境，普通无机盐钙离子在碱性环境下溶解性和移动性都较差[86]，而糖醇螯合钙可直接进入植物体内在韧皮部移动运输。用糖醇螯合钙喷施茄子，茄子的叶长和叶宽显著高于喷施硝酸钙处理[63]。黄腐酸是腐植酸中相对分子质量较小、生理活性较强的成分，能被直接吸收进植物体内[92]。黄腐酸螯合钙可加速钙元素在树体内的运输，可使苹果的整体机能得到加强，如光合作用、Ca^{2+} – ATPase 活性和 SOD 等三种保护酶活性的作用程度以及单果重增加幅度等均好于 EDTA 螯合钙处理[93]。

氨基酸作为螯合剂制得的中微肥还具有多重肥效。在自然条件下氨基酸本身就是某些植物主要的氮素来源[94]。氨基酸和糖醇等小分子有机物，既具有螯合性能使中微量元素保持活性，又能作为营养物质被作物直接吸收[95-96]。氨基酸作为植物生物刺激素，不仅可以为作物提供速效有机氮，还可促进作物生长发育、提高植物抵御生物胁迫和非生物胁迫的能力[97]。在粮食作物、水果蔬菜、花卉园艺、豆类、薯类、油料作物、纤维作物、特用作物等各类作物上[98-123]，氨基酸肥料的肥效均非常显著。

3　小结

随着现代化农业的发展，中微量元素营养的重要性日显突出，中微量元素肥料的应用也将更为普遍和重要。如前所述，生产实践和研究试验均证明螯合态中微肥的应用效果明显好于无机态中微肥，人们更加关注螯合态中微肥的发展。

人工螯合剂（如 EDTA）虽然螯合能力强、效果不错，应用广泛，但 EDTA 螯合剂存在许多弊端：人工螯合剂消耗大量资源，成本较高；降解慢残留于土壤，存在污染土壤环境的风险；其分解物一定程度上可能会抑制作物生长[124-125]；人工螯合剂大多相对分子质量大，容易引起作物植株伤害；EDTA 在土壤中太稳定，导致残留；叶面喷施时由于相对分子质量大不易进入叶内[3]等。总之，EDTA 螯合剂的使用有悖于资源节约-环境友好的社会发展趋势，在欧洲一些国家 EDTA 螯合肥料早已被禁用[79]。

天然螯合剂螯合的中微肥肥效不比人工螯合剂差，在提高作物品质方面的作用尤为突出。并且天然螯合剂其原料大多来自工农业生产中的废弃物，可以消耗大量农业废弃物，解决农业废弃物浪费和污染环境的问题，符合我国建设资源节约-环境友好型社会的国策。氨基酸等相对分子质量小的天然螯合态螯合剂还具有多重肥效，可用于解决隐性饥饿问题以及对于蔬菜、水果等经济作物由于施化学氮肥过高导致的收获物硝酸盐含量超标问题。目前，我国滴灌、喷灌等设施农业发展迅速，氨基酸肥料由于水溶性好，已被应用于节水设施农业之中[126]。氨基酸螯合中微肥水溶性也不错，同样可以用于节水设施农业中。

总之，以氨基酸等小分子为代表的有机螯合中微量元素肥料具有肥效显著、来源广泛、成本低廉的特点，符合我国建设资源节约-环境友好型社会的要求，作为水溶肥在节水农业、设施农业中也具有良好的应用前景，应成为中微量元素肥料的发展方向。

参考文献

[1] Khoshgoftarmanesh A H，Schulin R，Chaney R L，et al. Micronutrient-efficient genotypes for crop yield and nutritional quality in sustainable agriculture. A review. Agronomy for Sustainable Development, 2010，30（1）：83 – 107.

［2］ Gris E. Memoir relatif a l'a action des compos'es solubles ferruguineauxsur la vegetation（Report concerning the action of soluble ferrous compounds in plants）. Compte Rendu de l'Acad'emie des Sciences，1843（17）：679.

［3］ Marschner H. Mineral Nutrition of Higher Plants. San Diego：Academic Press，1995.

［4］ 高俊文. 国外微量元素肥料发展动态. 化肥工业，1991（2）：2-5.

［5］ Knepper T P. Synthetic chelating agents and compounds exhibiting complexing properties in the aquatic environment. Trac Trends in Analytical Chemistry，2003，22（22）：708-724.

［6］ 张洪全，畅延青. 中微量元素肥料及其螯合化. 青岛科技大学学报（自然科学版），1989（2）：119-124.

［7］ 马扶林，宋理明，王建民. 土壤微量元素的研究概述. 青海科技，2009，16（3）：32-36.

［8］ 山东金正大生态工程股份有限公司. 现代农业丛书：中微量元素肥料的生产与应用. 北京：中国农业科学技术出版社，2013.

［9］ 全国土壤普查办公室. 中国土壤. 北京：中国农业出版社，1998.

［10］ 农牧渔业部农业局. 微量元素肥料研究与应用. 武汉：湖北科学技术出版社，1986.

［11］ 梁华东. 微量元素肥料研究和应用的回顾与21世纪展望//中国土壤学会海峡两岸土壤肥料学术研讨会.1999.

［12］ 邵建华，韩永圣，高芝祥. 中微量元素肥料的生产与应用. 中国土壤与肥料，2001（4）：3-7.

［13］ 邵建华，徐国高. 有机中微肥的生产及其应用前景. 磷肥与复肥，2006，5：43-45.

［14］ 谈留雄. 微量元素肥料的生产与应用. 化肥工业，1993，5：11-18.

［15］ 褚天铎. 我国微量元素肥料的研究与应用回顾. 中国土壤与肥料，1989（5）：30-34.

［16］ 许百成，陈绍荣，邵建华. 影响对作物供应中微肥的因素及中微肥在农业生产中的应用实例. 磷肥与复肥，2008，3：70-71+74.

［17］ Bouis H E，Welch R M. Biofortification—a sustainable agricultural strategy for reducing micronutrient malnutrition in the global south. Crop Science，2010，50：20-32.

［18］ 朱行. 食品微营养素强化——消除"隐性饥饿"的有效途径. 南京财经大学学报，2005，1：25-28.

［19］ 范云六. 以生物强化应对隐性饥饿. 科技导报，2007，11：1.

［20］ 邵建华，许百成. 中微肥原料来源及其生产技术. 磷肥与复肥，2007，3：42-46.

［21］ Zou C，Gao X，Shi R，et al. Micronutrient deficiencies in crop production in China//Micronutrient deficiencies in global crop production. Springer Netherlands，2008：127-148.

［22］ 潘海发，徐义流，张怡，等. 硼对砀山酥梨营养生长和果实品质的影响. 植物营养与肥料学报，2011，4：1024-1029.

［23］ 刘瑜，吴文强，李萍，等. 八硼酸钠对茄子生长、产量和品质的影响. 农学学报，2014，10：43-45.

［24］ 张小静，袁安明，陈富，等. 氨基酸微肥对马铃薯产量及农艺性状的影响. 中国马铃薯，2015，3：158-161.

［25］ 唐拴虎，蒋瑞萍，李苹，等. 甜糯玉米施用硫肥效果研究. 广东农业科学，2010，3：102-104.

［26］ 黄洁，刘子凡，许瑞丽，等. 四种中微量养分对木薯的增产效果. 中国农学通报，2011，5：254-258.

[27] 姜兆兴，张燕．微量元素对益母草光合作用和水苏碱含量影响的研究．中国农学通报，2008，8：262－265.

[28] 赵志军，刘子英，高一宁，等．铁肥虹吸输液对缺铁失绿苹果叶片光合生理指标和荧光参数的影响．植物营养与肥料学报，2013，4：878－884.

[29] 白金顺，曹卫东，毕军，等．速效硫肥对冬小麦产量、品质和经济效益的影响．中国农学通报，2013，27：105－110.

[30] 谢迎新，朱云集，郭天财，等．施用硫肥对冬小麦光合生理特性及产量的影响．植物营养与肥料学报，2009，2：403－409.

[31] 胡华锋，李建平，郭孝，等．铜对紫花苜蓿草产量和矿质营养的影响．四川农业大学学报，2009，2：223－227.

[32] 胡华锋，介晓磊，刘世亮，等．锰、硼对紫花苜蓿草产量和矿质元素含量的影响．植物营养与肥料学报，2008，6：1165－1169.

[33] 孙君艳，李淑梅，张淮，等．自然干旱条件下叶面喷施 Zn、Mo 肥对玉米光合特性的影响．东北农业科学，2016，1：9－13.

[34] 朱宝国，朱凤莉，张春峰，等．中微肥对大豆农艺性状、产量及品质的影响．大豆科学，2014，4：550－553.

[35] 李文霞，张昕，石瑛，等．外源钙对马铃薯形态、生理、产量与品质性状的影响．东北农业大学学报，2015，7：1－8.

[36] 邓芳．不同钙肥对几种蔬菜生长和品质效应的影响．武汉：华中农业大学，2015.

[37] 曹小艳，汤璐，李百健，等．氨基酸螯合中微量元素肥料改善葡萄品质的研究．土壤通报，2009，4：880－883.

[38] 闫广轩，曹小艳，李百健，等．氨基酸螯合中微量元素肥料对新高梨品质的影响．土壤，2009，1：139－141.

[39] 张衡锋，张焕朝，韦庆翠，等．4 种微肥对番红花生长、品质及产量的影响．南京林业大学学报（自然科学版），2016，1：169－173.

[40] 余喜初，李大明，黄庆海，等．过氧化钙及硅钙肥改良潜育化稻田土壤的效果研究．植物营养与肥料学报，2015，1：138－146.

[41] 李敏，厉恩茂，李壮，等．氨基酸钙叶面微肥对苹果缺素症的矫正及果实品质的影响．江苏农业科学，2013（11）：180－182.

[42] 董晓兵，郝明德，姜梅，等．微肥对羊草干草产量及品质的影响．西北农业学报，2015，1：137－143.

[43] 丁玉川，焦晓燕，聂督，等．山西省主要类型土壤镁素供应状况及镁肥施用效果．水土保持学报，2011，6：139－143＋180.

[44] 杨习文，田霄鸿，陆欣春，等．喷施锌肥对小麦籽粒锌铁铜锰营养的影响．干旱地区农业研究，2010，6：95－102.

[45] 赵玉霞，李娜，王文岩，等．施用硫肥对陕西关中地区冬小麦氮、硫吸收与转运及产量的影响．植物营养与肥料学报，2013，6：1321－1328.

[46] 李青军，李宁，胡国智，等．微肥对玉米生长发育、养分吸收及产量的影响．中国土壤与肥料，2013，4：83－87.

［47］张萍，宋锋惠，史彦江．树干注射锰肥对新疆灰枣生长和品质的影响．植物营养与肥料学报，2013，4：1018-1024.

［48］陈述明，王月异，徐常安，等．喷施硼、钼、铁对苜蓿结实性和种子产量的影响．中国农学通报，2015，29：8-14.

［49］崔雄维，刀静梅，樊仙，等．氨基酸复合微肥对甘蔗产、质量及土壤有效态微量元素的影响．中国农学通报，2011，27：215-219.

［50］吕倩，吴良欢，徐建龙，等．叶面喷施氨基酸铁肥对稻米铁含量和营养品质的影响．浙江大学学报（农业与生命科学版），2010，5：528-534.

［51］付力成，王人民，孟杰，等．叶面锌、铁配施对水稻产量、品质及锌铁分布的影响及其品种差异．中国农业科学，2010，24：5009-5018.

［52］薛占奎，胡谷琅，施凤雪，等．硼、钼肥配施对菜用大豆鲜荚产量及主要农艺性状的影响．东北农业科学，2016，1：20-22.

［53］Abadía J，Vázquez S，Rellán-Álvarez R，et al. Towards a knowledge-based correction of iron chlorosis. Plant Physiology and Biochemistry，2011，49（5）：471-482.

［54］Alloway B J. Soil factors associated with zinc deficiency in crops and humans. Environmental Geochemistry and Health，2009，31（5）：537-548.

［55］秦征，邵建华．中微肥的生产及其应用．广东微量元素科学，2011，2：20-33.

［56］Wenger K，Tandy S，Nowack B. Effects of chelating agents on trace metal speciation and bioavailability//ACS symposium series. Oxford University Press，2005，910：204-224.

［57］Ghasemi S，Khoshgoftarmanesh A H，Afyuni M，et al. Iron（II）-amino acid chelates alleviate salt-stress induced oxidative damages on tomato grown in nutrient solution culture. Scientia Horticulturae，2014，165：91-98.

［58］Vadas T M，Zhang X，Curran A M，et al. Fate of DTPA，EDTA，and EDDS in hydroponic media and effects on plant mineral nutrition. Journal of plant nutrition，2007，30（8）：1229-1246.

［59］Gonzalez D，Obrador A，Alvarez J M. Behavior of zinc from six organic fertilizers applied to a navy bean crop grown in a calcareous soil. Journal of agricultural and food chemistry，2007，55（17）：7084-7092.

［60］Almendros P，Obrador A，Gonzalez D，et al. Biofortification of zinc in onions（*Allium cepa* L.）and soil Zn status by the application of different organic Zn complexes. Scientia Horticulturae，2015，186：254-265.

［61］Seddigh M，Khoshgoftarmanesh A H，Ghasemi S. The Effectiveness of Seed Priming with Synthetic Zinc-Amino Acid Chelates in Comparison with Soil Applied ZnSO$_4$ in Improving Yield and Zinc Availability of Wheat Grain. Journal of Plant Nutrition，2015.

［62］李燕婷，李秀英，肖艳，等．叶面肥的营养机理及应用研究进展．中国农业科学，2009，1：162-172.

［63］吴文强，刘瑜，李萍，等．糖醇螯合钙对茄子生长、产量和品质的影响．中国蔬菜，2013，24：46-48.

［64］何仕宇，王廷芹．2种钙肥对菜心生长及品质的影响．长江蔬菜，2015，10：58-64.

［65］王守银，张宁，樊兆博，等．不同形态钙对设施黄瓜生长及钙吸收的影响．安徽农业科学，2015，

34：199-201.

[66] 齐明芳，王丹，齐红岩，等. 钙处理对高温胁迫下番茄幼苗光合及钙含量的影响. 沈阳农业大学学报，2015，3：277-283.

[67] 郑哲，王廷芹. 二种锌肥对苋菜生长的影响. 蔬菜，2015，11：28-34.

[68] 王德汉，彭俊杰，肖雄师，等. 利用麦草造纸碱木素生产螯合锌肥及其对玉米生长的影响. 植物营养与肥料学报，2004，1：78-81.

[69] 刘德辉，赵慧渊，田蕾，等. 盆栽白菜-水稻条件下氨基酸螯合微肥的肥效研究//中国化工学会化肥专业委员会. 全国第九届新型肥料开发与应用技术交流会论文资料集. 中国化工学会化肥专业委员会，2004：5.

[70] 刘德辉，赵海燕，郑秀仁，等. 氨基酸螯合微肥对小麦和后作水稻产量及品质的影响. 南京农业大学学报，2005，2：55-58.

[71] Maftoun M，Karimian N. Relative efficiency of two zinc sources for maize (*Zea mays* L.) in two calcareous soils from an arid area of Iran. Agronomie，1989，9 (8)：771-775.

[72] Ghasemi S，Khoshgoftarmanesh A H，Afyuni M，et al. The effectiveness of foliar applications of synthesized zinc-amino acid chelates in comparison with zinc sulfate to increase yield and grain nutritional quality of wheat. European journal of agronomy，2013，45：68-74.

[73] 张进. 叶面喷施高效铁肥及田间养分综合管理对水稻籽粒铁富集的调控研究. 杭州：浙江大学，2007.

[74] 穆杰，徐阳春，朱培淼，等. 氨基酸螯合微肥对旱作水稻苗期生长及生理效应的影响. 水土保持学报，2006，5：178-182.

[75] 车玉红，李丙智，王应刚，等. 钙肥对富士苹果品质及 Ca^{2+}-ATPase 活性影响的研究. 西北植物学报，2005，4：803-805.

[76] Naik S K，Das D K. Effect of split application of zinc on yield of rice (*Oryza sativa* L.) in an inceptisol. Archives of Agronomy and Soil Science，2007，53 (3)：305-313.

[77] Wei Y，Shohag M J I，Yang X. Biofortification and bioavailability of rice grain zinc as affected by different forms of foliar zinc fertilization. PloS one，2012，7 (9)：e45 428.

[78] Rodríguez-Lucena P，Hernández-Apaolaza L，Lucena J J. Comparison of iron chelates and complexes supplied as foliar sprays and in nutrient solution to correct iron chlorosis of soybean. Journal of Plant Nutrition and Soil Science，2010，173 (1)：120-126.

[79] Hasegawa H，Rahman M A，Saitou K，et al. Influence of chelating ligands on bioavailability and mobility of iron in plant growth media and their effect on radish growth. Environmental and Experimental Botany，2011，71 (3)：345-351.

[80] Zhao A，Tian X，Chen Y，et al. Application of $ZnSO_4$ or Zn-EDTA fertilizer to a calcareous soil：Zn diffusion in soil and its uptake by wheat plants. Journal of the Science of Food and Agriculture，2015.

[81] Ahmad H R，Aziz T，Hussain S，et al. Zinc-enriched farm yard manure improves grain yield and grain zinc concentration in rice grown on a saline-sodic soil. Int. J. Agric. Biol，2012，14：787-792.

[82] 丁双双，李燕婷，袁亮，等. 小分子有机物螯合钙肥对樱桃番茄产量、品质和养分吸收的影响. 中国土壤与肥料，2015，5：61-66.

[83] Brinch-Pedersen H，Sørensen L D，Holm P B. Engineering crop plants：getting a handle on

phosphate. Trends in plant science, 2002, 7 (3): 118-125.

[84] 刘德辉, 田蕾, 邵建华, 等. 氨基酸螯合微量元素肥料在小麦和后作水稻上的效果. 土壤通报, 2005, 6: 103-106.

[85] 陈亚华. 重金属污染土壤的诱导性植物提取研究. 南京: 南京农业大学, 2006.

[86] 陆景陵. 植物营养学(上册)第二版. 北京: 中国农业大学出版社, 2003: 80-82.

[87] 王华静, 吴良欢, 陶勤南. 高等植物氨基酸生物效应的研究进展. 土壤通报, 2003, 5: 469-472.

[88] Ghasemi S, Khoshgoftarmanesh A H, Hadadzadeh H, et al. Synthesis, Characterization, and Theoretical and Experimental Investigations of Zinc (Ⅱ)-Amino Acid Complexes as Ecofriendly Plant Growth Promoters and Highly Bioavailable Sources of Zinc. Journal of plant growth regulation, 2013, 32 (2): 315-323.

[89] 国春慧, 赵爱青, 田霄鸿, 等. 锌源和施锌方法对石灰性土壤锌组分及锌肥利用率的影响. 植物营养与肥料学报, 2015, 5: 1225-1233.

[90] Rehman H, Aziz T, Farooq M, et al. Zinc nutrition in rice production systems: a review. Plant and soil, 2012, 361 (1-2): 203-226.

[91] Singh B, Natesan S K A, Singh B K, et al. Improving zinc efficiency of cereals under zinc deficiency. Current Science, 2005, 88 (1): 36-44.

[92] Vaughan D, Ord B G. Uptake and incorporation of ^{14}C-labelled soil organic matter by roots of *Pisum sativum* L. Journal of Experimental Botany, 1981, 32 (4): 679-687.

[93] 车玉红. 钙肥对红富士苹果果实品质及生理生化特性影响的研究. 杨凌: 西北农林科技大学, 2005.

[94] Chapin F S, Moilanen L, Kielland K. Preferential use of organic nitrogen for growth by a non-mycorrhizal arctic sedge. Nature, 1993, 361 (6408): 150-153.

[95] 张夫道, 孙羲. 氨基酸对水稻营养作用的研究. 中国农业科学, 1984, 5: 61-66.

[96] 许玉兰, 刘庆城. 用N (15) 示踪方法研究氨基酸的肥效作用. 氨基酸和生物资源, 1998, 2: 20-23.

[97] Calvo P, Nelson L, Kloepper J W. Agricultural uses of plant biostimulants. Plant and Soil, 2014, 383 (1-2): 3-41.

[98] 刘轶群, 宋晓, 李绍伟, 等. "含氨基酸水溶肥料"对小麦生产的影响. 农业科技通讯, 2014, 11: 96-97.

[99] 闫挺起. 冬小麦喷施"含氨基酸水溶肥料"肥效试验研究. 河南农业, 2014, 21: 28.

[100] 吴玉群, 史振声, 李荣华, 等. 植物氨基酸液肥对甜玉米产量及生理指标的影响. 玉米科学, 2006, 5: 130-133.

[101] 于斌, 沈家禾, 蒋红刚, 等. 含氨基酸水溶肥料在水稻上的施用效果研究. 现代农业科技, 2015, 12: 20-21.

[102] 董作和, 李明正, 周文富, 等. 含氨基酸水溶肥料在棉花上的应用试验. 种业导刊, 2009, 5: 14-15+17.

[103] 刘永, 成少华, 倪卫东, 等. 棉花浇施氨基酸肥水溶液试验效果. 中国棉花, 2009, 7: 21-22.

[104] 张万青, 刘凡, 杨新春. 含氨基酸水溶肥料在花生上的肥效试验报告. 北京农业, 2008, 21: 42-44.

[105] 王志勇，黎娟，周清明，等．追施氨基酸水溶性肥料对烤后烟叶产质量的影响．河南农业科学，2013，6：55-58.

[106] 王志勇，邵岩，周清明．追施氨基酸水溶性肥料对烟株生长发育及烟草花叶病发生的影响．作物研究，2012，4：359-362.

[107] 石景．氨基酸水溶肥料在茶叶上的应用研究．安徽农学通报（上半月刊），2011，11：95＋101.

[108] 许树宁，农定产，吴建明，等．甘蔗喷施含氨基酸水溶肥料效果试验．甘蔗糖业，2014，2：23-26.

[109] 刘俊涛，王丽娜，宋韶帅，等．含氨基酸水溶肥料在马铃薯上的应用效果研究．现代农业科技，2015，11：98.

[110] 张亚平．套种大豆喷施含氨基酸水溶肥料肥效研究．现代农业科技，2008，9：120＋122.

[111] 廖海燕，唐田琳，梁恬．园林植物施用氨基酸肥料效果初探．南方园艺，2013，4：25-26.

[112] 谢荔，成学慧，冯新新，等．氨基酸肥料对夏黑葡萄叶片光合特性与果实品质的影响．南京农业大学学报，2013，2：31-37.

[113] 杜雷，陈钢，张利红，等．氨基酸叶面肥对草莓产量和品质的影响．湖北农业科学，2015，7：1564-1566.

[114] 王立平，李旭军，吴文强，等．含氨基酸水溶肥料喷施浓度试验．北京农业，2010，S1：62-65.

[115] 孙焱，徐庆琴，成军．新型肥料在生菜上的应用肥效试验报告．安徽农学通报（下半月刊），2011，20：49-50.

[116] 许慧萍，岳锦苍．氨基酸水溶性肥料在生菜上的肥效试验．云南农业科技，2011，3：18-20.

[117] 汤敦明，杜秀娟，孙启忠，等．含氨基酸水溶肥料在莴苣上的肥效试验总结．上海蔬菜，2015，3：72-73.

[118] 张权峰，闫春丽，景晓莉，等．"春鸟牌"含氨基酸叶面肥料在大青菜上的田间示范试验报告．陕西农业科学，2008，1：42-43.

[119] 袁祖华，丁苗黄，邓国强．叶面喷施氨基酸肥料对辣椒经济性状及产量的影响．辣椒杂志，2006，4：32-33.

[120] 安新治．"含氨基酸水溶肥料"在黄瓜上的肥效试验报告．河南农业，2011，7：13.

[121] 王学君，韩广津，董晓霞，等．含氨基酸水溶肥料对黄瓜产量和经济效益的影响．山东农业科学，2011，5：64-65.

[122] 孙启忠，樊继刚，刘涛．新型水溶肥料在黄瓜上的应用肥效试验．上海蔬菜，2015，4：80＋86.

[123] 张丽娜，刘慧娟，陈小东，等．"含氨基酸水溶肥料"在黄瓜上的肥效试验总结．河南农业，2012，19：26.

[124] Nowack B, Baumann U. Biodegradation of the photolysis products of Fe（Ⅲ）EDTA. Acta Hydrochimica et Hydrobiologica, 1998, 26（2）：104-108.

[125] Bucheli-Witschel M, Egli T. Environmental fate and microbial degradation of aminopolycarboxylic acids. FEMS Microbiology Reviews, 2001, 25（1）：69-106.

[126] 李代红，傅送保，操斌．水溶性肥料的应用与发展．现代化工，2012，7：12-15.

沼液对无土栽培生菜产量与品质的影响

卢　威[1]　傅国海[2]　张晓丽[3]　周禹含[1]　王思硕[1]
李梦瑶[1]　孙　勃[1]　郑阳霞[1*]

1. 四川农业大学园艺学院；2. 全国农业技术推广服务中心；
3. 山东省临沂市罗庄区农业农村局

摘　要： 为研究不同浓度沼液对水培生菜产量及品质的影响，本试验以霍格兰营养液作为对照，设置 8 个处理：沼液 5%、沼液 10%、沼液 20%、沼液 30%、沼液 5%＋无机 25%、沼液 10%＋无机 25%、沼液 20%＋无机 25%、沼液 30%＋无机 25%。结果表明：稀释后的沼液作为营养液对生菜进行水培是可行的，但同时添加沼液和无机营养液效果较好，能够显著提高生菜的产量、叶绿素含量、维生素 C 含量、可溶性糖含量，同时对降低生菜硝酸盐含量具有显著作用，与对照处理相比降低31.8%。10%沼液＋25%无机营养液的处理效果最优。

关键词： 沼液；水培；生菜；产量；品质

生菜（*Lactuca sativa*）为菊科莴苣属莴苣种的 1～2 年生草本植物，富含胡萝卜素、维生素 C 以及多种矿物质。生菜叶片口感极佳，常凉拌生食，可以保证生菜中的营养成分不受损失，营养价值较高。我国生菜消费量巨大，栽培面积也不断扩大，生产量占世界的 1/2 以上，随着人民生活水平的不断提高，优质生菜的需求日益增加[1-2]。

沼液是制取沼气过程中有机物经厌氧发酵的液体残留物，是一种十分廉价的有机肥料。沼液的有效利用，既可以提高资源的利用率，也能有效避免因沼液排放而造成的污染[3-4]。有研究表明，沼液中含有蔬菜生长所需的氮、磷、钾等大量元素以及锌、锰等微量元素，并且这些必需元素大部分以速效养分的形式存在，能被蔬菜迅速地吸收利用。此外，沼液中还含有维生素、纤维素酶、蛋白质、抗菌素和各种生长激素等利于蔬菜生长发育的物质。同时，由于沼液是在长期厌氧或绝（少）氧的环境下发酵而成的，使得沼液不会带有活的病菌和虫卵，是病菌极少的卫生肥料[5]。目前，沼液在蔬菜生产上主要应用于浸种、基肥、追肥、叶面喷施、病虫害防治、基质栽培等方面[6-7]。

---

* 通讯作者：郑阳霞，E－mail：754924349@qq.com

无土栽培通过营养液调控和环境因素控制，减少有害物质的积累，是设施蔬菜栽培的最高形式。蔬菜无土栽培时多用水培、基质培及岩棉培这三种类型。水培法中植物的根系与营养液直接接触，不需要基质，适用于叶菜类蔬菜[8-9]。水培的蔬菜生长周期短，省肥料，无污染，产量高，品质好，具有良好的经济价值[4]。但目前，无土栽培的营养液大部分采用的是无机营养液，易使水培蔬菜中硝酸盐含量较土培蔬菜高。

现阶段，已有国内外研究人员从事沼液作为蔬菜无土栽培营养液的研究，但综合应用报道较少。前人在紫叶生菜、紫背天葵、白凤菜、快菜、菜薹、油菜、青菜等蔬菜的无土栽培上应用了沼液营养液，并发现沼液营养液对提高作物维生素C含量、可溶性糖含量，降低硝酸盐含量等都具有重要作用[10-14]。但沼液作为营养液在经济作物的无土栽培中的相应配套技术未见系统研究报道，而且沼液对植物的作用机理尚未明确，有待进一步深入研究[11]。

综上所述，以沼液取代或部分取代无机营养液进行蔬菜栽培对于提高蔬菜产量和品质具有重要意义。本文通过研究不同浓度沼液对生菜产量及品质的影响，以期初步筛选出在水培方式下较优的沼液浓度，为沼液作为营养液应用于无土栽培生产提供参考依据。

1 研究方法

1.1 试验材料

沼液选用购自山东省青岛市绿佳农业合作社的叶菜类沼液，经测定其pH在6.9～7.3范围内，EC值为0.458。稀释后的沼液EC值适宜生菜水培。无机营养液选用霍格兰配方，微量元素选用通用配方，具体配方见表1和表2。种子选用购自寿光大自然种业的玻璃生菜种子。

栽培容器选用内壁为32厘米×23厘米×11厘米的塑料盆，每盆装入营养液4升。定植板选用33厘米×23厘米×0.5厘米的PVC板，定植板下表面固定一层无纺布，定植孔径为2厘米，孔距为9厘米×7厘米，每板定植9株。

试验器材包括游标卡尺、刻度尺、电子天平、分光光度计、便携式叶绿素仪等。

表1 霍格兰营养液配方

试剂	用量（毫克/升）
$CaSO_4$	945
KNO_3	607
KH_2PO_4	115
$MgSO_4 \cdot 7H_2O$	493

表 2　通用微量元素配方

试剂	用量（毫克/升）
$MnSO_4 \cdot 4H_2O$	2.130
$ZnSO_4 \cdot 7H_2O$	0.220
$CuSO_4 \cdot 5H_2O$	0.080
$(NH_4)_6Mo_7O_{24} \cdot 4H_2O$	0.020
$FeSO_4 \cdot 7H_2O$	15.000
H_3BO_3	2.860

1.2　试验设计

试验于 2019 年 9—11 月在四川农业大学园艺学院设施综合实验室中进行。

生菜选择饱满、均匀一致的种子，用清水清洗后，1 孔 1 粒播种于定植板的定植孔中，在定植板表面覆盖一层珍珠岩，栽培盆中加入 25% 的霍格兰营养液 4 升，进行育苗。育苗期间每天给珍珠岩喷水保持潮湿，每 7 天更换一次营养液，同时及时更换长势弱的幼苗。待幼苗 5 片真叶充分展开时，将对照组和各处理组营养液加入栽培容器中，每盆加入 4 升。文献查到的生菜全生长期应控制 EC 值在 1.0～3.0 毫西/厘米，因此设置如表 3 所示对照组和处理组，重复 3 次，每次重复 2 盆。全生长期用 1 摩尔/升稀硫酸调节营养液 pH 在 5.8～6.6，每天上、下午 2 次搅动各组营养液，每 10 天更换 1 次营养液。

表 3　试验处理方案

处理	沼液（%）	无机营养液（%）
CK	0	100
A_1	5	0
A_2	10	0
A_3	20	0
A_4	30	0
A_5	5	25
A_6	10	25
A_7	20	25
A_8	30	25

1.3　测定项目及方法

1.3.1　形态指标及其生物量的测定

生菜形态指标的测定包括株高、根长。生菜在定植后 45 天，从各处理中随机抽取植株 9 株，用刻度尺测量其株高、根长。

生菜生物量的测定包括鲜重、干重和产量。产量为一个处理中地上部分鲜重的总和。生菜在定植后 45 天，从各处理中随机抽取植株 9 株，用电子天平测定鲜重、干重和产量。

1.3.2 生理指标及品质指标的测定

生菜生理指标的测定包括叶绿素含量及根系活力测定。从各处理中随机抽取植株 9 株，取每株第 2、3 片成熟的功能叶片。用便携式叶绿素测定仪，测定叶绿素含量；根系活力采用氯化三苯基四氮唑（TTC）法测定。

生菜品质指标的测定包括可溶性糖含量、维生素 C 含量及硝态氮含量。从各处理中随机抽取植株 9 株，可溶性糖含量采用蒽酮比色法测定；维生素 C 含量采用 2,6 - 二氯靛酚滴定法测定；硝态氮含量采用水杨酸比色法测定[15-16]。

1.4 数据处理

所有数据用 Excel2016 软件进行计算，用 SPSS20.0 统计分析软件进行单因素方差分析（One-way ANOVA），差异显著性比较使用 Duncan 新复极差法。

2 结果与分析

2.1 不同浓度沼液对生菜形态指标及生物量的影响

2.1.1 不同浓度沼液对生菜株高和根长的影响

根据表 4 可知，处理 A_6 的株高最高，达 19.11 厘米，比对照显著升高了 12.1%。随着沼液浓度的不断升高，生菜株高呈现先升高后降低的趋势，但各个处理之间差异并不显著。在沼液添加量相同的情况下，添加了 25% 霍格兰营养液的处理组株高均高于仅添加了沼液的 4 个处理及对照处理。说明同时添加沼液与无机营养液对株高的影响明显优于仅添加其中一种营养液。沼液在一定程度上促进蹲苗，但不同浓度沼液对生菜株高的影响效果不明显。

根据表 4 可知，对照处理的根长最长，达 18.65 厘米，且与其他 8 个处理差异显著。随着沼液浓度不断升高，根长呈现先下降后上升的趋势，不同沼液浓度之间差异显著，仅添加沼液与同时添加沼液与无机营养液之间差异不显著。说明无机营养液会促进根长的增长，沼液则会相对抑制根长的增长，在沼液中添加无机营养液并不能显著促进根长的加长，在增长根长方面，低浓度的沼液与高浓度沼液相比较优。

表 4 不同浓度沼液对生菜株高和根长的影响

处理	株高（厘米）	根长（厘米）
CK	17.04±0.45cd	18.65±0.76a
A_1	14.60±0.36e	15.36±0.39bc
A_2	16.03±0.42d	13.13±0.31d

（续）

处理	株高（厘米）	根长（厘米）
A₃	16.77±0.27cd	12.07±0.23e
A₄	15.83±0.12d	13.26±0.34d
A₅	18.43±0.78ab	16.30±0.58b
A₆	19.11±0.31a	14.97±0.47c
A₇	17.33±0.46bc	12.96±0.40de
A₈	18.24±0.57ab	13.08±0.49de

注：表中数据为平均值±标准差，同列指标不同字母表示处理间差异达显著水平（$P<0.05$），下同。

2.1.2 不同浓度沼液对生菜生物量的影响

由表 5 可知，处理 A₆ 地上部干重含量最高，达 3.32 克/株，显著高于纯沼液水培处理。对照处理地上部鲜重显著高于仅添加沼液的处理，但与同时添加沼液和无机营养液的处理差异不显著。随着沼液浓度的不断升高，地上部鲜重呈现先升高再降低的趋势。说明纯无机营养液水培生菜较沼液水培生菜可以显著提高叶鲜重，而单独使用沼液水培会显著降低生菜的产量，但不同浓度沼液对地上部鲜重的影响效果不明显。地上部干重与地上部鲜重的变化趋势及显著性基本相同。在此次试验中，沼液与无机营养液配比为 10%：25%时，地上部鲜重与地上部干重达到最大值。

由表 5 可知，同时添加沼液与无机营养液的 4 个处理地下部鲜重均显著高于仅添加沼液的处理。随着沼液浓度的增加，地下部鲜重呈现升高的趋势，但不同浓度沼液处理之间差异不显著。地下部干重与地下部鲜重的变化趋势及显著性完全相同。说明在一定范围内，沼液浓度的不断升高会促进地下部鲜重及地下部干重的增加，并且单独使用沼液水培（除 A₁ 外）要较单独使用无机营养液效果好，但配合一定浓度的无机营养液使用效果更佳。

由表 5 可知，处理 A₆ 的生菜产量最高，达 2.23 千克。随着沼液浓度的增加，生菜产量呈现先升高再降低的趋势，不同浓度沼液处理之间差异不显著。本试验中，不同浓度沼液对生菜产量的影响效果不明显。沼液与无机营养液配比为 10%：25%时，产量高于单独使用沼液水培生菜，但并没有显著高于纯无机营养液水培生菜的处理。

表 5 不同浓度沼液对生菜的鲜重、干重和产量影响

处理	地上部鲜重（克/株）	地上部干重（克/株）	地下部鲜重（克/株）	地下部干重（克/株）	产量（千克）
CK	39.63±1.44ab	3.17±0.12ab	7.31±0.22ef	0.95±0.03ef	2.13±0.11ab
A₁	22.44±0.79f	1.80±0.09f	6.42±0.27f	0.83±0.04f	1.23±0.06c
A₂	32.90±0.98e	2.61±0.07de	8.46±0.33de	1.10±0.02de	1.79±0.09b
A₃	37.22±1.35cd	2.99±0.13bc	8.68±0.36d	1.13±0.02d	2.04±0.10ab

（续）

处理	地上部鲜重 （克/株）	地上部干重 （克/株）	地下部鲜重 （克/株）	地下部干重 （克/株）	产量 （千克）
A_4	31.49±1.12e	2.52±0.09e	9.09±0.44d	1.18±0.06d	1.73±0.09b
A_5	35.53±1.67d	2.84±0.14cd	10.55±0.37c	1.37±0.05c	1.95±0.10ab
A_6	41.56±1.38a	3.32±0.12a	11.56±0.24bc	1.50±0.07bc	2.23±0.11a
A_7	39.53±1.26ab	3.16±0.16ab	12.18±0.58b	1.58±0.03b	2.14±0.11ab
A_8	37.92±1.75bc	3.03±0.11abc	14.27±0.45a	1.86±0.05a	2.03±0.10ab

2.2 不同浓度沼液对生菜生理指标的影响

2.2.1 不同浓度沼液对生菜叶绿素含量和根系活力的影响

根据表 6 可知，对照处理的叶绿素含量显著低于其他 8 个处理。处理 A_4 的叶绿素含量最高，达 32.0，且显著高于其他处理。随着沼液浓度的不断升高，生菜的叶绿素含量呈上升趋势。仅添加沼液的 4 个处理之间差异均显著，处理 A_8 显著高于 A_5、A_6、A_7。说明在水培过程中，使用沼液能显著增加生菜的叶绿素含量，并且随着沼液浓度的不断增加，生菜的叶绿素含量显著增长。当沼液浓度为 30% 时，叶绿素含量最高。

表 6　不同浓度沼液对生菜叶绿素和根系活力的影响

处理	叶绿素含量（SPAD 值）	根系活力［毫克/（克·时）］
CK	17.2±0.6e	377.33±14.89a
A_1	21.2±0.6d	164.53±7.23d
A_2	25.1±1.1c	178.57±6.93d
A_3	27.5±1.3b	183.78±8.19d
A_4	32.0±1.1a	219.32±5.97c
A_5	22.0±0.8d	182.64±7.13d
A_6	24.2±0.5c	246.69±9.16c
A_7	24.5±0.3c	290.92±12.55b
A_8	29.6±1.2b	304.52±13.78b

根据表 6 可知，处理 CK 显著高于其他 8 个处理，无机营养液可以提高生菜的根系活力，并且使用 100% 无机营养液水培生菜时，根系活力最高，为 377.33 微克/（克·时）。随着沼液浓度的增加，根系活力也在相应提高，沼液浓度为 30% 时根系活力显著高于沼液浓度为 5%、10%、20% 时的根系活力。

2.2.2 不同浓度沼液对生菜品质的影响

根据表 7 可知，处理 A_2 的可溶性糖含量显著高于其他几组处理。在水培过程中，单独使用沼液能显著增加生菜的可溶性糖含量，沼液添加无机营养液的处理较相同浓度下沼液的处理会显著降低生菜的可溶性糖含量，单独使用无机营养液作为生菜水培的营养液造成生菜的可溶性糖含量最低，效果最差。随着沼液浓度的不断升高，生菜的可溶性糖含量呈现先升高再降低的趋势，在沼液为 10% 时可溶性糖含量最高。

表 7　不同浓度沼液对生菜品质指标的影响

处理	可溶性糖含量（%）	维生素 C 含量（毫克/千克）	硝态氮含量（毫克/千克）
CK	7.7±1.0h	163.4±7.9cd	1 449.46±52.47a
A_1	21.9±0.9d	132.0±4.5ef	988.96±34.45e
A_2	31.5±1.3a	152.5±6.6de	1 032.61±49.63de
A_3	26.7±0.8b	132.3±5.4ef	1 056.31±25.82d
A_4	23.0±0.9cd	108.1±5.7f	1 047.03±31.35d
A_5	15.3±0.7e	183.0±8.3c	1 225.79±49.29c
A_6	24.8±1.2bc	253.8±11.6a	1 379.74±38.99b
A_7	11.3±0.8f	239.7±8.9ab	1 364.66±34.23b
A_8	9.9±0.7fh	218.9±9.6b	1 334.01±46.70b

根据表 7 可知，处理 A_6 的维生素 C 含量显著高于其他处理，同时添加沼液与无机营养液的 4 个处理的维生素 C 含量要显著高于仅添加沼液的 4 个处理，仅添加沼液的处理的维生素 C 含量低于对照处理，且处理之间差异不显著。说明在沼液添加无机营养液能提高生菜中维生素 C 的含量，并且随着沼液浓度的增加，生菜的维生素 C 含量呈现先升高再降低的趋势，在沼液与无机营养液配比为 10% : 25% 时，维生素 C 含量最高，显著高于 100% 无机营养液的处理。单独使用沼液作为水培营养液时，不同沼液浓度之间差异不显著。

根据表 7 可知，处理 CK 显著高于其他几组处理，同时添加沼液与无机营养液的处理硝态氮含量显著高于仅添加沼液的处理，不同浓度沼液处理之间差异并不显著。说明沼液能显著降低生菜的硝态氮含量，但不同沼液浓度处理之间差异并不十分明显。

3　讨论与小结

本研究主要以青岛市绿佳农业合作社购入的叶菜类沼液作为试验的营养液，选用寿光大自然种业的玻璃生菜进行水培试验，结果表明用纯沼液的稀释液作为营养液进行无土栽培是可行的，可以提高生菜的品质，这与宁晓峰[10]等人研究结果类似。但本试验发现沼液稀释液配合一定量的霍格兰营养液共同作为营养液水培生菜可以在提高品质的同时提高产量。

在无机营养液中适当添加沼液会促进地上部分的生长、提高产量，其中营养液配方为

10％沼液配合25％霍格兰营养液处理效果最优。随着沼液浓度升高，株高呈先上升后下降的趋势，根长呈先下降后上升的趋势，沼液会相对抑制根长的增长，并且单独使用沼液水培（除 A₁ 外）能使根鲜重及根干重较对照处理增加，但配合一定浓度的无机营养液使用效果更佳。随着沼液浓度的增加，株高和叶鲜重、叶干重均呈现先升高再降低的趋势，说明无机营养液在一定程度上促进生菜的生长，沼液在一定程度上促进蹲苗，但不同浓度沼液对生菜株高的影响效果不明显。100％无机营养液水培生菜较沼液水培生菜可以显著提高叶鲜重，而单独使用沼液水培会显著降低生菜的产量，但不同浓度沼液对叶鲜重的影响效果不明显。在此次试验中，沼液与无机营养液配比为10％：25％时，叶鲜重（产量）达到最大值。

林碧英[17]等多年研究结果表明，利用沼液进行无土栽培的蔬菜，比无机标准营养液栽培的品质显著提高。吴冬青[11]等人得到了沼液能提高维生素 C 含量的结论；俞超[18]等人得到了沼液能增加水培蔬菜可溶性糖含量，也能降低硝态氮含量的结论。在本试验的水培过程中，使用沼液能显著增加生菜的叶绿素含量，并且随着沼液浓度的不断增加，生菜的叶绿素含量显著增长。当沼液浓度为30％时，叶绿素含量最高。单独使用沼液能显著增加生菜的可溶性糖含量，沼液添加无机营养液的处理较相同浓度下沼液的处理会显著降低生菜的可溶性糖含量，单独使用无机营养液作为生菜水培的营养液造成生菜的可溶性糖含量最低，效果最差。沼液浓度为10％时，可溶性糖含量最高。在沼液中添加无机营养液能提高生菜中维生素 C 的含量，并且随着沼液浓度的增加，生菜的维生素 C 含量呈现先升高再降低的趋势，在沼液与无机营养液配比为10％：25％时，维生素 C 含量最高，显著高于100％无机营养液的处理。单独使用沼液作为水培营养液时，不同沼液浓度之间差异不显著。熊江花[19]等研究表明沼肥作为水生蔬菜生产肥料，可以在一定程度上降低蔬菜中硝酸盐的含量。本试验发现，单独使用沼液作为营养液能显著降低生菜的硝态氮含量，但不同沼液浓度处理之间差异并不十分明显。

本研究中，综合生菜的产量及各项品质指标考虑，10％沼液＋25％霍格兰营养液的处理较为合理。一些研究结果表明，沼液成分复杂，发酵原料和条件的不同会直接影响沼液的各种成分[10,20,21]。因此，在利用沼液进行无土栽培时应对沼液各个组分进行检测，根据作物实际情况，合理利用沼液并做出相关调整和补充。在栽培过程中，必须时常搅拌并及时更换营养液，使营养液与空气中的氧气充分融合，避免缺氧，需要在每次更换营养液后，调节沼液 pH 至微酸性，才能保证生菜的正常生长。

参考文献

[1] 宋晓晓，邹志荣，曹凯，等．不同有机基质对生菜产量和品质的影响．西北农林科技大学学报（自然科学版），2013，41（6）：153-160.

[2] 高洪燕．生菜生长信息快速检测方法与时域变量施肥研究．镇江：江苏大学，2015.

[3] Yu F B, Luo X P, Song C F, et al. Concentrated biogas slurry enhanced soil fertility and tomato

quality. Acta Agriculturae Scandinavica，Section B-Plant Soil Science，2010，60（3）：262 - 268.

［4］杨鑫，胡笑涛，王文娥，等. 沼液水培蔬菜的研究进展. 北方园艺，2015（18）：199 - 202.

［5］郭强，柴晓利，程海静，等. 沼液的综合利用. 再生资源研究，2005（6）：37 - 41.

［6］袁大刚，蒲光兰. "三沼"在植物生产上的应用研究进展与展望. 四川农业大学学报，2009，27（2）：258 - 264.

［7］侯运和. 沼气、液、渣在设施蔬菜生产中的综合利用. 长江蔬菜，2012（18）：60 - 61.

［8］周雪萍. 蔬菜无土栽培技术发展探析. 农家科技，2014（1）：54.

［9］Liu W K，Yang Q C，Du L F，et al. Soilless Cultivation for High-quality Vegetables with Biogas Manure in China：feasibility and benefit analysis. Renewable Agriculture and Food Systems，2009，24（4）：300 - 307.

［10］宁晓峰，李道修，潘科，等. 沼液无土栽培无公害生产试验. 中国沼气，2004，22（2）：38 - 39.

［11］吴冬青，刘明池，李明，等. 沼液营养液对快菜生长和生理特性的影响. 北方园艺，2012（8）：27 - 29.

［12］张亚莉，刘玉青，刘桂芹，等. 沼液在菜薹、油菜无土栽培中的应用效果. 北方园艺，2010（18）：37 - 38.

［13］薛延丰，李慧明，石志琦. 蓝藻发酵沼液对青菜生物学特性和品质影响初探. 江西农业学报，2009，21（10）：59 - 62.

［14］胡正江，王昭晴，赵自超. 华北小白菜产量、氮素利用及品质对沼液的响应. 中国沼气，2022，40（3）：24 - 28.

［15］熊庆娥. 植物生理学实验教程. 成都：四川科学技术出版社，2003.

［16］肖彦春，雷恩春，关秀杰，等. 测定蔬菜中还原型维生素 C 两种方法的比较. 湖北农业科学，2011，50（5）：1035 - 1037.

［17］林碧英，林义章. 沼液在蔬菜无土栽培上的应用研究. 农业工程学报，2002：185 - 187.

［18］俞超，汪财生，盛梦俊，等. 沼液无土栽培蕹菜的应用效果. 核农学报，2015，29（1）：178 - 182.

［19］熊江花，程友飞，范䐤，等. 沼肥在无公害水生蔬菜栽培中应用前景. 江西科学，2015（3）：370 - 374.

［20］肖阳. 农业绿色发展背景下我国化肥减量增效研究. 北京：中国农业科学院，2018.

［21］宋英今，王冠超，李然，等. 沼液处理方式及资源化研究进展. 农业工程学报，2021，37（12）：237 - 250.

苹果最佳养分管理技术

姜远茂[1]　葛顺峰[1]　朱占玲[1]　姜　翰[1]　陈晓忍[2]

1. 山东农业大学园艺科学与工程学院；2. 金正大生态工程集团股份有限公司

摘　要：本文按照最佳养分管理的理念总结了苹果科学施肥技术，主要内容包括：肥料类型的选择有四个依据，即苹果需求、测土结果、树龄和年周期不同时期需求；施肥量的确定依据是以果（产）定量；氮肥施用的原则是"重视基肥、氮肥前移、看果施氮、少量多次"；施肥方法采用根层施肥法。

关键词：苹果；最佳养分管理；施肥；根层施肥

我国苹果栽培面积达 222 万公顷，产量 4 400 余万吨，在农业中占有非常重要的地位，苹果产业成为果区农民增收和乡村振兴的支柱产业。但是我国苹果栽培单位面积产量不高，且化肥用量居高不下。2016 年对主产区 3 535 个果园调查数据表明[1]，盛果期苹果园氮（N）、磷（P_2O_5）和钾（K_2O）平均投入量分别为 1 056.1 千克/公顷、687.3 千克/公顷和 861.1 千克/公顷，且无机化肥氮、磷和钾投入占比高达 81.0%、79.1% 和 81.7%；与推荐施肥量相比，氮、磷和钾养分分别仅有 17.8%、6.4% 和 17.5% 的样本处于投入适宜水平，而投入过量的样本比例高达 70.2%、88.1% 和 56.4%。氮、磷的过量施用，除了养分利用率低之外，还引起了较高的环境风险。果农过量施肥除担心减产等原因外，很重要的一点是缺乏科学施肥的知识。2009 年国际植物营养研究所和国际肥料工业协会提出最佳养分管理的概念[2]，其主要内涵为选择最佳的养分类型（Right Source）、施用最准确的肥料量（Right Rate）、在最佳的时期施用（Right Time）、应用最佳方法施在准确的位置上（Right Place）。为此，我们按照"最佳养分管理"的理念，对苹果科学施肥的 4 个方面进行总结，以期推动我国苹果科学施肥工作。

1　最佳的养分类型

施什么肥主要根据苹果对养分的需求、土壤测试结果、不同树龄和年周期不同时期的需求来进行选择。

与大多数作物一样，苹果必需的养分包括 N、P、K、Ca、Mg、B、Zn、Fe、Cu、Mn 和 Mo 等 11 种矿质养分。目前，我国苹果园在养分投入类型上存在两大问题：一是有机肥投入不足，化肥投入过量；二是大量元素养分投入过量，中微量元素养分投入不足[3]。为提高苹果品质，在施肥类型上要减少化肥比例，增加有机肥，特别是生物有机肥的投入，在化肥上要减少氮、磷养分，增加中微量元素肥料。

　　根据营养诊断结果进行施肥是精准施肥的基本程序，苹果营养诊断的方法有叶分析法、土壤分析法、果实分析法以及树相诊断等。欧美等果树栽培发达国家主要采用叶分析法。我国虽然也建立了叶分析的诊断标准，王富林等人[4]也进行了研究，但由于果农经营面积小、分散，叶分析为基础的诊断难以在生产上大面积应用。土壤分析法虽然不能给出施肥量的建议，但可以指示土壤养分丰缺，为施肥提供重要参考。姜远茂等[5]给出我国苹果园土壤养分丰缺指标，如果样品测试结果显示养分含量为低及以下就要补充，养分含量为较高及以上就要减少施肥量（表1）。

表1　我国苹果园土壤有机质和养分含量分级指标

养分种类	极低	低	中等	适宜	较高
有机质（%）	<0.6	0.6~1.0	1.0~1.5	1.5~2.0	>2.0
全氮（N,%）	<0.04	0.04~0.06	0.06~0.08	0.08~0.10	>0.1
速效氮（N,毫克/千克）	<50	50~75	75~95	95~110	>110
有效磷（P_2O_5,毫克/千克）	<10	10~20	20~40	40~50	>50
速效钾（K_2O,毫克/千克）	<50	50~80	80~100	100~150	>150
有效锌（Zn,毫克/千克）	<0.3	0.3~0.5	0.5~1.0	1.0~3.0	>3.0
有效硼（B,毫克/千克）	<0.2	0.2~0.5	0.5~1.0	1.0~1.5	>1.5
有效铁（Fe,毫克/千克）	<2	2~5	5~10	10~20	>20

　　果树为多年生作物，其生命周期从十几年到几十年，一般经过幼龄期、初果期、盛果期、更新期和衰落死亡期等几个时期，不同的生命周期中因果树生理功能不同，对养分需求也有很大的差别。幼龄期果树需肥量较少，但对肥料特别敏感，要求施足磷肥以促进根系生长；在有机肥充足的情况下可少施氮肥，否则要施足氮肥；适当配合钾肥；建议 N：P_2O_5：K_2O 为1：2：1。初果期是果树由营养生长向生殖生长转化的关键时期，施肥上应针对树体状况区别对待，若营养生长较强，应以磷肥为主，配施钾肥，少施氮肥；若营养生长未达到结果要求，培养健壮树势仍是施肥重点，应以磷肥为主，配施氮、钾肥；建议 N：P_2O_5：K_2O 为1：1：1。盛果期施肥主要目的是优质丰产，维持健壮树势，提高果品质量，应以有机肥与氮、磷、钾肥配合施用，并根据树势和结果的多少有所侧重，建议 N：P_2O_5：K_2O 为2：1：2。在更新衰老期，施肥上应偏施有机肥与氮肥，以促进更新复壮，维持树势，延长盛果期，建议 N：P_2O_5：K_2O 为3：1：2[3]。

　　年周期中苹果施肥根据营养需求特点可分为四个时期：第一个时期为秋季（晚熟品种采果后），是基肥施肥期，包括有机肥和化肥，化肥要加强氮肥、磷肥，配施钾肥；第二个时期为春季（3月中旬），是第一次追肥期，主要是氮肥和钙肥等；第三个时期为花芽分化期（6月中旬），要增加磷肥；第四个时期为二次膨果期，前氮后钾，增加钾肥施用。

2 最佳的施肥量

施多少肥的主要依据是养分平衡原理，即施肥量为作物带走量和损失量。Kangueehi 等[6]研究了滴灌施肥下幼龄和结果期苹果对大量和微量元素的需求，结果表明在沙壤土上 Brookfield Gala/Merton 793（2000 棵/公顷）第三年苹果产量为 45.2 吨/公顷，每 1 000 千克产量所需 N、P、K、Ca、Mg 和 S 量为 1.7～2.6 千克、0.3～0.4 千克、2.3～3.3 千克、0.5～1.9 千克、0.2～0.4 千克和 0.2～0.3 千克；需要 Na、Mn、Fe、Cu、Zn、B 和 Mo 量为 75.1～102.9 克、1.3～7.8 克、28.7～32.6 克、0.9～1.1 克、3.0～6.5 克、5.7～7.6 克和 0.3～0.4 克。这是苹果对各种养分的需求量，其推荐施肥量还要考虑各种养分的性质及其利用率等因素。

氮素是把"双刃剑"，一方面氮作为果树生长所需量最多的元素，在果树产量和品质形成中发挥重要作用，氮缺乏会对果树产量和品质产生不利影响；另一方面氮供应过多也会对产量和果实品质产生不利影响，同时还会产生一系列环境问题，如土壤硝酸盐积累、温室气体排放等。由于氮素资源具有来源的多样性、去向的多向性及其环境危害性、产量和品质对其反应的敏感性等特征，因此，对氮素养分应进行精确管理[7]。丰产稳产苹果树中每年氮含量处于一个相对稳定的状态，其果实干物质占总干物质的一半以上，因此国际上大多数国家在氮肥施用量的确定上都以目标产量为主要指标，1 000 千克产量需氮量的计算公式如下：

每 1 000 千克产量果实氮移出量（千克，N）＝1 000 千克×果实含氮量（干物质）/100×果实干物质占全部干物质比例

1 000 千克产量需氮量（千克，N）＝每 1 000 千克产量果实氮移出量/果实氮移出量占整株吸氮量比例

根据上述公式，形成 1 000 千克产量嘎拉、金冠、元帅、红富士和国光的氮素（N）需求量为 1.5 千克、1.5 千克、2.5 千克、2.5 千克和 3.0 千克。其中，嘎拉氮需求量与 Kangueehi 等[6]得到的结果（1.7～2.6 千克）相近。

由于红富士苹果占我国苹果栽培面积的近 70%，而红富士苹果形成 1 000 千克产量需要 2.5 千克左右 N（折纯），以氮肥利用率为 35%～50%（35% 是目前常规管理控制施肥量下较高利用率，作为施肥量计算的上限；50% 是采用新技术和新型肥料下利用率，作为施肥量计算的下限）计算，我国红富士苹果形成 1 000 千克产量氮肥的最少施用量为 5～7 千克 N（折纯）。考虑到大多数果园氮肥利用率不足 30%，推荐量可以放宽到 6～10 千克 N（折纯）。

磷和钾在果园土壤中移动性相对较小，损失也较少，在土壤中可以维持较长时间的有效性，且在适量施肥范围内，增加或减少一定用量不会对果树生长和产量造成很大的影响，因此磷、钾养分管理采取"恒量监控"的方法进行。苹果"磷钾养分恒量监控"方法是通过定期（一般 3～5 年）的果园土壤磷、钾测试，在土壤测试值基础上依据土壤磷、

钾含量范围（低、中、高），结合果树目标产量的磷、钾养分需要量来制定今后一定时期（3～5 年）内果树的磷、钾施用量。如果土壤磷、钾养分含量处于低水平，则磷、钾肥施用不仅要满足果树对磷、钾养分的需求，还应通过施肥使土壤磷、钾含量逐步提高到较为适中的水平，因此磷、钾肥推荐量一般超过果树目标产量的需求量；如果土壤磷、钾养分含量适宜，则施用量只要满足果树对磷、钾的需求即可；如果土壤磷、钾含量很高，则应该适当减少磷肥用量，促使根系利用土壤磷、钾养分，使土壤磷、钾含量通过果树的吸收、消耗最终维持在一个适宜的范围内[7]。磷和钾可以采用与氮相同的公式进行计算，也可以按照盛果期苹果 $N：P_2O_5：K_2O$ 为 2：1：2 进行估算，一般红富士苹果形成 1 000 千克产量磷肥施用量为 3～5 千克 P_2O_5（折纯）、钾肥施用量为 6～11 千克 K_2O（折纯）。

相对于大量元素氮、磷和钾，果树对中微量元素的需求量相对较少。正常条件下，土壤所含有的中微量元素可满足其生长的需要。但在高产、有土壤障害发生和土壤中微量元素含量低的地区，以及大量元素肥料施用不合理的地区，往往会产生中微量元素缺乏问题。中微量元素养分资源管理的原则是：在表现出缺乏症状的地区和果园，根据推荐方法施用中微量元素肥料，而在未表现缺乏的地区和果园，原则上不施。判断缺乏与否的方法有三：一是外观诊断，即叶片、树势和果实等表现出缺素症状；二是土壤测试，土壤中微量元素含量低于适宜值；三是植株测试，叶片、果实、叶柄等养分含量分析数值低于标准值。对于并非因土壤养分缺乏而造成的果树中微量元素缺素现象，主要应通过增施有机肥、调节土壤理化性状等加以解决[7]。

3 最佳的施肥期

苹果施肥时期与年周期和施肥方法有关。

苹果年周期对磷素需求较稳定，磷的供应原则是：增加贮备，全年不断线，关键时期适当多施。即 50%左右磷肥在秋季（基肥）施入，20%在花芽分化期（6 月中旬）施入，其余 30%均匀施用。

苹果年周期对钾素需求较集中，钾的供应原则为：抓果实膨大期，适当增加贮备。即 50%在果实膨大期（7—9 月）施入，30%在秋季（基肥）施入，其余 20%均匀施用。

氮素由于损失途径多、移动性强和对产量品质影响大而难管理，因此苹果施肥时期主要以氮肥为主进行推荐。苹果需氮期可分为三个时期：主要利用贮藏养分期也是苹果大量需氮期；养分稳定供应期，新吸收的氮用于满足生长需要，贮藏氮分配到新生器官，氮吸收和利用同时进行，枝干器官可积累全部氮需求的 60%；养分贮藏期，落叶前叶片约 50%的营养回流到多年生器官中[3]。氮素供应原则为：重视基肥、氮肥前移、看果施氮、少量多次。

重视基肥：年周期中需氮最多时期是早春器官发生期，此期果树的萌芽、开花、坐果、新梢生长、幼果膨大以及根系生长等所需养分主要依靠树体内的贮藏养分，[15]N 试验结果表明，此期新生器官建造所需的氮 60%～90%来源于树体内的贮藏氮[8]。Cheng 等[9]研究发现秋季落叶前施肥有利于提高树体贮藏氮含量，尤其是精氨酸含量。因此，建议生产上要重视秋季施肥，此期肥料施用量应占全年总量的 50%～60%，最佳施用时期为 9 月中旬至 10 月中旬，晚熟品种采收后应尽早施用。

氮肥前移：我国苹果市场存在以果个大小论价的倾向，而我国果园土壤条件较差，只有通过补充氮肥来增大果个，但氮肥施用不当（过量或时期不合适）则引起内在品质下降，既要增大果个又要保证内在品质要求农户在氮肥施用时期上要前移，即 50%～60%的氮肥在秋季、20%～30%在春季第一次膨果期，大幅度减少二次膨果期氮肥投入。

看果施氮、少量多次：二次膨果期氮肥投入既不能过量也不能不施肥，氮肥投入量为全年总氮肥量的 20%。在补充策略上一是"看果施氮"，即根据果实发育状况施用氮肥，如果果实个头足够大就要减少氮肥施用，否则要正常施氮肥。二是"少量多次"，此期正处雨季，氮素极易发生径流和深层淋洗，可以采用少量多次的氮肥施用技术来有效降低土壤氮素浓度的变化，有利于保证果实膨大后期养分的稳定供应[10]。

4　最佳的施肥方法和施肥位置

无论采用什么方法施肥，养分都主要通过根系（根外施肥除外）来吸收，因此最佳的施肥方法是"根层施肥"。根层施肥有两个含义，一是要把肥料施在根层，即根系集中分布区，二是要"先养根，后施肥"。

丁宁等[11]研究了不同施肥深度对矮化苹果 ^{15}N-尿素吸收利用的影响，结果表明，在果实成熟期，20 厘米施肥深度处理 ^{15}N 肥料利用率为 24.0%，显著高于 0 厘米（14.1%）和 40 厘米施肥深度处理（7.6%），而 ^{15}N 损失率为 54.0%，显著低于 0 厘米（67.8%）和 40 厘米施肥处理（63.5%）。许海港等[12]研究了不同水平位置施肥对嘎拉苹果 ^{15}N 吸收利用的影响，结果表明果实成熟期，植株的 ^{15}N 利用率以内层施肥处理最高，为 29.25%；中层施肥处理次之，为 19.33%；外层施肥处理最低，为 19.04%。这两个试验均表明在根系集中分布区施肥效率最高，因此施肥位置一定要在根系集中分布区。滴灌施肥通过水把养分带到根区[13]，袋控缓释肥[14]和包膜缓释肥[15]等在根区缓慢释放养分，均保证了根层氮素的稳定供应，提高了氮肥利用率，降低了氮肥损失。

参考文献

[1] 朱占玲. 苹果生产系统养分投入特征和生命周期环境效应评价. 泰安：山东农业大学，2019.

[2] IFA. The Global "4R" Nutrient Stewardship Framework：Developing Fertilizer Best Management Practices for Developing Economic, Social and Environmental Benefit//Paper drafted by the IFA Task Force on Fertilizer Best Management Practices. IFA，2009，Paris，France.

[3] 姜远茂，葛顺峰，邱贵生. 苹果化肥农药减量增效绿色生产技术. 北京：中国农业出版社，2020：

3 - 12.

[4] 王富林，门永阁，葛顺峰，等．两大优势产区红富士苹果园土壤和叶片营养诊断研究．中国农业科学，2013：46（14）：2970 - 2978.

[5] 姜远茂，张宏彦，张福锁．北方落叶果树养分资源综合管理理论与实践．北京：中国农业大学出版社，2007：102.

[6] Kangueehi G N, Stassen P J C, Theron K I, et al. Macro and micro element requirements of young and bearing apple trees under drip fertigation: short communications. South African Journal of Plant and Soil, 2011, 28 (2): 136 - 141.

[7] 葛顺峰，朱占玲，魏绍冲，等．中国苹果化肥减量增效技术途径与展望．园艺学报，2017，44（9）：1681 - 1692.

[8] Cheng L, Ma F W, Ranwala D. Nitrogen storage and its interaction with carbohydrates of young apple trees in response to nitrogen supply. Tree Physiology, 2004, 31 (222): 91 - 98.

[9] Cheng L, Dong S, Fuchigami L H. Urea uptake and nitrogen mobilization by apple leaves in relation to tree nitrogen status in autumn. Hortscience A Publication of the American Society for Horticultural Science, 2002, 35 (3): 181 - 197.

[10] 丁宁，姜远茂，彭福田，等．分次追施氮肥对红富士苹果叶片衰老及 ^{15}N 吸收、利用的影响．植物营养与肥料学报，2012，18（3）：758 - 764.

[11] 丁宁，陈倩，许海港，等．施肥深度对矮化苹果 ^{15}N - 尿素吸收、利用及损失的影响．应用生态学报，2015，26（3）：755 - 760.

[12] 许海港，季萌萌，葛顺峰，等．不同水平位置施肥对'嘎啦'苹果 ^{15}N 吸收、分配与利用的影响．植物营养与肥料学报，2015，21（5）：1366 - 1372.

[13] 田歌，李慧峰，田蒙，等．不同水肥一体化方式对苹果氮素吸收利用特性及产量和品质的影响．应用生态学报，2020，31（6）：1867 - 1874.

[14] 沙建川，王芬，田歌，等．控释氮肥和袋控肥对王林苹果 ^{15}N - 尿素利用及其在土壤累积的影响．应用生态学报，2018，29（5）：1421 - 1428.

[15] 赵林，姜远茂，彭福田．控释肥对红将军和嘎拉苹果品种及产量的影响．落叶果树，2010（3）：1 - 4.

我国科学施肥发展历程概述

杜 森 徐 洋 傅国海 周璇 胡江鹏

全国农业技术推广服务中心

摘 要： 科学施肥事业发展在解决温饱问题、保障粮食安全、促进农业绿色高质量发展等方面发挥了巨大作用，本文通过分阶段概述我国科学施肥从传统有机肥为主到施用化肥为主，再到测土配方施肥、化肥减量增效、有机无机配合的发展历程，为推动科学施肥工作高质量发展提供参考借鉴。

关键词： 科学施肥；粮食安全；测土配方施肥；化肥减量增效

科学施肥是保障国家粮食安全、实现农业绿色高质量发展的基础，关系着"三农"工作成色和乡村振兴战略的顺利实施。在中华农耕文明的历史长河中，以有机肥为核心的施肥技术体系，维持了几千年的连年种植、持续产出和土壤肥力平衡。1958 年，毛泽东同志提出"土、肥、水、种、密、保、管、工"的农业"八字宪法"，对科学施肥工作给予了准确的定位。改革开放后我国科学施肥事业蓬勃发展，逐步形成以"高产、优质、经济、环保"为导向的现代科学施肥技术体系，在解决温饱问题、保障粮食安全、促进农业绿色高质量发展等方面发挥了巨大作用，为中国农业的持续高产出、优品质、多样化提供了坚实保障[1]。

1 传统有机肥料施用为科学施肥发展奠定物质基础

我国有施用有机肥料的悠久历史，早在《诗经·周颂·良耜》中就有"茶蓼朽止，黍稷茂止"记载，意为"野草腐烂作肥料，庄稼生长真繁茂"。《荀子·富国篇》指出"地可使肥，多粪肥田"，阐述了施肥和土壤的关系。北魏时期农学家贾思勰《齐民要术》中记载，绿肥还田后种春谷可以达到增产 2 倍以上的效果，强调"地薄者粪之，粪宜熟"的基本施肥原则，以及"粪种法"的种粪施用和绿肥肥田技术。

此后，有机肥积造和施肥技术进一步发展成熟。宋代陈旉所著《农书》，是我国有史以来第一部总结南方农业生产经验的著作。书中提出"积而焚之，沃以粪汁"，强调粪肥要发酵，提高肥效。通过施肥可使"地力常新壮"，实现可持续发展。明代《宝坻劝农书》更是全面讲述了蒸粪法、煨粪法、酿粪法、窖粪法等有机肥料制造方式。正是依赖于有机肥的长期投入，中国的粮食产量以及农业才数千年保持长盛不衰。

2 1949—1978 年，大量积造农家肥、种植绿肥、发展小氮肥

新中国成立初期，我国农业生产亟待恢复和发展，有机肥料作为当时农业生产中最重要的生产资料受到高度重视。1950 年和 1954 年农业部先后两次召开了全国土壤肥料工作会议，提出了"广辟肥源，大力积造有机肥，增施肥料培肥地力、提高生产"的要求。1958 年，中央发布《中共中央关于肥料问题的指示》，指出化学肥料在短期内还不能满足生产需要，各地除积极努力增产化肥外，农家积肥、造肥仍然是最主要、最大量的肥源，至此确立了以有机肥为主、化肥为辅的施肥策略。同期，各地总结推广了"四勤八有"（四勤：勤扫、勤垫、勤起、勤烧；八有：牛有栏、猪有圈、灰有屋、粪有池、田里有草子、四季有凼、人有厕所、鸡鸭有窝）等农家肥积造经验，有机养分投入一度占农田养分投入量的 90% 以上，有机肥料推广应用达到了高峰。

绿肥种植面积大幅度增加。20 世纪 50 年代初期，我国主要是在湖南、江西、浙江等省种植冬绿肥，全国绿肥面积约 2 600 万亩*。1958 年，中国农业科学院土壤肥料研究所焦彬主编《中国绿肥》，第一次全面总结了中国绿肥的发展历史和经验成果。同年全国绿肥种植面积扩大到 6 300 万亩，平均亩产鲜草 1 250 千克。1963 年，农业部组建了全国绿肥试验网，开展绿肥种植模式试验示范，突破技术难关，绿肥种植区域不断扩大。为解决绿肥与粮棉争地的矛盾，各地创造出多种有效的间、混、套、复种和水生绿肥模式，提出了"磷肥治标，绿肥治本"的改良中低产稻田策略，绿肥种植面积迅速增加。到 70 年代，我国绿肥发展达到顶峰，每年绿肥种植面积接近 2 亿亩。

化肥方面，50 年代中期，在苏联援助下我国建成了吉林、兰州、太原三个化肥厂，掌握了合成氨 15.4 万吨、硝酸铵 18.8 万吨生产能力。1960 年，我国著名化学家候德榜博士领导研发了合成氨联产碳酸氢铵工艺，开启了小氮肥生产的春天。1966 年后小氮肥厂迅猛发展，到 1979 年全国共建成小氮肥厂 1 533 个，产量占氮肥总量的一半以上。1979 年，从国外引进具有世界先进水平的 13 套大型合成氨、尿素装置全部建成投产，迅速提高了我国氮肥工业的技术水平[2]。

3 1978—2012 年，化肥工业高速发展和测土配方施肥大面积推广

1978 年后，我国科学施肥事业发展进入快车道。1979 年开展的全国第二次土壤普查，摸清了我国 20 年耕地养分变化状况，为指导科学施肥提供了重要依据。1981—1983 年进行的第三次全国化肥肥效试验，确定了氮、磷、钾肥效果，促进了科学施肥技术推广。80 年代初，土肥工作者针对"三偏"施肥（偏施氮肥、用量偏多、施肥偏迟）和氮、磷、钾比例失调等问题，提出了"测土施肥""诊断施肥""计量施肥""控氮增磷钾""氮磷钾合

---

* 亩为非法定计量单位，1 亩＝1/15 公顷。——编者注

理配比"等施肥技术，不断推进施肥定量化。1983 年农业部在广东召开会议，提出"配方施肥"的概念。1986 年 5 月再次召开配方施肥工作会议，形成《配方施肥技术工作要点》，建立了较为完整的技术体系[3]。至 90 年代初，全国配方施肥覆盖 1 700 多个县，每年推广面积 8 亿亩次，为农业增产增收做出了重要贡献。

2005 年，针对肥料价格高位运行，部分地区过量施肥、盲目施肥、肥料利用率偏低等问题，在中央财政支持下，农业部启动实施了测土配方施肥项目。2009 年，测土配方施肥项目县（场）从 200 个扩大到 2 498 个，实现了从无到有、由小到大、由试点到"全覆盖"的历史性跨越。2012 年，全国累计采集土壤样本 1 543 万份、植株样本 106 万份，基本摸清了我国县域土壤理化性状状况。分区域、分作物完成"3414"试验 11 万个，开展小区试验 27 万个、大田示范 51 万个，为研究最佳肥料品种、施肥时期、施用方式、肥料用量积累了大量的一手资料。建立以"氮肥总量控制、分期调控"和"磷钾恒量监控"为核心的养分资源综合管理技术路径，制定并发布主要作物肥料配方 17 万个，筛选确定 200 多家农企合作企业，加快配方肥推广下地。累计培训农民 2.3 亿人次，每年推广面积超过 13 亿亩次，技术覆盖率超过 50%，主要粮食作物亩节本增效 30 元以上，经济作物亩节本增效 80 元以上。

在全国第二次土壤普查、沃土工程、测土配方施肥等项目带动下，土肥技术推广体系快速发展，全国主要农业县土肥专业队伍得到壮大提高，县级化验室面积平均达到 200 米² 以上，基本具备了检测分析大、中、微量元素的条件。全国基层土肥化验室数量由 2005 年的不足 1 000 个，增加到最高峰时期的 2 498 个，实验室面积由 20 万米² 增加到 40 万米²，仪器设备由 2 万台（套）增加到 7 万多台（套），检测人员由 0.6 万人增加到 1.4 万人，中级以上职称人数占比达到 58%。检测范围由大量元素扩展到大、中、微量元素养分检测，检测能力也由每天 10～20 个样品提升到 40～60 个。2012 年，各级土肥测试机构分析各类样品 800 多万个，较 2004 年增加了 7 倍，为科学施肥技术推广、土壤改良培肥等工作提供了坚实的基础支撑[4]。

4　2012 年至今，化肥使用量零增长、果菜茶有机肥替代化肥行动和绿色种养循环农业试点项目不断实施

2012 年，国家提出"大力推进生态文明建设"的战略决策。2015 年，"绿色"作为新发展理念被提出。2018 年，中央财经领导小组第一次会议明确提出"调整农业投入结构，减少化肥农药使用量，增加有机肥使用量，实现化肥农药用量负增长"，给新时代科学施肥技术推广指明了方向。

2015 年，农业部启动了化肥使用量零增长行动，到 2020 年取得圆满成功。一是实现减量增效。农用化肥用量从 2015 年 6 022.6 万吨减少到 2020 年的 5 250.7 万吨，减幅 12.8%，年均减少 154 万吨，节约农业生产性投入成本 210 多亿元。2020 年我国水稻、玉米、小麦三大粮食作物化肥利用率 40.2%，比 2015 年提高 5 个百分点。在化肥减量的

同时，粮食产量稳定在 1.3 万亿斤以上，农产品质量安全水平提升，节本增收综合效益明显，农业生态环境得到改善，促进了种植业高质量发展。二是集成组装一批绿色高效技术模式。制定发布肥料配方 2 万多个，发放施肥建议卡 9 亿多张，推动企业照"方"生产配方肥，引导农民按"卡"合理施肥。加快推进机械深施、种肥同播、侧深施肥，推广膜下滴灌、集雨补灌、微喷灌水肥一体化技术，促进农机农艺结合、水肥耦合。大力推广"配方肥＋有机肥""果（菜、茶）-沼-畜""自然生草＋绿肥"等模式，以有机替无机。三是探索形成一套高效服务模式。扶持专业化服务组织，开展统测、统配、统供、统施"四统一"服务。全国科学施肥社会化服务组织 1.5 万个，服务面积 1.2 亿亩次。建立智能配肥站和液体加肥站 2 300 多个，年智能化配肥 200 多万吨。充分利用互联网、触摸屏、手机等开展土壤养分、施肥方案、肥料价格等信息查询，通过信息引导推进减量增效。

2017 年，农业部印发《开展果菜茶有机肥替代化肥行动方案》，开展有机肥替代化肥示范。到 2020 年，累计投入 40 亿元，在全国 238 个县开展果菜茶有机肥替代化肥试点行动，推动我国有机肥应用达到新高潮。各地通过政府购买服务、技术补贴、物化补贴等方式，支持农民和新型农业经营主体施用有机肥，培育一批生产性服务组织，集中推广堆肥还田、商品有机肥施用、沼渣沼液还田、绿肥种植等技术模式，加快有机肥应用，促进种养结合，实现果菜茶提质增效和资源循环利用。试点行动累计建立苹果示范县 36 个、柑橘示范县 53 个、茶叶示范县 63 个、设施蔬菜示范县 60 个，其他作物 26 个，示范推广"有机肥＋配方肥""有机肥＋水肥一体化""有机肥＋机械深施""秸秆生物反应堆"等技术模式 900 多万亩。示范区累计增施有机肥 1 600 多万吨（实物量），增幅达 40.4%，带动项目县畜禽粪污综合利用效率提高 7 个百分点，有效促进了畜禽粪污循环利用，减轻了农业面源污染。示范区化肥用量累计减少 24 万吨（折纯），减幅 16%，化肥过量施用的问题得到有效缓解。通过增施有机肥，改善了土壤理化性状，增加了土壤有机质含量，提高了地力水平。据统计，目前全国有机肥施用面积超过 5.5 亿亩次，绿肥种植面积超过 5 000 万亩次。

2021 年，农财两部联合印发《农业农村部办公厅 财政部办公厅关于开展绿色种养循环农业试点工作的通知》，投入财政资金 27.4 亿元，选择 274 个县开展绿色种养循环农业试点，促进粪肥就地就近还田利用。试点县遴选社会化服务主体 1 650 个，建设示范区面积 2 760 万亩，覆盖水稻、小麦、玉米、蔬菜、果树、茶叶等多种作物。各地结合区域土壤类型、作物需肥特点，集成熟化了"粪肥＋配方肥""粪肥＋机械深施"等模式，应用面积 860 多万亩。集成"沼液＋管网输送还田""沼液＋水肥一体化"等模式，应用面积 460 多万亩。布设试验点 822 个、监测点 5 840 个，开展粪肥还田梯度试验和效果监测。项目区收集处理固体粪污 1 940 多万吨，液体粪污 3 300 多万米^3，畜禽粪污综合利用率达到 90% 以上。项目区施用固体粪肥 1 300 多万吨、液体粪肥 2 690 多万米^3，减少化肥用量 6.3 万吨（折纯），其中氮 2.9 万吨、磷 1.8 万吨、钾 1.6 万吨，有力推进了化肥减量增效。

5　结语

过去的一百年，我国科学施肥走过了以传统有机肥为主到施用化肥为主，再到测土配方施肥、化肥减量增效、有机无机配合的百年征程。科学施肥为保障粮食安全、促进农业绿色可持续发展做出了重要贡献。"十四五"是"两个一百年"奋斗目标的历史交汇期，统筹兼顾保障粮食等重要农产品有效供给和持续改善生态环境质量，对科学施肥提出了更高的要求。未来要继续坚持以"高产、优质、经济、环保"为导向的现代科学施肥技术体系，推动科学施肥工作转型升级、高质量发展，为稳粮保供、绿色发展、乡村振兴提供有力支撑。

参考文献

[1] 陆景陵.植物营养学（第二版）.北京：中国农业大学出版社，2003.

[2] 全国农业技术推广服务中心.中国化肥100年回眸.北京：中国农业出版社，2002.

[3] 农业部农业司.配方施肥.北京：中国农业出版社，1995.

[4] 全国农业技术推广服务中心.中国种植业技术推广改革发展与展望.北京：中国农业出版社，2010.

押金制肥料包装废弃物
回收试点新模式初探

郝立岩[1] 马记良[2] 赵 奇[3] 刘长兴[4] 齐建军[5]

1. 河北省农业技术推广总站；2. 保定市土壤肥料工作站；3. 北京盈创再生资源回收有限公司；4. 涞水县农业农村局；5. 阜平县农业农村与水利局

摘 要： 为落实 2020 年《农业农村部办公厅关于肥料包装废弃物回收处理的指导意见》有关要求，探索肥料包装废弃物回收模式，保定市在涞水县、阜平县开展肥料包装废弃物回收试点工作。通过开展押金制回收肥料包装废弃物试点，探索可推广可复制的回收处理模式和工作机制，为其他市县区开展肥料包装废弃物回收处置工作提供经验参考。

关键词： 肥料包装废弃物；回收；押金制

肥料作为重要的农业生产资料，对保障国家粮食安全和农产品供给起到至关重要的作用。我国是肥料生产和消费大国，随着市场需求的提升，肥料品种、肥料包装材质及规格呈现多样化，部分肥料包装废弃物因缺乏再利用价值，使用后多被随意丢弃，对农业生产及农村生态环境造成危害[1]。开展肥料包装废弃物回收工作，是推进肥料减量增效、农业绿色发展的重要举措，是实施乡村振兴战略的有效践行。

2020 年 1 月，《农业农村部办公厅关于肥料包装废弃物回收处理的指导意见》正式发布（以下简称《指导意见》）[2]。《指导意见》将肥料包装废弃物回收利用纳入农村生态建设的重要内容，压实了政府责任，明确了肥料生产者、经营者及使用者等回收处理主体在肥料包装废弃物回收中的责任及义务履行原则和方式，通过 3 年时间在全国 100 个县开展肥料包装废弃物回收处理试点，探索可推广可复制的回收处理模式和工作机制。

保定市自 2020 年起，相继在涞水县、阜平县开展肥料包装废弃物回收试点工作，依托市级、省级回收试点项目，开展肥料包装押金制回收模式探索，推行押金销售，有偿回收，成效显著，为其他市县区开展相关工作提供了经验借鉴和模式参考。

1 主要做法

1.1 基数调查、摸清现状

为摸清试点区域内农业种植结构、肥料施用情况、肥料包装废弃物产生量和危害性、包装种类规格、回收量和处置厂分布情况等，试点地成立专项工作小组，制定肥料包装废弃物回收情况调研表，对所辖区域内的肥料包装废弃物现状进行摸底调查。通过实地调查、小组座谈、查阅资料、数据调取等方式，详实客观地记录县域肥料包装回收市场现状。

1.2 模式调研、大胆创新

我国农药包装废弃物回收工作起步较早，已取得积极进展，回收渠道、回收模式及机制等相对成熟。试点地农业农村主管部门通过查阅文献、召开专题研讨会、邀请专业服务机构进行方案交流等，借鉴农药包装废弃物回收处理工作的成功经验，结合当地实际情况，提出在肥料包装废弃物回收领域探索开展押金制回收的模式。

1.3 精密筹划、精准实施

1.3.1 政策发布

由试点县农业农村局结合当地实际情况，研究制定了《肥料包装废弃物回收体系建设方案》，成立了工作领导小组，明确了总体要求、工作目标、实施内容、资金使用计划等。通过政策先行，从顶层设计角度确定回收工作总基调，有力推动后续各项工作任务的顺利开展落实。

1.3.2 集中培训

由县农业农村局牵头组织召集，专业服务机构北京盈创高科新技术发展有限公司负责具体实施，针对各乡镇村农资经营门店的业主、农业主管部门负责人员以及种植大户开展集中专项培训。培训内容包括肥料包装废弃物回收政策宣贯、肥料包装废弃物回收必要性介绍、信息化终端软件使用方法、包装废弃物回收流程等内容。通过专项批次培训，不断增强各方环保意识、提升回收积极性、主动性，熟悉信息化系统使用方法，号召有关单位和人员配合开展回收工作。会后，农业农村局与各农资经营门店签署《肥料包装押金销售与包装回收承诺书》，并现场发放了宣传海报、明白纸等。

1.3.3 宣传动员

在试点县策划、设计、制作并张贴宣传海报近200张，布设覆盖县域范围所有农资经营门店；制作肥料包装押金回收宣传条幅百余条，悬挂在各乡镇人流密集场所。同时，利用新闻主流媒体的宣传引导作用，发布推广软文、宣传小视频、微信群小短文等，形成全民参与肥料包装废弃物押金回收的良好舆论氛围。

1.3.4 体系建设

落实肥料经营者的回收主体责任，依托农资经营门店设立肥料包装废弃物回收站点，设置回收点标识、布设宣传品、完成制度上墙，安装"肥料包装押金回收终端"，实现回收站点的统一标准、统一建设。科学合理选址并确定利用闲置库房或村舍作为肥料包装废弃物的集中暂存场所，按照环保要求完成相关改造。

1.3.5 体系运营

包装回收：农资经营门店使用"肥料包装押金回收终端"记录销售及回收信息，回收的肥料包装暂存在专门场所，并采取防扬散、防流失等措施。

周期清运：专业服务机构负责对各农资经营门店回收的肥料包装废弃物进行周期性上门清运，并将包装废弃物运送至集中暂存点。

集中存储：肥料包装废弃物在暂存点内进行集中分类存储。

无害处置：对接资源化利用及无害化处置公司，对回收的肥料包装废弃物进行最终处置。

1.4 高度重视、多维保障

1.4.1 政策保障

为贯彻落实《农业农村部办公厅关于肥料包装废弃物回收处理的指导意见》《关于做好 2021 年化肥减量增效工作的通知》和《2021 年化肥减量增效技术方案》等文件精神，结合保定市及河北省农业绿色发展先行区创建的工作要求及试点县实际，研究制定《肥料包装废弃物回收办法》，明确要求建立以"谁使用谁交回、谁销售谁回收、专业机构运营、政府财政扶持"为原则的回收处置机制，保障肥料包装的有效回收。

1.4.2 资金保障

为保障肥料包装废弃物押金回收试点工作的顺利实施，依托 2020 年保定市农业农村局肥料包装废弃物回收试点项目资金 50 万元、农业中央转移支付资金 60 万元，主要用于押金回收体系建设、开展定制化宣传培训、肥料包装清运处置，为肥料包装回收体系建设和运营提供了强有力的资金保障。

1.4.3 机制保障

依托试点县农业综合执法队伍，依法加强对肥料包装废弃物回收处置工作的综合监管，督促并指导农资经营门店切实履行肥料包装回收义务，通过加大执法监督力度、增加执法巡查频率、切实做好回收工作督导、强化部门协调配合等，形成政企联动、协调配合的保障机制。

1.4.4 服务保障

试点县人民政府、农业农村局高度重视肥料包装废弃物回收工作，成立专班，安排专人跟进项目进度，强化各环节监管、全力做好协调服务。通过招标方式，确定项目承接主体，择优选用具有丰富的类似项目运营经验、社会信誉度高、行业品牌口碑佳、能提供高效优质服务的专业服务机构作为项目承接主体，为项目提供一站式全链条服务。

2 工作成效

2.1 提升回收意识

通过广泛宣传，肥料使用者充分认识到肥料包装废弃物随意丢弃的危害，对肥料包装押金回收工作给予了大力支持，回收包装废弃物意识得到显著提升。

2.2 降低废弃物回收成本

项目实施至今，两试点县累积回收肥料包装废弃物 37.87 吨。押金回收模式的应用，通过经济杠杆作用提高了肥料使用者参与回收工作的积极性，最大程度节省回收成本。

2.3 形成环境污染治理信用制

我国肥料包装废弃物回收模式以"以物换物、现金回收、补贴回收"较为常见，保定市试点县突破固有模式，充分借鉴其他农业投入品废弃物回收经验，将押金回收模式引入肥料包装废弃物回收领域，结合实名制购买，将肥料包装污染治理纳入环境信用制体系，通过守信激励与失信惩戒，促进绿色生产生活方式的形成，是肥料包装回收模式和农村环境整治机制的创新。

2.4 突破肥料综合监管模式

县域范围所有农资经营网点全部接入"农资销售与押金收退终端"，搭建完成"试点县肥料包装废弃物押金回收综合监管平台"。项目实施后，实现了全县从肥料销售、使用到包装废弃物回收、转运及最终处理全流程可监控，实现了县域范围肥料包装押金回收工作的综合数字化监管，是肥料及包装废弃物综合监管模式引入"互联网＋"的一次探索性实践。

3 工作建议

虽然试点工作取得积极进展，但肥料包装废弃物回收的长效机制仍不健全，农民自发回收废弃物的意愿不高，建议在以后的工作中继续加强以下几点。

3.1 建立综合回收站点

从长远来看，将肥料包装废弃物纳入当地农药、农膜、兽药等农资包装废弃物回收处理体系，实施统一回收，可大大节约运营成本。建议在基层回收点统一配置相应的回收设施，设置醒目的标识标牌，公示回收价格，对所在地的肥料包装废弃物进行长期稳定的回收。

3.2 继续政策扶持

依托部级肥料包装废弃物回收处理试点项目和其他财政项目，对回收点建设运行进行资金补贴，对肥料零售网点和农户收集回收肥料包装通过奖补予以激励，促进肥料生产者、销售者、广大农民等各类经营主体自觉参与肥料包装废弃物回收工作。

3.3 加强宣传引导

通过媒体宣传、入户讲解、培训讲座等多种形式大力宣传肥料包装物随意丢弃的危害和回收再利用的价值。借助网络、电视、报刊多渠道宣传，提升肥料生产者、销售者、使用者回收利用肥料包装废弃物的意识，引导广大农民和新型经营主体等自觉参与肥料包装废弃物回收。

参考文献

[1] 张丽，仇美华，梁永红 . 建立肥料包装废弃物长效回收处理机制 . 江苏农村经济，2020（10）：40 - 41.

[2] 农业农村部办公厅 . 农业农村部办公厅关于肥料包装废弃物回收处理的指导意见 . 再生资源与循环经济，2020，33（2）：3 - 4.

青海省化肥农药减量
增效行动实践及对策

王 生

青海省农业技术推广总站

abstract>
摘　要：粮食安全是"国之大者"，中央经济工作会议、中央农村工作会议、全国两会对稳定粮食生产、保障粮食安全作出重要部署。近年来，青海省农业农村部门积极响应农业农村部化肥农药使用量零增长行动（以下简称"双减"），采取有力有效措施，化肥、农药施用量均已呈下降趋势。本文总结了近年来青海省"双减"行动现状及工作成效，归纳了采取的措施、存在的问题及对策建议，以期对其他地区"双减"工作开展起到经验参考作用。

关键词：化肥农药；减量增效；实践；对策
abstract>

2019年起青海省以绿色有机农畜产品示范省创建为引领，在全省范围内开展"双减"行动，累计实施面积达到714万亩[1-2]。2019年在全省7个市（州）19县（市、区、行委）及11个国有农牧场的青稞、小麦、马铃薯等9种作物上实施试点114万亩。2020年，全省实施面积300万亩，共施用商品有机肥39万吨，折算无机养分1.95万吨。2021年实施面积300万亩，共落实万亩示范区30个、千亩示范田380个、百亩攻关田930个，有效保障了全省粮食安全生产，化肥、农药使用总量均已总体减少，成效显著。

1 现状及成效

1.1 行动现状

1.1.1 化肥使用情况

自2015年农业部实施化肥使用量零增长行动以来，青海省大力推广测土配方施肥技术、实施耕地质量提升行动、增施商品有机肥，提前实现化肥零增长目标，2016年全省化肥用量减少到24万吨，2017年降至23.8万吨，2018年降至22.83万吨，2019年降至17.26万吨，化肥总量比2016年减少6.85万吨。在通常情况下，青海省粮油作物化肥使用量为20～50千克/亩，蔬菜为70～95千克/亩，枸杞为125～150千克/亩。

1.1.2 农药使用情况

自2015年农业部实施农药使用量零增长行动以来，农药用量逐年下降，提前实现农药零增长目标。2016年减少到1 882.1吨，2017年下降到1 783.9吨，2018年降至1 694.8吨，2019年降至1 333.81吨，农药总量比2016年减少548.29吨。全省农药亩均使用量为151克，远低于全国360克/亩的平均水平。

1.1.3 有机肥施用情况

青海省立足本省有机肥资源禀赋加快有机肥加工企业发展，有机肥生产企业达到62家，年设计生产能力150万吨。2019年向"双减"项目区累计供应商品有机肥22.4万吨，2020年向"双减"项目区累计供应商品有机肥39万吨，大多数通过项目补贴的形式发放。从各类作物使用有机肥情况看，有机肥在油菜、青稞、豆类上施用较少，在蔬菜、枸杞、马铃薯等作物上施用较多。

1.2 取得的成效

"双减"增效行动的实施，有利于保护生态环境，实现农业可持续发展。实施化肥使用量零增长行动最大的益处在于生态环境，能够减少土壤氮淋溶、氨挥发，降低过量施用化肥造成土壤硝酸盐积累对地下水污染的风险。实施农药减量技术，可减轻农药对益鸟、益兽、益虫的危害，减轻对生态环境的危害，保障农产品质量安全和人畜安全。

有机肥的使用，有利于增加土壤有机质，促进土壤团粒结构形成，改善土壤结构和土壤水、肥、气、热条件，增加土壤保肥保水性能，有利于土壤疏松和农作物根系生长。

优质农产品的产出，有利于打造高原特色绿色品牌，实现农产品优质优价。青海省是全国四大超净无污染区之一，有机肥部分替代化肥，更有利于农产品提质增效，打造一批绿色农产品品牌，还可在部分区域打造有机品牌，从而实现农产品的优质优价，增加农民收入。

2 采取的措施

全省各级农业农村部门坚持绿色发展理念，积极落实责任主体，扎实推进"双减"行动落地生根，全力保障全省714万亩化肥农药减量增效行动工作顺利完成。

2.1 注重顶层设计

省委、省政府高度重视，高位推进全省化肥农药减量增效行动试点工作，省农业农村厅统筹推进"双减"工作，制定下发了全省化肥农药减量增效行动、保险试点等方案，明确时间任务、工作重点和保障措施。同时，指导各地农业农村部门结合本地实际，制定具体行动方案，确保各项行动精准落地、精准实施、精准施策。

2.2 注重技术研究

组织省、市、县技术人员对全省29个项目县（市、区、行委）及11个国有农牧场开展施肥情况调查。三年来，先后在不同生态类型区 9 种试点作物上安排不同的有机肥替代、有机肥梯度、有机叶面肥、水肥一体化、绿色防控等试验 163 个。通过获取试验数据，集成不同区域化肥农药减量增效技术模式，为更大范围、更大面积推广提供科学依据。省农业技术推广总站组织相关专家及技术骨干，制定印发了化肥农药减量增效行动粮油作物施肥、蔬菜施肥、病虫害绿色防控等技术要点和指导意见，引导广大种植户科学施肥、科学种田。

2.3 注重培训和技术服务

通过厅级领导分片督导，省、市（县、区、行委）专业技术人员进村入户，在继续用好宣传栏、电视、明白纸、海报等传统方式的同时，创新宣讲方法，充分运用 12316 农技专家热线、微信群、短视频等新媒体手段，加大开展化肥农药减量增效行动试点的重大意义、应采取技术措施、物资补贴等宣传力度，不断提升广大种植户对"双减"行动的认识和理解，确保"双减"关键技术、主推技术模式全面落实到广大种植户当中。三年来项目区累计发放宣传明白纸 58 万余份，举办技术培训班 420 期，发布信息（简报）330 篇，电台等新闻媒体报道 98 期（次）。同时，乡镇技术人员在备耕春播阶段深入乡镇、村、组，督促发放有机肥，指导农户合理使用有机肥。

2.4 注重有机肥质量监管

为确保有机肥保质保量供应，省农业农村厅下发《关于切实做好有机肥招投标及核查抽检工作的通知》，各级农业农村部门组织相关技术人员进车间、入库房，对属地有机肥生产企业原料设备采购、原料配比、原料质量、生产工艺、设备生产、库存进行了详细核查。在供肥期间组织技术人员在供肥现场进行批次抽样，省推广总站派专人到中标企业进行抽检，保证了有机肥的供应和质量。

2.5 注重农产品品质提升

各地依托化肥农药减量行动，围绕绿色有机农畜产品示范省建设，积极建立绿色农产品基地、有机产品基地、知名品牌基地，做大做强"三品一标"品牌建设，先后使得"湟中蚕豆""互助油菜""互助马铃薯""圣地田园""大通鸡腿葱""大通老爷山"等诸多地域品牌得到进一步强化，有力提升了农产品质量，使农产品更加符合绿色标准，提高了"青字牌"产品在国内外市场竞争力[3-4]。

2.6 注重有机肥＋农家肥应用

各地积极鼓励引导有机肥生产企业与专业合作社、种植大户、肥料经销商对接，实现"企业＋基地＋农户"供肥模式。湟中等地建立乡村有机肥供肥网点，方便农民购买有机肥。在农户自筹商品有机肥资金存在困难的情况下，积极鼓励广大种植户广辟肥源，积造施用农家肥，三年来，累计向项目区积造应用农家肥近 600 万吨。

3　存在的问题

化肥农药减量增效试点行动开展以来，省委、省政府高位推动，相关部门积极配合，各项措施落实到位，有力保障了青海省化肥农药减量增效行动试点行动顺利推进。但还存在种植成本增加、短期效益不明显、地方配套资金落实困难、农民积极性需要进一步调动提高等一些亟待解决的问题。

3.1　施用有机肥料、有机叶面肥成本增加

据测算，全部施用商品有机肥后，粮油作物施肥成本每亩增加 250 元以上、设施蔬菜和枸杞等作物每亩增加上千元。

3.2　地方财政困难，配套资金难以落实

财政配套资金到位不足，群众自筹部分落实难度较大，影响项目的整体推进和可持续推广。

3.3　商品有机肥用量不足，达不到技术要求

商品有机肥补贴数量有限，农民自筹资金困难，农户只施用补贴部分有机肥，施用量达不到技术要求，难以满足作物生长对养分的需求。

4　对策建议

肥料是粮食的"粮食"[5]，是粮食安全的基础保障。粮食安全是关系到国民经济发展、社会稳定的重大战略问题。下一步要在提质增效上下功夫、在省工省力上求突破、在精准施肥上求发展，走青海高原特色农业发展之路，按生态和生产类型划分肥料使用区域指导科学施肥。

4.1　技术引领，科学施肥

4.1.1　大力开展试验示范，加快技术成果转化

做好试验示范，在不同地区、不同作物上加快先行先试，加强技术集成，成熟一个示范推广一个，加快实现化肥农药科学使用目标。

4.1.2　制定切实可行的施肥方案，指导有机肥施肥

根据不同区域土壤条件、作物产量潜力和养分综合管理要求，合理制定不同区域、不同作物单位面积有机肥部分替代化肥施肥标准，确保有机肥合理精准施用。

4.1.3　改进施肥方式，提高肥料利用率

大力推广测土配方施肥，提高农民科学施肥意识和技能，改盲目施肥为配方施肥；研

发推广适用施肥设备，推广施用有机肥、水肥一体化、叶面喷施等技术，提高肥料利用效率。

4.1.4　采取综合施肥措施，加快有机肥替代化肥技术应用

合理利用有机养分资源，加大绿肥种植和秸秆还田的工作力度，强化畜禽粪便和农产品加工废弃物的肥料资源化利用，高效有序利用青海省的有机肥原料资源，以种定养、以养促种，综合施策，实现有机肥部分替代化肥。

4.2　绿色防控，科学用药

4.2.1　强化综合防治

应用农业防治、生物防治、物理防治等绿色防控技术，预防控制病虫发生，达到少用药的目的。

4.2.2　加大高毒农药替代

大力推广应用生物农药、高效低毒低残留农药，替代高毒高残留农药。

4.2.3　实施精准施药

加强预测预报，力争"早发现、早报告、早阻截、早扑灭"。对症适时适量用药，避免乱用药现象的出现。

4.2.4　提升统防统治力度

扶持病虫防治专业化服务组织、新型农业经营主体，大规模开展专业化统防统治，推行植保机械与农艺配套，提高防治效率、效果和效益。

4.3　加大减量增效示范力度

加大推广秸秆腐熟还田、增施商品有机肥、种植绿肥、推广配方肥、引进推广水溶性肥料等技术力度，以提高肥料利用率，减少常规化肥施用量。在粮油绿色高产创建示范片、现代农业示范园区、标准园建设、"三品一标"生产基地等建立绿色防控示范区，重点推行灯诱、性诱、色诱等先进实用技术，优先选用生物农药，辐射带动大面积推广[6]。在马铃薯、油菜、蔬菜、枸杞、中藏药材等作物上扩大示范面积，集成推广绿色防控、统防统治和高效低毒低残留农药，配合使用先进的药械及施药技术，达到减量控害的目的。

实施"双减"行动就是将农业生产和发展经济、保护环境有机链接。实施有机肥替代化肥，农药持续减量，讲好农业绿色发展故事，以生态文明理念发展高原特色农牧业，保障绿色农产品有效供给，就是为打造有机农畜产品输出地奠定坚实的物质和技术基础。同时，也是实现农业节本增效、农民增收致富，促进农业绿色、优质高效、生态协调发展相统一的必由之路。

参考文献

[1] 青海启动化肥农药减量增效行. 今日农药，2019（5）：31.

［2］王生.青海省化肥农药减量增效发展现状及对策.中国农技推广，2020，36（2）：47－48.

［3］李建武.青海省无公害农产品品牌建设探析.青海农牧业，2017（1）：26－27.

［4］青海省"两品一标"农产品达805个.青海农牧业，2021（1）：35.

［5］奚振邦，徐四新.化肥与我国粮食的连续丰收.磷肥与复肥，2017，32（1）：1－4.

［6］段炳福.努力开创绿色高质高效创建新局面.青海农技推广，2018（3）：2.

土壤调理剂不同用量在旱地上的改良效果

张世昌

福建省农田建设与土壤肥料技术总站

摘　要： 为探索土壤调理剂在旱地土壤的改良效果，通过开展田间试验，研究了土壤调理剂不同用量对作物产量、土壤理化性状和重金属含量的影响。施用土壤调理剂后，作物增产率为 3.90%～4.65%；根据土壤调理剂用量与作物产量建立回归方程，得出土壤调理剂最佳用量为 2 798 千克/公顷。在土壤理化性状方面，施用土壤调理剂提高了土壤 pH 0.32～0.52 个单位；提高了土壤有机质、碱解氮、有效磷、速效钾等含量，降低了土壤潜性酸含量；在土壤重金属方面，施用土壤调理剂降低了有效镉、有效铬、有效铅、有效砷等含量。土壤调理剂最佳用量为 1 500～3 000 千克/公顷时，有利于提高作物产量，改善土壤理化性状，降低重金属含量。

关键词： 旱地；土壤调理剂；土壤 pH；土壤理化性状；土壤重金属

作物正常生长发育需要适宜的土壤酸度。随着农业快速发展，作物产量不断增加，但农业生产中偏施化肥、重施氮肥等不合理的施肥措施仍然普遍，导致耕地土壤酸化严重、面积逐年扩大。福建位于我国南方，气候温暖多雨，土壤风化淋溶作用强烈，土壤酸化更加严重会加速养分离子淋失并释放出有害的铝离子与锰离子，增强重金属有效性，影响作物正常生长，导致作物减产和品质下降，严重制约农业绿色高质量发展。

目前，施用土壤调理剂是改良土壤酸化的有效措施之一。施用土壤调理剂可以提高土壤 pH，改善土壤理化性状，降低土壤重金属有效性，从而提高作物产量及品质。近年来，随着肥料行业发展，许多优质、安全的土壤调理剂得以研发，并被广泛应用[1-4]。张明来[5] 的研究结果表明，在福建上杭施用土壤调理剂后，土壤 pH 提高了 0.4～0.7 个单位，花椰菜产量提高 2 880～5 985 千克/公顷，得出施用土壤调理剂 1 500 千克/公顷效果最佳的结论。靳辉勇[6] 等研究结果表明，旱地蔬菜施用土壤调理剂能有效提高土壤 pH，显著降低土壤 Cd 活性及蔬菜中 Cd 的积累量。严建辉[7] 研究结果也表明，施用牡蛎壳土壤调理剂后，花生产量增加 10.1%～16.8%，土壤 pH 提高了 0.5～0.8 个单位，土壤有机质、碱解氮、有效磷、速效钾、交换性钙含量均有明显提高。施用土壤调理剂对土壤酸化改良有明显效果[8]，但基本上所有研究均针对单个田间进行试验，而有关多点试验的土壤酸化改良效果的报道相对较少，尤其在探索旱地上多点施用土壤调理剂对作物产量、土壤理化性状和土壤重金属的影响更是鲜见报道。

本文通过在旱地上安排不同用量土壤调理剂的多点田间试验，研究土壤调理剂用量对作物产量、土壤理化性状和重金属含量的影响，得出旱地上施用土壤调理剂的最佳用量及对土壤理化性状和土壤重金属的改良效果，为土壤调理剂推广应用提供科学依据。

1　材料与方法

1.1　试验点概况

2020 年度在福清、马尾、寿宁、上杭、沙县、将乐、永安等 7 个县（市、区）布置 9 个土壤调理剂不同用量田间试验，各试验点供试土壤基本养分和重金属含量见表 1。

表 1　供试土壤的理化性状和重金属含量

pH	有机质（克/千克）	碱解氮（毫克/千克）	有效磷（毫克/千克）	速效钾（毫克/千克）	潜性酸（厘摩尔/千克）
4.64～5.89	11.40～47.50	73.00～267.00	53.00～333.00	79.00～304.00	5.20～10.34

有效铬（毫克/千克）	有效镉（毫克/千克）	有效铅（毫克/千克）	有效汞（毫克/千克）	有效砷（毫克/千克）
0.27～0.44	0.041～0.20	3.40～10.90	0.004 0～0.014	0.014～0.35

1.2　供试材料

供试作物品种为目前适合当地生产的主推旱作品种。土壤调理剂选择福建玛塔生态科技有限公司以牡蛎壳为主要原料，通过温度控制和粒径分选等深加工过程生产的土壤调理剂，该土壤调理剂主要成分为氧化钙（$CaO \geq 45\%$），pH 范围在 8.5～10.5，无隐藏有害成分，具有调酸补钙等特点。

1.3　试验设计

试验设计共有 4 个处理：T1，配方施肥＋无土壤调理剂；T2，配方施肥＋土壤调理剂（1 500 千克/公顷）；T3，配方施肥＋土壤调理剂（3 000 千克/公顷）；T4，配方施肥＋土壤调理剂（4 500 千克/公顷）。试验点根据种植作物及当地配方施肥推荐用量并非完全一致（表 2），试验肥料分别为尿素（N 46%）、过磷酸钙（P_2O_5 12%）和氯化钾（K_2O 60%）。设 3 次重复，随机区组排列。小区间田埂用塑料薄膜铺盖至田间土表 30 厘米以下，按处理把土壤调理剂均匀撒施在对应小区内。

表 2　各试验点施肥量（千克/公顷，折纯）

氮肥（N）	磷肥（P_2O_5）	钾肥（K_2O）
180.00～337.50	60.00～337.50	189.00～337.50

1.4 土样采集与分析

按照《测土配方施肥技术规程》（NY/T 2911—2016）要求，试验前后分别按 S 形采集耕作层（0～20 厘米）15～20 个点组成混合样，用四分法保留土壤样品 1 千克，风干后按常规分析方法，测定土壤 pH、有机质、碱解氮、有效磷、速效钾、潜性酸、有效铬、有效镉、有效铅、有效砷、有效汞含量。

1.5 小区测产

在作物成熟期，各小区进行实收测产。有关参数的计算：

相对产量＝施用土壤调理剂区作物产量/不施土壤调理剂区作物产量×100％

1.6 数据分析

试验数据统计分析使用 Excel 软件。

2 结果与分析

2.1 土壤调理剂对作物产量的影响

各试验点间种植作物不同，作物产量差距较大，为了便于统计分析作物增产效果，本文计算了 T2、T3、T4 处理的相对产量，分析施用土壤调理剂对作物产量的影响。从表 3 可以看出，施用土壤调理剂后，作物增产在 3.90％～4.65％；各试验点增产效果变幅较大，主要是由于不同作物、土壤理化性状、气候条件等因素的影响。T3 的平均增产效果最好，为 4.65％，但有个别试验点出现减产现象并减产幅度较大；虽然 T2 平均增产效果略低于 T3，但 T2 所有试验点均呈现出增产趋势。综上，施用土壤调理剂后，T2 增产效果总体较好。

表 3　施用土壤调理剂对作物产量的影响

试验处理	平均值（％）	标准差（％）	幅度（％）
相对产量（T2）	104.00	3.43	100.07～110.44
相对产量（T3）	104.65	8.05	89.18～114.09
相对产量（T4）	103.90	11.54	81.11～120.77

2.2 土壤调理剂的最佳用量

通过建立各试验点作物产量与土壤调理剂用量的回归方程，计算土壤调理剂的最佳用量，当最佳用量超过试验设计的最大用量时，以试验设计的最大用量作为最佳用量来计算。各试验点的回归方程及最佳用量见表 4。土壤调理剂最佳用量范围为 10～4 500 千克/公顷，平均为 2 798 千克/公顷。将土壤 pH 分成酸性（4.5～5.5）、弱酸性（5.5～6.5）两组计算土壤调理剂最佳用量平均值见表 5，土壤调理剂的平均最佳用量呈现出酸性组小于弱酸性组的特点。

表4 土壤调理剂推荐用量

试验点	回归方程式	R^2 值	最佳用量（千克/公顷）
1	$y=-5\text{E}-05x^2+0.352\,1x+6\,280.2$	0.978 2	3 521
2	$y=-1\text{E}-05x^2+0.070\,2x+2\,594.9$	0.952 2	3 510
3	$y=-2\text{E}-05x^2+0.072\,1x+7\,081.7$	0.608 6	1 802
4	$y=-5\text{E}-06x^2+0.054\,9x+1\,263.4$	0.974 4	4 500
5	$y=-3\text{E}-05x^2+0.051\,6x+1\,532.8$	0.998 3	10
6	$y=-8\text{E}-06x^2+0.010\,9x+1\,484.5$	0.879 1	681
7	$y=-1\text{E}-05x^2+0.075\,6x+1\,102.2$	0.973 8	3 780
8	$y=-1\text{E}-05x^2+0.155\,5x+2\,488.3$	0.978 6	4 500
9	$y=-4\text{E}-05x^2+0.230\,2x+4\,042.6$	0.998 5	2 877
平均			2 798

表5 不同 pH 的土壤调理剂推荐用量

pH 分级	试验个数	最佳用量（千克/公顷）
4.5～5.5	6	2 382
5.5～6.5	3	3 629

2.3 土壤调理剂对土壤理化状况的影响

2.3.1 土壤调理剂对土壤 pH 的影响

从表6可以看出，施用土壤调理剂总体上提高土壤 pH 0.32～0.52 个单位，T2 和 T3 两个处理提高的土壤 pH 基本相一致；酸性组提高土壤 pH 0.37～0.46 个单位，弱酸性组提高土壤 pH 0.12～0.65 个单位，酸性组提高土壤 pH 的变幅较小，弱酸性组提高土壤 pH 的变幅较大，酸性组的 T2 提高 pH 比 T3 高 0.05 个单位，只比 T4 低 0.04 个单位；弱酸性组 pH 的提高随着土壤调理剂用量的增加而增加。

表6 不同处理对土壤 pH 的影响

pH 分级	试验个数	pH（平均值±标准差）			
		T1	T2	T3	T4
4.5～5.5	6	4.96±0.28	5.38±0.52	5.33±0.75	5.42±0.52
5.5～6.5	3	5.67±0.08	5.79±0.48	5.86±0.66	6.32±0.38
合计	9	5.20±0.42	5.52±0.52	5.51±0.73	5.72±0.46

2.3.2 各处理对土壤养分的影响

从表7可以看出，不同试验处理收获后，土壤有机质提高了－0.09～0.93 克/千克，土壤碱解氮提高了 6.94～23.06 毫克/千克，土壤有效磷提高了－1.09～5.65 毫克/千克，土壤速效钾提高了－6.35～41.71 毫克/千克，土壤潜性酸降低了 0.24～2.86 厘摩尔/千克。

表 7　不同处理对土壤养分含量的影响

试验处理	有机质 （克/千克）	碱解氮 （毫克/千克）	有效磷 （毫克/千克）	速效钾 （毫克/千克）	潜性酸 （厘摩尔/千克）
T1	33.61±12.56	138.12±67.81	144.02±130.09	190.73±85.61	8.24±2.57
T2	33.91±14.45	145.06±89.72	142.93±130.78	221.53±98.84	7.54±1.71
T3	33.52±13.75	161.18±104.46	149.67±125.76	184.38±91.52	8.00±2.38
T4	34.54±13.90	159.22±99.01	147.44±130.16	232.44±99.87	5.38±3.47

2.3.3　土壤调理剂对土壤重金属含量的影响

从表 8 可以看出，施用土壤调理剂后，土壤有效铬含量降低了 0.01～0.04 毫克/千克，土壤有效镉含量降低了 0.08～0.09 毫克/千克，土壤有效铅含量降低了 0.43～2.45 毫克/千克，土壤有效汞含量提高了 0.000 6～0.001 1 毫克/千克，土壤有效砷含量降低了 0.01～0.03 毫克/千克。施用土壤调理剂后，仅有效汞含量有所提高，其余的有效铬、有效镉、有效铅、有效砷等含量均有不同程度的降低。综上，施用土壤调理剂可以不同程度地降低有效铬、有效镉、有效铅、有效砷等含量。

表 8　不同处理对土壤重金属含量的影响

试验处理	有效铬 （毫克/千克）	有效镉 （毫克/千克）	有效铅 （毫克/千克）	有效汞 （毫克/千克）	有效砷 （毫克/千克）
T1	0.35±0.17	0.19±0.21	7.28±3.31	0.008 6±0.004 3	0.18±0.14
T2	0.31±0.087	0.11±0.066	6.85±2.90	0.009 7±0.005 1	0.15±0.11
T3	0.32±0.086	0.10±0.066	4.83±3.71	0.009 2±0.005 0	0.17±0.10
T4	0.34±0.11	0.11±0.77	6.81±3.32	0.009 6±0.005 6	0.15±0.11

3　讨论

本研究结果表明，在施肥中增施土壤调理剂，与施肥中无添加土壤调理剂相比，增加了作物产量，增产率为 3.90%～4.65%。该结果与龙艳丽[9]、文典[10]的研究结果相符，即在施肥中增施土壤调理剂可以提高作物产量。本研究的土壤调理剂最佳用量平均值为 2 798 千克/公顷，变化幅度较大可能与土壤类型和气候条件有关。而前人的研究结果也存在着不同土壤类型和气候条件的土壤调理剂推荐用量的差异，如林明义[11]在福建福清灰黄泥田上种植甘薯的土壤调理剂推荐用量为 3 435 千克/公顷，郑镇勇[12]在福建诏安沙壤土上种植花生的土壤调理剂推荐用量为 2 250 千克/公顷，张明来[5]在福建上杭灰黄泥田上种植花椰菜的土壤调理剂推荐用量为 1 500 千克/公顷，龙艳丽[9]在湖南文富红壤上种植花生的土壤调理剂推荐用量为 1 800 千克/公顷。

本研究结果表明，施用土壤调理剂提高了土壤 pH 0.32～0.52 个单位，也不同程度地提高土壤了有机质、碱解氮、有效磷、速效钾等含量，降低了土壤潜性酸含量。该结果与龙艳丽[9]、谢仕祺[13]、高翔[14]的研究结果基本相符。在施肥过程中增施土壤调理剂处理可以有效提高土壤 pH，从而加强土壤养分的转化和有效性，有效调控作物的产量和品质[14-15]。

本研究结果表明，在施肥过程中增施土壤调理剂处理可以降低土壤有效镉含量0.08～0.09 毫克/千克，而前人研究也表明施用土壤调理剂处理可以降低土壤有效镉含量，如谢敏[16]等研究表明在土壤调理剂使用量为 1 500 千克/公顷和 2 250 千克/公顷时，土壤有效态镉含量较对照降低 63.4％和 65.2％；黄永泉[17]等在基肥中增施土壤调理剂，土壤有效镉含量降低。本研究结果还表明，施用土壤调理剂还可以降低有效铬、有效铅、有效砷等含量，但前人在施用土壤调理剂对有效铬、有效铅、有效砷等含量的影响研究较少。本研究在施肥过程中增施土壤调理剂处理提高土壤 pH 时，可能会提高土壤中相关羟基态阳离子的亲和力，有利于重金属形成相关沉淀物，从而降低土壤重金属含量；也可能是土壤调理剂具有比表面积较大的特性及强大的吸附螯合作用，可以吸附螯合土壤重金属。

4 结论

施用土壤调理剂可以提高作物产量，也可以提高土壤 pH、有机质、碱解氮、有效磷、速效钾等含量，降低土壤潜性酸和重金属含量，通过建立作物产量与土壤调理剂用量的回归方程，计算土壤调理剂最佳用量平均值为 2 798 千克/公顷。综合来看，土壤调理剂用量为 1 500～3 000 千克/公顷时，可以实现作物增产、改善土壤理化性状、降低重金属含量等目标。

参考文献

[1] 刘登彪，刘建华，苗雪雪，等．不同土壤调理剂对土壤和稻米降镉效果的影响．湖南农业科学，2021（6）：26-29.

[2] 黄晓德，王壮伟，万青，等．4种土壤调理剂对茶与枇杷间作茶园土壤改良效果研究．中国野生植物资源，2018，37（5）：26-29.

[3] 魏岚，杨少海，邹献中，等．不同土壤调理剂对酸性土壤的改良效果．湖南农业大学学报（自然科学版），2010，36（1）：77-81.

[4] 周杰文，张发明，李海平，等．不同类型土壤调理剂对保山烟区酸化土壤改良效果研究．西南农业学报，2018，31（2）：360-366.

[5] 张明来．福建酸性红壤施用钙镁型土壤调理剂的效果研究．中国土壤与肥料，2021（2）：283-288.

[6] 靳辉勇，齐绍武，朱益，等．硅酸盐土壤调理剂对蔬菜 Cd 污染的治理效果．中国土壤与肥料，2017（1）：149-152.

[7] 严建辉．牡蛎壳土壤调理剂对黄泥田花生产量及土壤酸化改良的影响．农学学报，2019，9（11）：17-20.

[8] 李育鹏，胡海燕，李兆君，等．土壤调理剂对红壤 pH 及空心菜产量和品质的影响．中国土壤与肥料，2014（6）：21-26.

[9] 龙艳丽，陈畅，黄晶，等．天脊土壤调理剂在湘南红壤旱地的应用效果．湖南农业科学，2021（8）：36-38.

[10] 文典，江棋，邓腾灏博，等．土壤调理剂对稻米中镉含量及其品质的影响．生态环境学报，2021，30（2）：400-404.

[11] 林明义．东南沿海丘陵甘薯施用特贝钙土壤调理剂试验研究．农业科技通讯，2021（6）：148-151.

[12] 郑镇勇．土壤调理剂特贝钙对花生产量、土壤肥力及 pH 的影响．福建稻麦科技，2021，39（1）：11-13.

[13] 谢仕祺，林正全，陈玉蓝，等．不同土壤调理剂对植烟土壤养分及细菌群落的影响．河南农业大学学报，2021，55（3）：523-530.

[14] 高翔，王俊杰，李响，等．施用土壤调理剂提高茄子产量及其土壤养分含量的研究．天津农业科学，2021，27（1）：87-90.

[15] 陈正道，杨晨，陈钰佩，等．土壤调理剂对葡萄园土壤改良和产量、品质的影响．浙江农业科学，2021，62（2）：306-308.

[16] 谢敏，戴典，王杰，等．土壤调理剂对稻谷和重金属中度污染耕地的降镉效果．湖南农业科学，2021（1）：50-51，77.

[17] 黄永泉，黄国龙，李江林，等．土壤调理剂对酸性黄泥田改良及镉污染治理效果的研究．土壤科学，2021，9（3）：89-97.

缓释肥料与增效复合肥混施在冬小麦种肥同播技术中的施用效果初探

张　培[1]　郝立岩[2]　李旭光[1]　成铁刚[2]

王　璇[1]　崔瑞秀[3]　赵青会[4]

1. 河北省耕地质量监测保护中心；2. 河北省农业技术推广总站；
3. 河北省正定县农业综合技术推广站；4. 河北省新乐市农业技术推广中心

摘　要： 在冬小麦种植中采用种肥同播技术配合施用缓释肥料和增效复合肥，同时发挥两种肥料的优势，研究种肥同播技术在省工方面的作用，以及缓释肥料和增效复合肥配施在提高冬小麦产量、节肥方面的作用，为化肥减量增效工作提供技术支持。在河北省正定和新乐两地开展示范，示范各设2个处理：处理1为种肥同播＋混合施用缓释肥料和生物能增效复合肥（示范田）；处理2为人工撒施普通复合肥后机械播种（对照田）。采用种肥同播技术配合施用缓释肥料和增效复合肥较对照田冬小麦增产率4.76%～7.68%，节省人工费用18～20元/亩，增加收益68.78～105.67元/亩，节肥（折纯）0.8～2.31千克/亩。采用种肥同播技术配合施用缓释肥料和增效复合肥可达到提高作物产量、增加种植收益和省工节肥的目的。

关键词： 冬小麦；种肥同播；缓释肥料；增效复合肥

河北省是我国的产粮大省，冬小麦是河北省主要的粮食作物。河北省冬小麦种植主要以人工撒肥后机械播种为主，2018年播种面积3 521.9万亩，产量1 446.09万吨（国家统计局数据）。种肥同播技术即用种肥同播机，将播种和施用底肥两道工序一次性完成，以减少时间和用工成本。目前，河北省冬小麦应用种肥同播技术的耕种面积较小。缓释肥料可缓慢持续供给作物养分，于作物播种时一次性底施且不用追肥，减少追肥用工，起到了节省人工的作用。增效复合肥含有黄腐酸、腐植酸和氨基酸等物质。相关研究表明，新型增效复合肥能达到促进作物生长发育、提高产量、改善农产品品质和促进养分吸收的效果[1-3]。缓释肥料和增效复合肥配施可同时发挥两种肥料的优势。在冬小麦主要种植区域的正定和新乐开展试验示范，探索冬小麦种肥同播技术和新型肥料施用在提高产量和种植效益，以及省工、节肥方面的作用，为化肥减量增效工作提供技术支持。

1　材料与方法

1.1　示范地点概况

示范时间：2018 年 10 月至 2019 年 6 月。

示范地点：河北省正定县新城铺乡东白庄村，新乐市木村乡中同村。各示范点田块平整，肥力均匀，排灌方便，前茬作物均为夏玉米。表 1 为各示范点土壤养分情况。

表 1　示范地点土壤养分状况

示范地点	土壤类型	土壤质地	有机质 （克/千克）	全氮 （克/千克）	有效磷 （毫克/千克）	速效钾 （毫克/千克）	pH
正定	石灰性潮褐土	壤土	22.5	1.25	16	120	7.87
新乐	潮褐土	沙壤	24.2	1.28	90.8	249	7.1

1.2　供试材料

1.2.1　供试作物

冬小麦。正定县供试品种为衡观 35，新乐供试品种为轮选 103。

1.2.2　供试肥料

（1）缓释肥料　总养分含量≥44%，$N-P_2O_5-K_2O$：29-15-0。

（2）增效复合肥　总养分含量≥45%，$N-P_2O_5-K_2O$：21-17-7（含黄腐酸钾）。

（3）普通复合肥　总养分含量≥43%，$N-P_2O_5-K_2O$：18-20-5。

1.2.3　示范设计

示范设置 2 个处理，不设重复。处理 1（示范田）为种肥同播＋混合施用缓释肥料和生物能增效复合肥；处理 2（对照田）为人工撒施普通复合肥后机械播种。两地示范田面积均为 8 亩，对照田面积均为 2 亩。

正定示范点于 2018 年 10 月 17 日播种，示范田采用种肥同播方式施用供试肥料，全生育期不追肥。对照田施用底肥后播种，并于 2019 年 4 月 3 日追肥。

新乐示范点于 2018 年 10 月 7 日播种，示范田采用种肥同播方式施用供试肥料，全生育期不追肥。对照田施用底肥后播种，并于 2019 年 3 月 28 日追肥。

施肥情况详见表 2。

2　结果与分析

于冬小麦拔节期进行田间调查，正定、新乐两示范点示范田冬小麦长势均优于对照田，示范田冬小麦叶色更为浓绿。

表 2 不同处理施肥情况

示范点	处理	播种方式	底肥配方	底肥用量（千克/亩）	追肥种类	追肥用量（千克/亩）
正定	处理 1（示范田）	种肥同播	缓释肥料（29-15-0）	15		
			生物能增效复合肥（21-17-7）	31		
	处理 2（对照田）	施用底肥后播种	普通复合肥（18-20-5）	35	脲铵氮肥	22.5
新乐	处理 1（示范田）	种肥同播	缓释肥料（29-15-0）	15		
			生物能增效复合肥（21-17-7）	37.5	—	
	处理 2（对照田）	施用底肥后播种	普通复合肥（18-20-5）	40	尿素	10
					磷酸二铵	2.5
					氯化铵	10

于冬小麦生长后期进行田间调查，正定示范田较对照田亩穗数增加 2.87 万，穗粒数增加 0.4 个，千粒重提高 1.56 克；新乐示范田较对照田亩穗数增加 0.89 万，穗粒数增加 1.26 个，千粒重降低 0.48 克。详见表 3。

表 3 示范点冬小麦生长情况

示范点	处理	亩穗数（万）	穗粒数（个）	千粒重（克）
正定	处理 1（示范田）	49.54	35.07	42.34
	处理 2（对照田）	46.67	34.67	40.78
新乐	处理 1（示范田）	43.74	35.03	43.58
	处理 2（对照田）	42.85	33.77	44.06

3 示范结果与分析

3.1 作物产量及增产率

示范田、对照田各取 5 点进行测产，测产面积均为 1 米^2，测产结果见表 4。

正定示范田冬小麦比对照田亩增产 44.94 千克，增产率 7.68%；新乐示范田冬小麦比对照田亩增产 29.33 千克，增产率 4.76%。供试增效复合肥中含有的黄腐酸钾等物质，可改善土壤理化性状，为作物生长提供了良好环境；同时，供试缓释肥料在作物全生育期持续供给氮素等养分，提高了作物亩穗数和穗粒数等，从而提高作物产量。

表 4 产量统计

示范点	处理	1	2	3	4	5	平均产量（千克）	折合亩产（千克）	亩增产（千克）	增产率（%）
正定	处理 1（示范田）	0.937	0.935	0.950	0.959	0.942	0.945	629.74	44.94	7.68
	处理 2（对照田）	0.895	0.869	0.872	0.880	0.870	0.877	584.80	—	—
新乐	处理 1（示范田）	0.965	0.968	0.977	0.970	0.964	0.969	646.03	29.33	4.76
	处理 2（对照田）	0.922	0.934	0.925	0.926	0.920	0.925	616.70	—	—

3.2 经济效益分析

3.2.1 省工情况评价

对照田先人工撒施底肥，旋耕后机械播种，并于春季追肥；示范田采用种肥同播，播种和施用底肥同时完成，且不用追肥，节省撒施底肥和追肥的人工成本。如表 5 所示，正定示范点节省 20 元/亩，新乐示范点节省 18 元/亩。

3.2.2 增收效果评价

冬小麦收购价格为 2.2～2.24 元/千克，由表 5 可知，正定示范点供试处理比对照田亩增产值 100.67 元，增加收益 105.67 元；新乐示范点供试处理比对照田亩增产值 64.53 元，增加收益 68.78 元。

表 5 经济效益分析

示范点	处理	产量（千克/亩）	肥料用量和成本		收益（元/亩）	处理 1 比处理 2	
			用工成本[元/（亩·次）]	施肥总投入（元/亩）		增产值（元/亩）	增加收益（元/亩）
正定	处理 1（示范田）	629.74	10	200	1 200.62	100.67	105.67
	处理 2（对照田）	584.80	30	185	1 094.95	—	—
新乐	处理 1（示范田）	646.03	10	183.75	1 227.52	64.53	68.78
	处理 2（对照田）	616.70	28	170	1 158.74	—	—

注：正定冬小麦收购价格为 2.24 元/千克，新乐冬小麦收购价格为 2.2 元/千克。

3.2.3 节肥情况评价

冬小麦全生育期各处理底肥和追肥施用情况如表 6 所示。其中，正定示范田氮素较对照田低 1.74 千克/亩、磷素高 0.52 千克/亩、钾素高 0.42 千克/亩，综合氮、磷、钾三种养分，示范田施用的总养分量较对照田低 0.8 千克/亩；新乐示范田氮素较对照田低 2.42 千克/亩、磷素低 0.52 千克/亩、钾素高 0.63 千克/亩，综合氮、磷、钾三种养分，示范田施用的总养分量较对照田低 2.31 千克/亩。两点示范说明，示范田施用缓释肥料和增效复合肥较施用普通复合肥能降低氮肥施用量和降低肥料总施用量。

表 6　肥料养分折纯与节肥情况

示范点	处理	N (千克/亩)	P$_2$O$_5$ (千克/亩)	K$_2$O (千克/亩)	总养分 (千克/亩)
	处理 1(示范田)	10.86	7.52	2.17	20.55
正定	处理 2(对照田)	12.6	7	1.75	21.35
	处理 1 与处理 2 相比	−1.74	0.52	0.42	0.8
	处理 1(示范田)	12.23	8.63	2.63	23.49
新乐	处理 2(对照田)	14.65	9.15	2	25.8
	处理 1 与处理 2 相比	−2.42	−0.52	0.63	2.31

4　结论与讨论

4.1　作物增产效果

示范中,冬小麦底肥混合施用缓释肥料和增效复合肥,可发挥两种肥料的共同作用。缓释肥料可在冬小麦全生育期缓慢释放养分,保证作物需要,避免后期脱肥。增效复合肥中含有的黄腐酸钾等物质,能改善土壤理化性状,促进土壤团粒结构的形成,为作物生长提供良好的环境,从而达到增产效果。通过示范可以看出,采用种肥同播技术施用缓释肥料和增效复合肥,能提高冬小麦亩穗数、穗粒数、千粒重等,提高作物产量。

4.2　省工增效效果

冬小麦种植采用机械施肥,施肥和播种同时完成,降低了劳动强度,提高了播种与施肥效率。同时,施用缓释肥料,作物中后期不用追肥,减少了化肥和人工投入,提高了种植效益。

4.3　节肥的效果分析

通过示范可以看出,示范田施用缓释肥料和增效复合肥,与施用普通复合肥的处理相比,降低了氮肥施用。虽然磷素和钾素的用量略高于对照田,但化肥中的养分总量降低,达到了化肥减量增效的目的。

参考文献

[1] 姚单君,张爱华,杨爽,等.新型氮肥对水稻产量养分积累及吸收利用的影响.西南农业学报,2018,31(10):2121-2126.

［2］袁亮，赵秉强，林治安，等．增值尿素对小麦产量、氮肥利用率及肥料氮在土壤剖面中分布的影响．植物营养与肥料学报，2014，20（3）：620－628.

［3］张水勤，袁亮，李伟，等．腐植酸尿素对玉米产量及肥料氮去向的影响．植物营养与肥料学报，2017，23（5）：1207－1214.

有机肥替代化肥对桃
产量及品质的影响

颜士敏

江苏省耕地质量与农业环境保护站

摘　要： 本试验在苏北地区露地桃园和设施桃园开展，研究不同用量有机肥替代化肥对桃树产量和桃品质的影响。结果表明：对于设施桃树，①不同用量商品有机肥和生物有机肥替代 30％化肥均可增加设施桃树产量，改善维生素 C 和硝酸盐含量状况，2.4 吨/亩用量对产量的增加作用更佳，但盐分和养分含量高于其他处理用量；②生物有机肥增产效果弱于商品有机肥处理，生物有机肥可改善维生素 C 和硝酸盐含量状况，增加土壤细菌数量，更有利于改良土壤；③减施 30％化肥条件下的平衡施肥法成本最低，对减少土壤盐分和养分含量效果最佳，但无明显增产作用。对于露地桃树，①不同用量商品有机肥替代 30％化肥产量增加，土壤有机质状况可改善并增殖土壤微生物；②生物有机肥增产效果较好，同时可改善土壤生物学性状；③平衡施肥较显著地降低了土壤养分，但对产量影响较小。

关键词： 有机肥；桃；产量；品质；化肥减量

　　江苏桃产量居于全国前列。苏北地区是江苏重要的桃产区之一，目前主要有露地栽培和设施栽培两种模式。桃产业持续绿色高质高效发展，对促进乡村产业兴旺、增加农民收入起到重要的支撑作用。苏北主要产桃区多为沙性土壤，土壤保肥性差，且为了获得更高的产量和效益，桃农不断增加肥料的投入量，不仅浪费了大量的资源，而且降低肥料利用率，引起环境污染。肥料种类、施用量及施肥时间等对桃产量和品质影响较大。本研究根据苏北产桃区土壤特性和桃园现有施肥习惯，制定相应的施肥改良处理，以期在保证不减产的情况下，通过有机肥部分替代化肥，实现桃园化肥减量增效，提高养分利用率，改良土壤、提升品质，并从养分资源管理角度为江苏省桃园肥料运筹提供理论依据，推进桃产业有机肥替代化肥，促进化肥减量增效，践行农业绿色发展理念。

1　材料与方法

1.1　试验材料

　　供试大棚位于丰县果树试验站，种植年限为 6 年，质地为沙土。供试设施桃树为中油

18，露地桃树为中蟠 13。商品有机肥购于江苏盈丰佳园生物科技有限公司。生物有机肥以商品有机肥、高氮有机物、高氮有机物和有益微生物等复配而成。化肥有 15-15-15 复合肥、25-13-7 复合肥、16-6-24 复合肥和 12-8-40 冲施肥。

1.2 试验设计

各处理施肥见表 1 和表 2。设施桃树 2019 年 10 月底施肥，2020 年 5 月采收并统计产量；每个处理 3 个重复小区，每个重复小区有 28 棵桃树。露地桃树 2019 年 10 月底施肥，2020 年 7 月采收并统计产量；每个处理设 3 个重复小区，每个重复小区有 15 棵桃树。

表 1 设施桃树各处理施肥量

	基肥		花期追肥	硬核期追肥	膨大期追肥	果后期追肥
常规对照	0.8 吨有机肥	120 千克 15-15-15		50 千克 16-6-24	50 千克 16-6-24	10 千克 12-8-40
有机肥①	1.6 吨有机肥	84 千克 15-15-15		35 千克 16-6-24	35 千克 16-6-24	7 千克 12-8-40
有机肥②	2.4 吨有机肥	84 千克 15-15-15		35 千克 16-6-24	35 千克 16-6-24	7 千克 12-8-40
生物有机肥	1 吨生物有机肥	84 千克 15-15-15		35 千克 16-6-24	35 千克 16-6-24	7 千克 12-8-40
平衡施肥	0.8 吨有机肥	84 千克 15-15-15	16 千克 25-13-7	27 千克 16-6-24	27 千克 16-6-24	7 千克 12-8-40

表 2 露地桃树各处理施肥量

	基肥		花期追肥	硬核期追肥	膨大期追肥
常规对照	0.6 吨有机肥	100 千克 15-15-15		40 千克 16-6-24	40 千克 16-6-24
有机肥①	1.3 吨有机肥	70 千克 15-15-15		28 千克 16-6-24	28 千克 16-6-24
有机肥②	2.0 吨有机肥	70 千克 15-15-15		28 千克 16-6-24	28 千克 16-6-24
生物有机肥	0.75 吨生物有机肥	70 千克 15-15-15		28 千克 16-6-24	28 千克 16-6-24
平衡施肥	0.6 吨有机肥	70 千克 15-15-15	14 千克 25-13-7	21 千克 16-6-24	21 千克 16-6-24

1.3 测定项目与方法

土壤化学性状测定 pH、电导率、有机质、硝态氮、有效磷和速效钾。土壤 pH 采用土水比＝1∶5浸提，用pH计测定；电导率采用土水比＝1∶5浸提，用电导仪测定；有机质含量采用重铬酸钾氧化法测定；硝态氮含量采用紫外分光光度法测定；有效磷含量采用碳酸氢钠浸提-钼锑抗比色法测定；速效钾含量采用乙酸铵浸提-火焰光度法测定。

土壤微生物数量以风干土样为测定对象，采用实时荧光定量PCR技术测定土壤细菌和真菌。

果实品质测定可溶性酸、可溶性糖、维生素C及硝酸盐含量。将桃果实鲜样研磨匀浆后采用滴定法测定可溶性酸含量；采用蒽酮比色法测定可溶性糖含量；采用2,6-二氯酚靛酚滴定法测定还原型维生素C含量；采用紫外比色法测定硝酸盐含量。

2 研究结果

2.1 设施桃树减肥增效技术应用效果

2.1.1 各减肥增效技术养分投入

各处理化肥养分投入见表3。有机肥①、有机肥②和生物有机肥，除表3化肥养分投入外还另外施用有机肥或生物有机肥。平衡施肥针对不同时期化肥施用，改用与常规对照不同的氮、磷、钾比例化肥。

表3 设施桃树不同减肥增效技术化肥养分投入

	N（千克/亩）	P_2O_5（千克/亩）	K_2O（千克/亩）	总养分（千克/亩）	总养分减施率（%）
常规对照	35.20	24.80	46.00	106.0	—
有机肥①	24.64	17.36	32.20	74.20	30.0
有机肥②	24.64	17.36	32.20	74.20	30.0
生物有机肥	24.64	17.36	32.20	74.20	30.0
平衡施肥	26.08	18.48	29.48	74.04	30.2

2.1.2 对产量和品质的影响

常规对照、有机肥①、有机肥②、生物有机肥和平衡施肥的产量分别为1 479千克/亩、1 706.9千克/亩、1 797千克/亩、1 606千克/亩和1 510千克/亩（图1）。与常规对照相比，有机肥①、有机肥②、生物有机肥和平衡施肥在减施30%化肥养分条件下，可增产15.4%、21.5%、8.6%和2.1%。因此，有机肥①、有机肥②和生物有机肥均有增产效果，有机肥①、②减肥增效效果最佳。果实品质方面，有机肥①、有机肥②和生物有机肥能提高维生素C含量并降低硝酸盐含量，但对可溶性糖均没有改善效果，反而增加了可溶性酸含量。平衡施肥有利于降低硝酸盐含量，但提高了可溶性酸和降低了可溶性糖含量，这不利于果实品质（表4）。

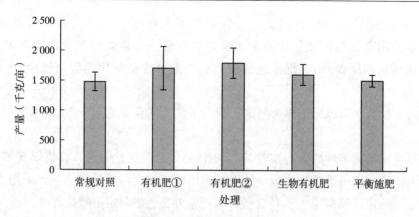

图 1　设施桃树各处理产量

表 4　设施桃树各处理桃品质

	可溶性糖 （%）	维生素 C （毫克，每百克果肉）	可溶性酸 （%）	硝酸盐 （毫克/千克）
常规对照	6.64±1.00	1.28±0.04	0.214±0.007	569.2±179.8
有机肥①	6.63±1.25	1.43±0.16	0.218±0.027	464.6±90.5
有机肥②	6.73±0.38	1.50±0.33	0.228±0.035	405.8±111.3
生物有机肥	6.26±0.97	1.45±0.21	0.242±0.008	361.2±81.1
平衡施肥	5.85±0.87	1.32±0.19	0.244±0.045	321.1±87.10

2.1.3　对土壤化学性状和生物学性状的影响

各处理对土壤化学性状均有较好的改善作用（表 5）。因试验点设施桃树常规施肥存在过量施肥情况，有机肥①、有机肥②和生物有机肥平衡施肥可缓解 pH 下降趋势，并增加土壤有机质含量。有机类肥料处理表现出一定的增加电导率及速效氮、磷、钾含量情况，这是由于有机类肥料带入养分大于化肥减施养分，也可能与土壤保肥性增加相关。平衡施肥无有机肥增施，故有机质含量没有增加，而电导率和各项养分有所降低。土壤微生物数量方面，有机类肥料处理可增加细菌数量，生物有机肥效果最佳，有机肥②次之。另外，有机类肥料处理在一定程度上减少真菌数量。平衡施肥处理对土壤细菌和真菌数量均没有影响（图 2）。

表 5　设施桃树各处理土壤化学性状

	pH	电导率 （微西/厘米）	有机质 （克/千克）	硝态氮 （毫克/千克）	有效磷 （毫克/千克）	速效钾 （毫克/千克）
常规对照	8.11±0.09	518±38	21.1±2.3	82.0±9.8	35.6±10.2	241.6±39.1
有机肥①	8.16±0.08	517±58	22.8±3.6	96.1±28.9	81.1±47.7	255.1±15.7
有机肥②	8.16±0.08	532±95	23.3±2.2	103.5±39.7	83.4±55.1	241.6±57.4
生物有机肥	8.16±0.07	525±75	22.1±2.1	104.7±29.1	35.9±20.4	227.7±21.9
平衡施肥	8.17±0.06	451±70	20.7±2.6	77.2±7.5	29.6±11.1	211.7±86.7

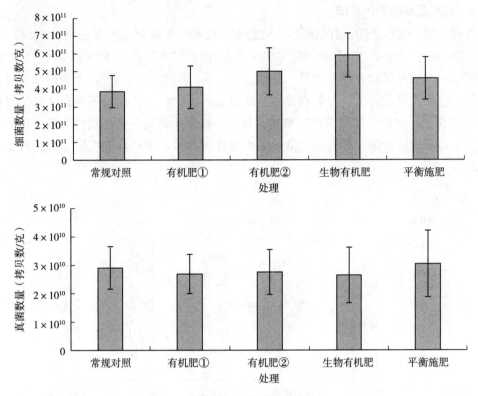

图 2　设施桃树各处理微生物数量

2.2　露地桃树减肥增效技术应用效果

2.2.1　各减肥增效技术养分投入

各处理化肥养分投入见表 6。有机肥①、有机肥②和生物有机肥除表 6 化肥养分投入外还另外施用有机肥或生物有机肥。平衡施肥针对不同时期化肥施用，改用与常规对照不同的氮、磷、钾比例化肥。设施桃树经济效益高、施肥多，露地桃树整体施肥少于设施桃树。

表 6　露地桃树不同减肥增效技术化肥养分投入

	N（千克/亩）	P_2O_5（千克/亩）	K_2O（千克/亩）	总养分（千克/亩）	总养分减施率（%）
常规对照	27.80	19.80	34.20	81.80	—
有机肥①	19.46	13.86	23.94	57.26	30.0
有机肥②	19.46	13.86	23.94	57.26	30.0
生物有机肥	19.46	13.86	23.94	57.26	30.0
平衡施肥	20.72	14.84	21.56	57.12	30.1

2.2.2 对产量和品质的影响

常规对照、有机肥①、有机肥②、生物有机肥和平衡施肥的产量分别为 2 276 千克/亩、2 376 千克/亩、2 407 千克/亩、2 558 千克/亩和 2 301 千克/亩（图 3）。有机肥①、有机肥②和生物有机肥有增产效果，可增产 4.4%、5.7%、12.4%，而平衡施肥对产量影响较小。果实品质方面，各处理总体对品质正向影响较少，仅表现为有机肥②可增加可溶性糖含量，平衡施肥可降低硝酸盐含量，有机肥①降低了可溶性酸含量。但有机肥①降低了可溶性糖含量，有机肥②增加了可溶性酸含量，生物有机肥增加了硝酸盐含量（表 7）。

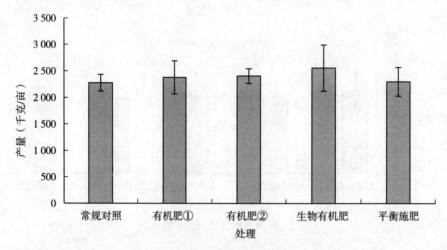

图 3　露地桃树各处理产量

表 7　露地桃树各处理桃品质

	可溶性糖 （%）	维生素 C （毫克，每百克果肉）	可溶性酸 （%）	硝酸盐 （毫克/千克）
常规对照	28.03±3.74	1.75±0.37	0.236±0.093	365.2±85.7
有机肥①	23.60±20.45	1.63±0.20	0.184±0.124	348.9±18.9
有机肥②	29.72±12.01	1.72±0.07	0.278±0.040	363.5±61.1
生物有机肥	28.35±0.60	1.81±0.29	0.209±0.013	405.0±15.9
平衡施肥	26.44±1.42	1.71±0.27	0.242±0.066	320.4±2.11

2.2.3 对土壤化学性状和生物学性状的影响

各处理均在一定程度上增加了土壤 pH。有机肥①和有机肥②处理可增加有机质含量，降低土壤硝态氮含量。生物有机肥处理土壤速效钾和有效磷含量最高。平衡施肥处理速效磷、钾含量均低于其余处理（表 8）。沙性土壤微生物数量较少，各项处理均可提高土壤细菌和真菌数量。有机肥①、有机肥②和生物有机肥可增加 23%、27% 和 44% 细菌，增加 48%、81% 和 83% 真菌，而平衡施肥对土壤微生物数量影响较小（图 4）。

表8 露地桃树各处理土壤化学性状

	pH	电导率 (微西/厘米)	有机质 (克/千克)	硝态氮 (毫克/千克)	有效磷 (毫克/千克)	速效钾 (毫克/千克)
常规对照	8.32±0.06	174.8±30.9	23.0±1.78	145.6±53.2	11.9±3.1	126.8±36.1
有机肥①	8.39±0.17	179.5±14.0	24.7±1.97	94.8±40.2	13.3±5.7	127.9±41.8
有机肥②	8.40±0.18	187.1±18.4	24.9±0.56	50.2±20.1	13.7±4.8	125.0±15.1
生物有机肥	8.41±0.19	186.9±17.9	23.3±1.30	70.8±5.5	18.6±12.0	139.4±25.6
平衡施肥	8.41±0.10	175.5±8.2	22.9±2.92	55.7±48.0	10.1±1.3	110.5±22.9

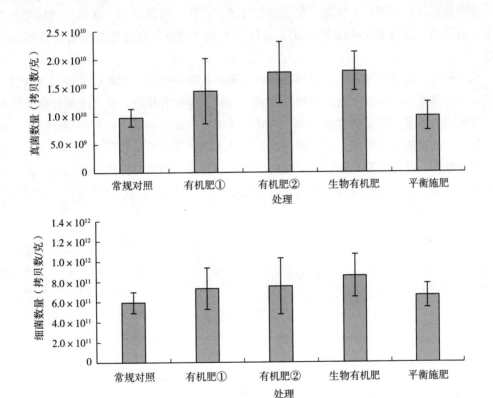

图4 露地桃树各处理微生物数量

3 小结与讨论

本试验研究结果表明，不同用量有机肥替代30％化肥均可增加设施桃树产量，改善维生素C含量和硝酸盐含量状况。2.4吨/亩用量对产量的增加作用更佳，且改善可溶性糖、维生素C和硝酸盐含量状况的效果好于1.6吨/亩用量。但2.4吨/亩用量在盐分和养分含量上要高于1.6吨/亩用量，因此富营养设施桃树土壤，不适用高用量有机肥。桃树设施土壤存在一定的真菌化，有机肥投入利于改善土壤微生物状况，可增加土壤细菌数量且抑制真菌化，2.4吨/亩用量效果更佳。生物有机肥可改善维生素C和硝酸盐含量状况，增加可溶性酸含量，但增产效果弱于有机肥处理。生物有机肥增加了土壤细菌数量，有利于土壤健康。平衡施肥处理侧重于改善不同追肥时期的化肥氮、磷、钾养分输入状况，但结果显示其仅略提高产量，虽可改善硝酸盐品质指标，但对其他品质指标有负面影响。平衡施肥可减少土壤盐分和养分含量，因此适用于养分高的设施桃树土壤。

对于露地桃树，1.3吨/亩用量和2吨/亩用量有机肥表现为略增加产量，对品质改善作用较小或改善效果不稳定，但促进土壤速效氮、磷、钾养分合理化和提高有机质含量，对土壤微生物数量也有增殖效应。生物有机肥增产效果最佳，且有一定的改善品质效果，同时也可提高沙性土壤微生物量。平衡施肥无增产作用，对品质和土壤微生物状况改善作用小。但平衡施肥技术在减施30％化肥条件下无减产现象，通过减少经济投入增加经济效益。

综上所述，设施桃园，建议采用商品有机肥替代部分化肥、化肥施用控氮减磷钾、在减少化肥养分投入的基础上增施有机类肥料，特别是生物有机肥，优化土壤性能，提升桃园土壤的综合质量，提高肥料利用率。另外，平衡施肥成本最低，桃售价偏低时平衡施肥是一种可行的减肥增效措施。对露地桃园，建议采用商品有机肥替代部分化肥、化肥施用稳氮改磷控钾、改施缓释性肥料，可在减少化肥养分投入的基础上增施有机类肥料，改善土壤保肥性能、平衡土壤养分，提高肥料利用率。

硝化抑制剂在肥料增效上的研究进展

赵嘉祺　兰晓庆

山西省耕地质量监测保护中心

摘　要：硝化抑制剂可以有效减缓土壤中铵态氮向硝态氮的转化，施用硝化抑制剂是农业生产中常用的提高氮肥利用率和减少硝化作用负面影响的一种有效方式。本文旨在整合对硝化抑制剂已有的研究结果，从硝化抑制剂的定义、抑制机理、较受关注的硝化抑制剂品种以及作用效果的影响因素几个方面对目前的研究进展进行了概述，为硝化抑制剂的推广和应用提供科学依据。硝化抑制剂在肥料增效上的应用具有广阔的前景，但是由于波动性强、优质硝化抑制剂种类较少等问题，其应用范围仍然较窄。为加快硝化抑制剂在肥料上的推广和应用，建议将硝化抑制剂的筛选以及与不同农田系统的结合作为硝化抑制剂未来的重点研究方向。

关键词：硝化抑制剂；氮肥；增效

氮素是蛋白质、遗传材料以及叶绿素和其他关键有机分子的基本组成元素，在促进农作物生长、提高产量方面起到了不可忽视的作用，因此施用氮肥是保证作物高产的重要措施[1]。但是氮肥的不合理使用，使得土壤的氮素以各种途径损失，如硝态氮通过淋溶作用进入水体、反硝化作用以气态形式损失，从而导致氮肥利用率低下和土壤硝态氮累积及一系列负面影响，如作物营养失调、硝酸盐含量严重超标、农产品品质下降，硝酸盐的淋溶损失引起地下水硝酸盐的积累、水体富营养化及温室效应气体氮氧化合物的排放等环境问题[1-3]。因此，提高氮肥利用率，减少氮素污染是目前亟须解决的问题。

为解决氮肥不合理施用所带来的诸多问题，许多学者在对硝化抑制剂的研究上取得了很好的进展。通过研究发现，在肥料中添加硝化抑制剂可以改变氮素在土壤中的生物化学过程，提高氮肥利用率，控制硝态氮的大量积累所导致的环境污染[4-5]。

1　硝化抑制剂的定义和作用机理

1.1　硝化抑制剂的定义

硝化过程是指在土壤中硝化微生物作用下铵态氮转化为硝态氮的过程。从广义上来讲，凡能够在土壤中延缓硝化过程反应链中任一步或几步反应的化合物即为硝化抑制剂[6]。

1.2 硝化抑制剂的作用机理

氮肥施入土壤后，水解出铵态氮（NH_4^+），NH_4^+ 在土壤微生物的作用下，发生硝化反应。硝化反应过程分为两个步骤：第一步即亚硝化（氨氧化）过程，是氨氧化细菌（AOB）和氨氧化古菌（AOA）在有氧条件下，通过氨单加氧酶（AMO）的催化，将 NH_4^+ 氧化为 NO_2^-，生成中间产物 NH_2OH，同时产生了 N_2O；第二步即硝化（亚硝酸氧化）过程，反应是亚硝酸氧化细菌（又名硝化细菌 NOB）在有氧条件下，通过亚硝酸盐氧化还原酶的作用将 NO_2^- 氧化为 NO_3^-[7]。硝化反应主要受到硝化微生物群落结构和群落密度、硝化反应底物和产物浓度、影响酶活性的环境因素三大方面影响[7]。在硝化反应过程的两个阶段中，只要有一个被抑制，那么整个硝化反应就被抑制。

不同硝化抑制剂对硝化反应的抑制机制也有不同[8]，通常硝化抑制通过以下几种方式作用：①抑制剂作为 AOA 和 AOB 催化氨氧化进行的关键酶——AMO[9]的竞争性底物，通过和 NH_4^+ 竞争活性点位抑制硝化反应的发生；②抑制剂作为 AMO 的非竞争性底物，参与催化氧化，生成不饱和环氧化物，造成 AMO 失活，从而抑制硝化作用的发生[6]；③抑制剂中通过与氨氧化酶活性位点上的 Cu 螯合，造成 AMO 失活而抑制硝化反应的发生[10]；④抑制剂通过改变土壤微环境，降低土壤 pH，抑制亚硝化细菌、硝化细菌的生长繁殖；⑤土壤微生物可以把一小部分的化合物作为碳源，这类化合物通过影响土壤氮的矿化和固持过程，或通过影响土壤有机质的矿化和固持作用，对硝化过程产生抑制作用[11]。

2 硝化抑制剂的来源和种类

国际上很早就开始对用于农田的硝化抑制剂的种类进行筛选和研究。自 20 世纪 50 年代开始，美国就开展了人工合成硝化抑制剂的研究，亚洲地区的日本对硝化抑制剂也进行了深入的研究[12]。我国对硝化抑制剂的研究相比发达国家起步较晚，但进展较快，20 世纪 70～80 年代研制出 30 多种化合物。从来源上讲，硝化抑制剂可分为人工合成硝化抑制剂和生物硝化抑制剂。

2.1 人工合成硝化抑制剂

2.1.1 乙炔及乙炔基取代物

乙炔是人们较早发现具有抑制硝化反应的硝化抑制剂之一，可作为 AMO 具有钝化作用的一种专性的非竞争性抑制剂。赵维等[13]研究发现，乙炔仅破坏单一蛋白质，当去除乙炔抑制之后，土壤硝化作用可迅速恢复。当分压为 0.1 帕时，乙炔即可显著抑制硝化作用；当分压为 10 帕时，则可完全抑制硝化作用[14-15]。乙炔作为气体，很难长时间在土壤中保持足够大的浓度来抑制硝化反应，通过包被碳化钙可以解决这个问题，使其能够缓慢地释放出来[12]。

除乙炔外，其他的炔烃及其衍生物也具有硝化抑制效果，但长度不同的碳链对 AOA

和 AOB 的抑制效果也不同。很多乙炔基取代物如 2—乙炔基吡啶、苯基乙炔等都是具有潜在硝化抑制作用的化合物，其中 2—乙炔基吡啶的抑制效果在被供试的 21 种非气态乙炔衍生物、14 种吡啶类化合物中是最好的，然而被羧基取代的乙炔却没有这种功能[16]。

2.1.2 氰胺类化合物

此类化合物中最具有代表性的就是双氰胺。双氰胺（DCD）是氰胺的二聚物，分子式为 H_2NC（NH）NHCN，白色晶体粉末，其物理和化学性能稳定，无毒，不吸水，不挥发，能溶于水和其他溶剂。已有研究表明，DCD 结构中含有与 NH_4^+ 结构相似的氨基和亚氨基，以底物竞争的形式干扰 AMO 氧化作用，从而抑制硝化作用[10]。DCD 的硝化抑制效果显著，在温度低于 15℃时，其抑制率可达 80％以上，抑制作用长达 6 个月[17]。孙志梅等[11]发现 DCD 在土壤中最终会生成铵态氮和硝态氮，施入土壤后，本身就可以起到一种缓释氮肥（含氮量高 66.7％）的作用，对环境无污染；DCD 挥发性小，可以与多种氮肥一起施用[18]。DCD 是目前应用范围最广的一种商品化硝化抑制剂，但 DCD 的硝化抑制效率较低，施用后在土壤剖面中移动性很强，容易发生与 NH_4^+ 的分离现象[11]，影响其抑制效果。

2.1.3 杂环氮化合物

许多杂环氮化合物及其衍生物都具有较高的生物活性[19]，且其本身具有高效、低毒、易降解和结构多样性的特性，被广泛研究和应用。其中，3,4—二甲基吡唑磷酸盐（DMPP）和 2—氯—6（三氯甲基）吡啶（Nitrapyrin）是被商品化应用最多且效果优良的硝化抑制剂。

3,4—二甲基吡唑磷酸盐（DMPP）的具体抑制机理目前尚不明确。Li Hua 等[20]初步判断 DMPP 通过抑制氨氧化细菌的数量和硝化细菌的活性来抑制硝化反应。张文学等[21]研究发现 DMPP 可抑制 AOB 的生长但仅表现在分蘖期，这可能是其缓解硝化反应的主要途径。研究表明，DMPP 抑制效率要远高于 DCD 但低于 Nitrapyrin[22]，其施用量为 1 千克/公顷时，就可使田间条件下的硝化抑制时间持续 4～10 周[23]。由于土壤胶体和有机质的吸附作用，DMPP 在土壤中的移动性非常有限，不易发生与 NH_4^+ 在土壤剖面中的分离现象以及淋溶损失问题[24]，通常与氮肥或粪肥同时施用。DMPP 的生物毒性很低，当其施用量为推荐量的 8 倍时，也不会对作物造成任何毒害，且在农产品中的残留量低[11]。

2—氯—6（三氯甲基）吡啶（Nitrapyrin）又名为硝基吡啶。Nitrapyrin 也是 AMO 的一种催化底物，但由于 Nitrapyrin 对 AMO 的亲和能力并不强，底物竞争并不是其抑制硝化作用的直接原因。有研究推测 Nitrapyrin 是通过氧化产物 6—氯嘧啶羧酸来螯合 AMO 活性位点上的 Cu 发挥抑制作用[25]。2—氯—6（三氯甲基）吡啶是一种白色的晶状固体物质，难溶于水，容易见光分解，不宜施用于土壤表层。由于土壤胶体吸附作用，2—氯—6（三氯甲基）吡啶可水解为 6—氯吡啶羧酸和 HCl，造成挥发损失[26]。可是，2—氯—6（三氯甲基）吡啶应用于高有机质土壤时，因有机质的吸附作用，挥发损失会相应减少[27]。

2.2 生物硝化抑制剂

很多植物在生长过程中也可产生一些具备硝化抑制特性的化合物，这种抑制作用被称为生物硝化抑制作用。生物硝化抑制是植物根系与土壤间的一种交互作用，植物根系通过分泌特殊的化合物来抑制硝化作用[28]。研究证明，非洲湿生臂形牧草以及高粱的根系分泌物樱花素和高粱醌可同时抑制氨氧化和羟胺氧化过程[29]。施卫明团队发现水稻根系分泌物 1,9—癸二醇可以作为硝化抑制剂，其主要通过抑制 AMO 过程来抑制硝化作用，其抑制效果显著好于 DCD[30]。除根系外，植物的其他部分也可提取具有硝化抑制作用的物质。印度应用凋落的茶树叶、杨树叶和楝树叶等天然资源作为硝化抑制剂的原料，其中最为有效的是楝树叶，其提取物能有效抑制尿素水解和减缓硝化作用[31]。有些生物硝化抑制剂还可以扰乱硝化微生物中 HAO 与辅酶、细胞色素之间的电子传递。

与目前市场上普遍应用的人工合成硝化抑制剂相比，生物硝化抑制剂具有对农作物无毒害，易在土壤中分解，对土壤不产生污染，并且易从自然界中获得，价格低廉，硝化抑制作用时间长，用量少，硝化抑制效率高，成本效益高等优点。但是关于生物硝化抑制作用的研究目前尚处于初级阶段，在农业生产实践中的应用研究还较少。

3 硝化抑制剂作用效果的影响因素

国内外多年在农业生产上的应用研究表明，往肥料中添加硝化抑制剂在减少氮肥损失、提高氮肥利用率、促进作物养分吸收、提高作物产量和品质、减少土壤硝酸盐积累和淋溶、改善土壤性状、减轻土壤酸化、减少挥发气体排放等方面具有积极的作用效果。但是，硝化抑制剂的使用效果不稳定，除取决于抑制剂本身的性质和生物活性外，其作用效果受硝化抑制剂施用量、土壤类型和质地、施肥种类、土壤温度及土壤水分等综合因素的影响[32]。

3.1 硝化抑制剂施用量

一般随硝化抑制剂用量的增加，其抑制效应增强。但是硝化抑制剂施用量过多将对作物产生毒害作用。2—氯—6（三氯甲基）吡啶在 0.1%～0.2%浓度范围内有明显的剂量效应，0.25%～0.5%的硝化抑制率为 98.9%～99.9%[21]。当 Nitrapyrin 的施用量超过12.5毫克/千克 时，番茄、燕麦、胡萝卜、洋葱和莴苣等幼苗生长就会受毒害；超过25毫克/千克时，棉花、黄瓜和小麦受毒害；超过 50 毫克/千克时，玉米、豌豆、甜菜、菠菜和萝卜才受毒害[33]。

3.2 氮肥和作物种类

经过长时间的肥料筛选，已发现 DCD 与各种氮肥配合施用的硝化抑制效果排序为：甲醛＞尿素＞尿素＋氯化铵＞硫酸铵＋硝酸铵＞硫酸铵＋有机质[34]。

作物种类不同，对 $NH_4^+ - N$ 和 $NO_3^- - N$ 的选择吸收情况也不同。添加了硝化抑制剂的土壤里的 $NH_4^+ - N$ 浓度较高且持续时间较长，这对于水稻和甘薯等喜 $NH_4^+ - N$ 作物的生长是很有利的；对于蔬菜等喜 $NO_3^- - N$ 作物的生长，却是不利的[35]。

3.3　土壤质地和类型

施用硝化抑制剂在粗质地土中的效果比在细质地土中的效果好。顾艳等[36]研究得出，Nitrapyrin 硝化抑制效果为沙土＞黏土。Malzer[37]等也得出 Nitrapyrin 和 DCD 在粗质地的土壤上应用效果最好，能提高玉米、小麦和马铃薯的产量，因为这种土壤容易导致 NO_3^- 淋溶损失，氮素肥料不能满足作物的生长需要；而在细质地土壤地区，硝化抑制剂作用不明显。

针对不同土类，硝化抑制剂的效果也有不同。在红壤上，DCD 的硝化抑制效果要优于 Nitrapyrin 和 DMPP[38]；而在紫色土上，Nitrapyrin 的硝化抑制效果要优于 DCD 和 DMPP[39]。

3.4　土壤有机质含量

有机质含量高时，硝化抑制剂受到了非生物学保护，从而在一定程度上降低了其生物活性，硝化抑制剂的效果不明显。同时，有机质对硝化抑制剂的吸附与有机质的组成成分及抑制剂本身的极性有关。黄腐酸极性较强，因此，其对水溶性较高、极性亦较强的 DCD 的吸附能力比水溶性较低、极性较弱的 Nitrapyrin 强，而极性较弱的腐植酸对 Nitrapyrin 的吸附能力则显著优于 DCD[40]。

3.5　土壤水分和土壤温度

硝化抑制剂具有较高的水溶性，自身的淋失可能导致其效果降低。在较湿润的土壤中，硝化反应会向下层土壤移动；而在较干燥的条件下，则会移向表层土壤。高珊等[41]研究表明，随着土壤含水量占田间持水量的比例增高，施用 DCD 和 DMPP 的土壤 N_2O 排放、NH_3 挥发的气态损失增加。

硝化抑制剂的降解速率一般受温度的影响较大，较高的温度提高了硝化抑制剂本身的降解速率和土壤微生物的活性，挥发损失增多，抑制效果减弱。DCD 对温度反应尤其敏感，DCD 抑制硫酸铵的作用时间在 10℃和 20℃时分别是 6 个月和 14 天，抑制率分别为 80％和 50％[42]。

3.6　土壤 pH

土壤 pH 的影响较为复杂，总体而言，硝化抑制剂的抑制效果随 pH 的升高而降低。DCD 用于碱性土壤时其抑制效果不明显[43]；当 pH 为 4.8 和 6.0 时，硝化反应表现出硝化抑制作用，但当 pH 为 8.5 时抑制效果不明显[44]。

4 问题与展望

迄今为止，国内外学者和推广人员对施用硝化抑制剂调控土壤氮素转化的效果进行了大量研究，应用效果良好。硝化抑制剂对促进氮肥减量增效，减轻农田对大气和水体氮污染方面显示了广阔的应用前景，但应用范围仍然较窄。就目前而言，主要存在以下几个问题：①部分硝化抑制剂在实验室中显示了很好的硝化抑制作用，但在田间试验中效果不显著；②硝化抑制剂受外界环境因素的影响较大，在不同农业生产环境中表现的抑制效果与配施剂量变化较大，作用效果具有波动性；③有些抑制剂在提高氮肥利用率的同时，却增加了氨挥发的风险；④有些抑制剂毒性较大，能够对土壤环境和作物生长造成负面影响，且有些抑制剂具有残留特性，生态风险较大；⑤硝化抑制剂的种类很多，但能够与肥料结合形成能广泛应用的产品较少；⑥添加硝化抑制剂的肥料价格偏高。

为促进硝化抑制剂在肥料上的推广和应用，在今后的工作中，深入研究硝化抑制剂影响因素的作用机理，筛选出更多适合不同地区、不同农业生产条件下的抑制效果稳定、选择度高、成本低、健康、环境友好、易与氮肥混配成产品的抑制剂具有重要意义。

参考文献

[1] 巨晓棠，谷保静 . 我国农田氮肥施用现状、问题及趋势 . 植物营养与肥料学报，2014，20（4）：783-795.

[2] 余志敏，袁晓燕，施为民 . 面源污染水治理的人工湿地治理技术 . 中国农学通报，2010，26（3）：264-268.

[3] Zhang W L, Tian Z X, Zhang N, et al. Nitrate pollution of groundwater in Northern China. Agriculture Ecosystems and Environment，1996，59：223-231.

[4] 闫湘，金继运，何萍 . 提高肥料利用率技术研究进展 . 中国农业科学，2008，41（2）：450-459.

[5] 孙昌禹，贾永国，王淑芬 . 氮肥施用对生态系统的影响及措施的研究 . 河北农业科学，2009，13（3）：60-63.

[6] 武志杰，史云峰，陈利军 . 硝化抑制作用机理研究进展 . 土壤通报，2008，39（4）：962-970.

[7] 陈秋霜，俞如旺 . 漫谈硝化作用 . 生物学教学，2019，44（2）：77-79.

[8] Amberger A. Research on dicyandiamide as a nitrification inhibitor and future out look. Communications in Soil Science and Plant Analysis, 1989, 20（19/20）：1933-1955.

[9] 张苗苗，沈菊培，贺纪正，等 . 硝化抑制剂的微生物抑制机理及其应用 . 农业环境科学学报，2014，33（11）：2077-2083.

[10] Mc Carty G W, Bremner J M. Laboratory evaluation of dicyandiamideasa soil nitrification inhibitor. Commun ica tion in Soil Science and Plant Analysis, 1989, 20：2049-2065.

[11] 孙志梅，武志杰，陈利军，等 . 土壤硝化作用的抑制剂调控及其机理 . 应用生态学报，2008，19（6）：1389-1395.

[12] 武志杰，石元亮，李东坡，等 . 稳定性肥料发展与展望 . 植物营养与肥料学报，2017，23（6）：

1614－1621.

[13] 赵维，蔡祖聪.乙炔抑制方式对潮土硝化和矿化作用的影响.土壤，2011，43（4）：584－589.

[14] McCarty G W, Bremner J M. Inhibition of nitrification in soil by acetylenic compounds. Soil Sci. Soc. Am. J. , 1986, 50: 1198－1201.

[15] Berg P, Klemedtsson L, Rosswall T. Inhibitory effects of low partial pressures of acetylene on nitrification. Soil Biol. Biochem. , 1982, 14: 301－303.

[16] McCarty G W, Bremner J M. Laboratory evaluation of dicyandiamide as a soil nitrification inhibitor. Communications in Soil Science and Plant Analysis, 1989, 20: 2049－2065.

[17] 孙志梅，武志杰，陈利军，等.3,5—二甲基吡唑对尿素氮转化及 NO_3^- － N 淋溶的影响.环境科学，2007，28（1）：176－181.

[18] Reddy G R, Datta N P. Use of dicyandiamide on nitrogen fertilizers. Journal of the Indian Society of Soil Science, 1965, 13: 135－139.

[19] 胡利明，李学恕，陈致远，等.含1H－吡唑和噻（二）唑的新型双杂环化合物的合成及其生物活性.有机化学，2003，23（10）：1131－1134.

[20] Li H, Lisong X Q, Chen Y X, et al. Effect of nitrificationinhibitor DMPP on nitrogen leaching, nitrifying organisms, and enzyme activities in a rice-oilseed rape cropping system. Journal of Environmental Sciences, 2008 (20): 149－155.

[21] 张文学，王少先，夏文建，等.脲酶抑制剂与硝化抑制剂对稻田土壤硝化、反硝化功能菌的影响.植物营养与肥料学报，2019，25（6）：897－909.

[22] 王雪薇，刘涛，褚贵新.三种硝化抑制剂抑制土壤硝化作用比较及用量研究.植物营养与肥料学报，2017，23（1）：54－61.

[23] Di H J, Cameron K C. How does the application of different nitrification inhibitors affect nitrous oxide emissions and nitrate leaching from cow urine in grazed pastures? Soil Use and Management, 2012, 28 (1): 54－61.

[24] Azam F, Benckiser G, Muller C, et al. Release, movement and recovery of 3，4－dimethylpyrazole phosphate (DMPP), ammonium and nitrate from stabilized nitrogen fertilizer granule in a silty clay soil under laboratory conditions. Biology and Fertility of Soils, 2001, 34: 118－125.

[25] Dai Y, Di H J, Cameron K C, et al. Effects of nitrogen application rate and a nitrification inhibitor dicyandiamide on ammonia oxidizers and N_2O emissions in a grazed pasture soil. Science of the Total Environment, 2013, 465: 125－135.

[26] Owens L B. Effects of nitrapyrin on nitrate movement in soil columns. J. Environ. qual. , 1981, 10 (3): 308－310.

[27] Hendrickson L L, Keeney D R. A bioassay to determine the effect of organic matter and pH on theeffectiveness of nitrapyrin (N-Serve) as a nitrification inhibitor. Soil Biol. Biochemical, 1979, 11: 51－55.

[28] 张洋，李雅颖，郑宁国，等.生物硝化抑制剂的抑制原理及其研究进展.江苏农业科学，2019，47（1）：21－26.

[29] Subbarao G V, Nakahara K, Hurtado M P, et al. Evidence for biological nitrification inhibition in Brachiaria pastures. Proceedings of the National Academy of Sciences of the United States of America,

2009，106 (41)：17302 - 17307.

[30] Sun L，Lu Y F，Yu F W，et al. Biological nitrification inhibition by rice root exudates and its relationship with nitrogen-use efficiency. New Phytologist，2016，212 (3)：646 - 656.

[31] Kumar R，Devakumar C，Sharma V，et al. Influence of physicochemical parameters of neem (Azadirachta indica A Juss) oils on nitrification inhibition in soil. Journal of Agricultural and Food Chemistry，2007，55 (4)：1389 - 1393.

[32] 田发祥，纪雄辉，官迪，等. 氮肥增效剂的研究进展. 杂交水稻，2020，35 (5)：7 - 13.

[33] Goring C A I. Controlof nitrification of ammonium fertilizersand urea by 2-chloro-6-(trichloro-methyl)-pyridine. Soil Science，1962，93：431 - 439.

[34] Aulakh M S，Bijay-singh. Nitrogen losses and fertilizer N use efficiency in irrigated poroussoils. Nutrient cycling in agroecosystems，1997，7：1 - 16.

[35] 史云峰，武志杰，陈利军. 1—羟甲基—3,5 二甲基吡唑的硝化抑制效应初探. 土壤通报，2007，38 (4)：722 - 726.

[36] 顾艳，吴良欢，等. 氯甲基吡啶剂型对土壤硝化的抑制效果初步研究. 农业环境科学学报，2013，32 (2)：251 - 258.

[37] Malzer G L，et al. Perfomance of dicyandiamide in the north central states. Commun. Soil Sci. Plant Am. J.，1986，50：1198 - 1 201.

[38] 崔磊，李东坡，武志杰，等. 不同硝化抑制剂对红壤氮素硝化作用及玉米产量和氮素利用率的影响. 应用生态学报，2021，32 (11)：3953 - 3960.

[39] 赖晶晶，兰婷，王启，等. 硝化抑制剂对紫色土硝化作用及 N_2O 排放的影响. 农业环境科学学报，2019，38 (6)：1420 - 1428.

[40] 黄益宗，冯宗炜，王效科，等. 硝化抑制剂在农业上应用的研究进展. 土壤通报，2002，33 (4)：310 - 315.

[41] 高珊，郭艳杰，张丽娟，等. 温室土壤不同含水量下施用 DCD 和 DMPP 对 N_2O 排放及 NH_3 挥发的影响. 河北农业大学学报，2019，42 (4)：95 - 101.

[42] 史云峰，赵牧秋，张丽莉. 双氰胺 (DCD) 在砖红壤中硝化抑制效果的影响因素研究. 安徽农业科学，2011，39 (33)：20437 - 20440.

[43] 杜玲玲. 双氰胺的硝化抑制作用及其应用. 土壤学进展，1994，22 (4)：26 - 31.

[44] 王小治，孙伟，尹微琴，等. pH 升高对红壤硝化过程产生 N_2O 的影响. 土壤，2009，41 (6)：962 - 967.

肥料产品质量监督抽查的突出问题及对策研究

胡劲红

湖北省耕地质量与肥料工作总站

摘　要：肥料是农业生产的物质基础之一，肥料产品的质量直接关系着我国粮食生产安全和农产品质量安全。本文通过对 2013—2021 年的全国肥料产品质量监督抽查情况的系统分析，总结了肥料产品质量监督抽查实施过程中发现的问题，并针对这些问题提出了解决方案。

关键词：肥料；质量；监管；技术；创新

肥料是农业生产的物质基础之一，对我国粮食增产的贡献率高达 40%[1]。肥料产品的质量直接关系着我国粮食生产安全和农产品质量安全，是加速农业高质量发展、加快推进农业绿色发展的基础。为贯彻落实中央农村工作会议、中央一号文件有关要求，农业农村部和各地农业农村部门长期持续开展肥料产品质量监督抽查工作，为提升产品质量、推动产业升级、保护生态环境、促进经济社会高质量发展等方面发挥着重要作用[2]。

1　基本情况及变化

全国肥料产品质量监督抽查是由农业农村部种植业管理司、全国农业技术推广服务中心组织实施，在全国范围内开展，各省之间交叉抽查肥料产品并进行检验检测的一项质量监督工作。抽查按照"双随机、一公开"原则，由不少于 2 名具备抽样资质的人员，抽取当地具有代表性的肥料生产企业和农资市场肥料产品[3]。本文对 2013—2021 年的肥料产品质量监督抽查进行了情况分析。

1.1　抽查对象随改革形势而不断变化

抽查对象以在行政管理机关正式注册，具有法人资格的肥料生产企业及流通环节的肥料产品为主，突出农业项目实施及技术推广中的肥料企业的产品质量监督。2013—2015年全国农企合作推广配方肥企业列入抽查对象，2021 年果菜茶有机肥替代化肥试点项目中标企业列入抽查对象。

1.2 抽查品种随市场需求而不断延展

抽查品种为复混肥料（复合肥料）、掺混肥料（含标注"配方肥"）、磷酸二铵、磷酸一铵、尿素、过磷酸钙、磷酸二氢钾等，随着市场的发展逐步延展到有机肥料、大量元素水溶肥料、微生物肥料等近年来市场主要销售的、新型的肥料品种。

1.3 抽查数量和频次不断增加

抽查数量由每年 100 多个肥料样品，发展到现在一年 200 多个肥料样品。2019 年抽查肥料样品达 659 个。抽查的频次也由每年的春季一次集中抽查发展到一年两次抽查，检查时间贯穿全年。

1.4 抽查范围不断扩大

2013 年全国肥料产品质量监督抽查在河北、山西、内蒙古、吉林、黑龙江、江苏、安徽、江西、山东、河南、湖北、湖南、广东、四川、云南等 15 个省（自治区）实施，2019 年在北京、天津、河北、山西、内蒙古、辽宁、吉林、黑龙江、上海、江苏、浙江、安徽、福建、江西、山东、河南、湖北、湖南、广东、广西、海南、重庆、四川、贵州、云南、陕西、甘肃、青海、宁夏等 29 个省（自治区、直辖市）开展。

1.5 肥料产品质量不断提高

从 2013—2020 年的全国肥料产品质量监督抽查结果分析，在各级农业农村部门持续的监督管理下，生产企业肥料产品合格率高于流通环节，肥料产品质量有所提升：一是复混肥料（复合肥料）和掺混肥料（BB 肥）抽查合格率 2013 年为 87.2%，2018 年为 96.7%，2018 年与 2013 年相比合格率上升了 9.5 个百分点。二是大量元素水溶肥料抽查合格率 2018 年为 75.0%，2019 年为 79.2%，2020 年为 77.7%，2019 年和 2020 年与 2018 年相比合格率分别上升了 4.2 个百分点和 2.7 个百分点。三是有机肥料抽查合格率 2019 年为 79.8%，2020 年为 87.8%，2020 年与 2019 年相比合格率上升了 8.0 个百分点。四是微生物肥料抽查合格率 2019 年为 88.3%，2020 年为 90.2%，2020 年与 2019 年相比合格率上升了 1.9 个百分点。

2 存在的主要问题

在连续多年的全国肥料产品质量监督抽查、肥料样品标签标识符合性调查中发现：肥料生产经营行为逐步规范、生产技术持续提高、产品质量不断提升，随着新技术新方法在肥料生产中的运用，诞生了一批生态环保肥效高的新型肥料品种，但仍存在市场秩序不够规范、创新能力和品牌竞争力不强等问题。

2.1 肥料产品标签标识问题较多

一是肥料产品标签标识字体、字号、肥料命名不规范，使用神肥、传奇、经典、精华等名称，夸大、虚假宣传肥料的膨果、生根、重茬改良、抗病等功效。二是一个产品包装上多种标明值方式，有的用数值表示，有的用区间表示，当遇到产品检测数据不符合数值标明值的要求，但却在区间标明值内的时候，无法进行结果判定。三是标准要求标识而未标识、标准明确规定不允许标识而违规标识，此类现象在有机肥料、微生物肥料、大量元素水溶肥料产品中较多。标准要求大量元素水溶肥料产品应注明钠元素含量的标明值、pH 的标明值等，而一些产品未标识。四是产品的执行标准发生了变更，但因老包装袋还未使用完毕，生产企业仍在继续使用"执行标准为作废标准"的老包装。

2.2 肥料标准更新滞后

标准是产品生产的技术规范性文件，不仅规范生产经营行为，同时还是监督管理与技术服务的依据、打击肥料市场假冒伪劣商品的利器。随着新技术、新方法和新仪器设备的不断研发和应用，市场、企业、检验检测机构及管理部门都对标准的更新提出了更高更快的要求。标准滞后引起的问题不仅对企业产生不利影响，还对整个行业的健康发展产生障碍。

2.3 法律法规的支撑力度需加强

开展肥料产品质量监督抽查根据的是《农产品质量安全法》和《肥料登记管理办法》，按照规定农业农村部门主要是对不符合肥料登记证相关信息的情形进行监管，而一些违法违规行为的处罚与其造成的损失和社会恶劣影响相比太轻。例如《肥料登记管理办法》中生产、销售未取得登记证的肥料产品；假冒、伪造肥料登记证、登记证号的；生产、销售的肥料产品有效成分或含量与登记批准的内容不符的，罚款最高不得超过30 000 元。对于这些情形造成的正规生产经营者和农民的信誉损失、经济损失是巨大的，直至影响其生存和发展。违规违法成本过低，处罚力度过弱，不能起到很好的警示和威慑作用。

2.4 检验检测机构建设亟待优化

检验检测机构作为肥料产品质量监督抽查的技术支撑单位，对技术人员能力的保持、仪器设备的准确高效、质量控制的规定等均有严格要求。检验检测机构应注重"高精尖缺"人才引进和培养，新购置的仪器设备能够满足未来发展需求，在加强人员职业道德和专业知识更新培训的同时，积极开展改革创新和技术标准研制，优化检验检测机构建设，促其成为行业"领头雁"和"排头兵"。

3 对策建议

3.1 强化技术支撑，促进肥料行业高质量发展

3.1.1 加快肥料标准的研究制定

肥料标准是衡量产品质量好坏的准绳，不仅有利于企业技术进步和行业管理，而且是政府宏观调控经济的重要技术手段，对全国经济和技术发展具有重大意义。应加快肥料标准的研究和制修订，使新的行业标准和技术规范紧把市场脉搏，满足民生需求，成为促进行业绿色高速发展的重要技术依托，引导行业技术水平向更高更强发展。

3.1.2 深化技术交流合作

健全完善以企业为主体、市场为导向、产学研深度融合的技术交流和创新体系，加快农业科技成果转化。一是鼓励监督管理部门、检验检测机构、科研院校、生产企业等加强合作，围绕新品种、新技术、新装备等方面联合科技攻关，为社会提供优质高效、安全绿色的标准供给，构建全要素、全链条、多层次的现代农业标准体系，实现"测配产供施"一体化发展。二是聚焦国家战略和经济社会发展重大需求，对标国际先进水平，加强国际相关制度、标准和技术的跟踪研究，积极参与国际规则和标准制定，促进国内国际肥料行业合作交流，建设更高水平开放型多双边合作机制。

3.1.3 健全检验检测机构建设

查找、补齐检验检测机构存在的短板，着眼从"人、机、料、法、环、测"六个方面提升综合能力。充分发挥部级农业质检中心的技术引领和支撑作用，严格遵守标准和程序规定，加强农业质检中心检测能力、质量控制能力和管理体系有效运行能力。加强人才队伍建设，坚持引进和培养并重，加快培养高层次领军人才和紧缺急需人才，提升从业人员专业素质；提档升级仪器设备，提高检验检测数据和结果的准确性、及时性，为社会提供更优质、更高效、更便捷的服务。

3.2 强化法律法规保障，加大农资市场监管力度

根据现行的《农产品质量安全法》和《肥料登记管理办法》，结合执法工作经验和实际，推动肥料管理法律法规研究，优化完善肥料登记、生产许可、经营流通、监督管理、建设发展等相关规章制度，形成完备的法律链，做到有法可依、违法必究。按照"双随机、一公开"要求，加强监督管理力度，以农村和城乡接合部、农资经营集散地、种植养殖生产基地、菜篮子产品主产区为重点区域，农资批发和销售市场、农资展会、乡村流动商贩、乡村集市、互联网为重点对象，采取监督抽查、飞行检查、暗查暗访、用户反馈等多种形式加大监管力度。积极利用"互联网＋监管""大数据""云监管"等智慧监管手段，加强监管方式创新，提升监管效能。

3.3 强化部门和区域间联合力度，构建联合监管模式

肥料产品质量监督抽查涉及检验检测专业技术人员、行政执法人员和管理人员，参与

的有农业农村部门、市场监督管理部门和公安部门等。各地各部门要加强信息交流与沟通协作，构建"属地为主、部门协同、区域联动"的联合监管工作模式，充分发挥各自监管优势，开展形势分析、会商研判、信息发布、行刑衔接、联合督办等工作，进一步健全常态化农资巡查、例行抽查、专项检查和重点督查相结合的监督抽查制度，加强农资产品质量监督抽查种类、频次，畅通优质农资供应渠道，增强监督抽查针对性、精准度和案件查处力度，坚决铲除制假源头，严厉查处非法经营的组织者、获利者，彻底掐断农资违法犯罪活动利益链条。

3.4 强化自主创新，培育行业品牌建设

完善创新体系，瞄准国际技术前沿，推进我国肥料生产技术研发，提升自主创新能力。研究面向新材料、新工艺、新产品、新装备的应用实践，加强关键核心技术攻关，突破一批基础性、公益性和产业共性技术瓶颈，实现关键技术自主可控，推动国产仪器设备质量提升和"进口替代"。鼓励参与国际标准制修订工作，增加行业在国际的最高话语权，提升国际知名度和国际市场竞争力。完善行业品牌培育、发展、激励、保护政策和机制，着力扶持、培育一批技术能力强、服务信誉好的肥料企业成为行业品牌、国际品牌，促进优势产品向价值链中高端跃升。

3.5 强化公共服务平台打造，大力推进产品追溯及企业信用体系建设

加快建设"智慧农业"，依托大数据、区块链等现代信息技术，实施"互联网＋"。加快推广智能控制、精准施肥、远程诊断、遥感监测、灾害预警等现代信息技术应用，实现企业肥料备案登记信息、监督抽查结果、监测数据、农资消费警示、标准及技术规范、新技术新装备新型肥料等信息资源共享，打造集技术信息、监管信息、市场信息、监测预警等信息为一体的公共服务平台。

大力推进农资产品电子追溯体系建设，逐步实现产品信息可查询、流向可追踪、主体可溯源，生产、经营、使用全链条追溯体系。建立健全农资生产经营主体信用体系建设，加强信息归集、共享和公开管理，按监督抽查情况、用户反馈、行政处罚等动态分类监管，实施守信联合激励和失信联合惩戒，强化生产经营主体信用状况与行政许可审批、项目申报、资格审查、评优奖励等对接挂钩，提高违法失信成本，引导企业树立诚信意识。

3.6 强化宣传引导，鼓励行业自律和社会监督

充分发挥广播、电视、报刊、微信公众号、服务 App、网络短视频等媒体和"12315"平台服务作用，鼓励新闻媒体、公益组织、社会团体及公众进行社会监督。严格落实生产经营主体责任，鼓励农资生产经营主体通过向社会公开承诺、发布诚信声明、公开监督抽查结果等方式开展自我约束和自我监督；积极推动行业协会和商会开展行业自律和行业规范生产经营；结合"农资打假""放心农资下乡进村宣传周""检验检测机构开放日"等活动开展科普宣传、便民检测、技术培训和咨询服务，加大违法违规典型案例的曝

光力度。对多次查处、屡教不改的严重失信主体实行"黑名单"管理，构建"一处失信，处处受限"的格局，让崇尚质量、创新有为、诚实守信成为行业的价值导向和时代精神。

参考文献

[1] 马常宝，杨帆，高祥照，等．中国化肥百年回顾//中国化肥100年回眸——化肥在中国应用100年纪念，2002.

[2] 姚勇．浅析产品质量监督抽查管理方法的要点．商品与质量，2012（S5）.

[3] 裴玉燕．推进农业标准化工作应注意的几个方面．经济论坛，2003（17）.

马铃薯种植区酸化土壤改良试验研究

席兴文[1]　石　丽[1]　张海腾[1]　江丽华[2*]

1. 滕州市农业技术推广中心；2. 山东省农业科学院农业资源与
环境研究所/农业农村部山东耕地保育科学观测实验站

摘　要： 本试验应用生物有机肥、生石灰、土壤改良剂等材料对马铃薯种植区酸化土壤进行改良，试验结果表明应用生物有机肥加生石灰的处理对土壤酸化改良效果最好，0～20 厘米土壤 pH 提高 0.50；应用生物有机肥加土壤改良剂Ⅱ号的处理对马铃薯增产效果最好，马铃薯增产 16.08%。

关键词： 土壤酸化；土壤改良剂；马铃薯；pH

山东省滕州市是中国北方马铃薯二季作区的重点区域之一。滕州市耕地 0～20 厘米耕层土壤 pH 平均为 6.2，pH≤5.5 的耕地面积占耕地总面积的 11.39%[1]，主要分布于马铃薯种植区。根据全国第二次土壤普查统一分级标准[2]，4.5＜pH≤5.5 的土壤属于酸性土壤，pH≤4.5 的土壤属于强酸性土壤。杨歆歆等[3]的研究将 pH≤5.5 的土壤统一归为酸化土壤。土地利用方式及植物种植对土壤酸化有重要影响[4]；农作物收获从土壤中移走钙、镁、钾等盐基养分，也会加速土壤酸化[5]。滕州市马铃薯种植区种植模式为"马铃薯-玉米-马铃薯"一年三熟或"马铃薯-大葱""马铃薯-毛芋头"一年两熟，该种植模式已经延续三十多年。马铃薯种植区每年每亩化肥用量（实物量）在 200 千克以上，以硫酸钾型复合肥为主，有机肥用量偏少，年产出实物量在 5 000 千克以上。此种植模式及大量施用化肥使土壤酸化程度加重，耕地酸化面积有增大的趋势，进一步酸化将会制约农业生产。土壤酸化会导致 H⁺ 浓度增大，使土壤对盐基阳离子的吸持力减弱，保肥能力降低[6]；会促进 Al、Mn 等元素大量转化和溶出，使作物受到毒害[7]；还会使土壤中的微生物生长和活动受到抑制，影响土壤有机质的分解和土壤中碳、氮、磷、硫的循环[8]。马铃薯生长喜欢微酸性和中性土壤，pH 5.5～6.5 最适宜，土壤偏碱易得疮痂病，土壤过酸则植株易早衰[9]。可见 pH＜5.5 的地块对马铃薯的生产已经产生了影响，土壤酸化改良势在必行。应用石灰改良酸化土壤在我国得到普遍的应用[10]。本研究采用生石灰等 3 种能提高土壤 pH 的物质对马铃薯作区的酸化土壤进行改良，并进行效果对比，为该区深入开展土壤酸化改良提供参考。

---

* 通讯作者：江丽华，E-mail：jiangli8227@sina.com

1　材料与方法

1.1　试验地概况

试验设在滕州市界河镇西柳泉村（北纬 $35°11'2''$，东经 $117°4'46''$），属暖温带半湿润地区大陆性季风型气候，四季分明，雨热同期，光照充足；年平均日照 2 383 小时，历年平均降水量 773 毫米，无霜期 210 天，全年 10℃（含 10℃）以上积温为 4 359℃。试验区土壤类型为砂姜黑土，质地为中壤，试验前养分检测结果为 pH 5.12、有机质 9.7 克/千克、碱解氮 156 毫克/千克、有效磷 84.3 毫克/千克、速效钾 141 毫克/千克。

1.2　试验材料

供试作物为马铃薯，品种为荷兰 15。

供试材料：生物有机肥、氮磷钾三元复合肥（$N-P_2O_5-K_2O=16-9-20$）、生石灰（CaO）、土壤改良剂 I 号、土壤改良剂 II 号。

1.3　试验设计

根据郑福丽等[11]和郇恒福[12]的研究，应用石灰能极显著地提高土壤 pH，结合马铃薯对微酸性生长环境的要求，本试验应用生石灰和土壤改良剂的量设定在 100 千克/亩。试验设 5 个处理：

T1（CK，常规施肥）：配方肥 150 千克（亩用量，下同）；

T2：配方肥 130 千克＋生物有机肥 100 千克；

T3：配方肥 130 千克＋生物有机肥 100 千克＋生石灰 100 千克；

T4：配方肥 130 千克＋生物有机肥 100 千克＋土壤改良剂 I 号 100 千克；

T5：配方肥 130 千克＋生物有机肥 100 千克＋土壤改良剂 II 号 100 千克。

施用时间和方式：生石灰和土壤调理剂在耕翻前撒施，耙匀后开沟种植；配方肥和生物有机肥在马铃薯种植时穴施。马铃薯于 2018 年 2 月 25 日种植，采用一垄单行栽培，垄距 67 厘米，株距 25 厘米，覆膜露地栽培。小区面积 45 米^2，每小区宽 6 米、长 7.5 米；重复 3 次，小区随机排列，各小区之间设置宽 1 米的隔离带。

1.4　测产与土壤取样检测

马铃薯于 2018 年 6 月 12 日收获，各小区全部实收，称重计算产量和商品率。

马铃薯种植前、收获后都进行土样采集，棋盘式布 15 点，采集 0～20 厘米土层的土样，土样混合均匀后用四分法保留 500 克，风干，磨细，过筛。

pH 测定采用蒸馏水浸提（水：土＝2.5：1），酸度计测定。

1.5　数据统计分析

数据用 Microsoft Excel 2007 整理输入，采用 dps7.05 统计软件进行数据分析，多重比较采用最小显著差数法（LSD 法）。

2　结果与分析

2.1　各处理马铃薯产量情况

由表 1 可知，与 T1 相比，T2、T3、T4、T5 均增产，其中 T5 增产最高，达 16.08%。

表 1　各处理马铃薯产量（千克）

处理	重复 1	重复 2	重复 3	平均值	与 T_1 相比增产（%）
T_1	193.87	231.32	222.35	215.85	—
T_2	234.02	243.10	222.83	233.32	8.09
T_3	232.04	241.30	244.67	239.34	10.88
T_4	235.53	243.06	247.71	242.10	12.16
T_5	253.24	251.92	246.50	250.55	16.08

2.2　对各处理马铃薯产量的方差分析

从表 2 可以看出，区组间 F 值＝2.01＜$F_{0.05}$＝4.46 说明差异不显著，处理之间 $F_{0.05}$＝4.46＜F 值＝5.24＜$F_{0.01}$＝7.01 说明差异达到显著水平但未达到极显著水平，即不同处理对马铃薯产量的影响存在显著差异。

表 2　方差分析结果

变异来源	自由度	平方和	均方	F 值	$F_{0.05}$	$F_{0.01}$
区组间	2	386.93	193.47	2.01	4.46	8.65
处理间	4	2 019.7	504.93	5.24	3.84	7.01
误 差	8	770.55	96.32			
总变异	14	3 177.19				

2.3　各处理马铃薯产量的新复极差比较（LSD)

从表 3 可以看出 T5 与 T1 相比差异极显著，T4、T3 与 T1 相比差异显著。T2 与 T1 相比差异不显著。

表 3　新复极差比较

处理	平均数（千克）	5% 差异	1% 差异
T_5	250.55	a	A
T_4	242.10	a	AB

（续）

处理	平均数（千克）	5%差异	1%差异
T_3	239.34	a	AB
T_2	233.32	ab	AB
T_1	215.85	b	B

2.4 各处理商品性马铃薯产量情况

本试验中商品性马铃薯是指单薯块重 50 克以上，外表光滑，无开裂、无病斑的正常马铃薯薯块。

表 4 商品性马铃薯产量（千克）

处理	重复1	重复2	重复3	平均值	与 T_1 相比增产（%）
T_1	177.04	215.71	202.05	198.27	—
T_2	218.27	222.24	205.25	215.25	8.56
T_3	220.00	231.99	233.95	228.65	15.32
T_4	217.77	227.14	236.14	227.02	14.50
T_5	244.96	237.61	235.80	239.46	20.77

由表 4 可以看出，T_2~T_4 处理商品性马铃薯的产量比 T_1 均增产，商品性马铃薯产量的增产幅度均比总产增幅大，其中 T_5 商品性马铃薯增产达 20.77%。

2.5 各处理马铃薯商品率情况

由表 5 可知，马铃薯商品率 T_5>T_3>T_4>T_2>T_1，与马铃薯收获后测定的土壤 pH 表现一致，说明土壤酸化环境改善，利于商品性马铃薯的生产。

表 5 马铃薯商品率情况（%）

处理	重复1	重复2	重复3	平均值
T_1	91.32	93.25	90.87	91.81
T_2	93.27	91.42	92.11	92.27
T_3	94.81	96.14	95.62	95.52
T_4	92.46	93.45	95.33	93.75
T_5	96.73	94.32	95.66	95.57

2.6 各处理马铃薯种植前、收获后的土壤 pH 结果比较

马铃薯种植前、收获后均在每个小区采集土壤样品，处理土样后检测土壤 pH。各处

理马铃薯种植前土壤 pH 情况见表6，收获后土壤 pH 情况见表7。

表6 马铃薯种植前土壤 pH 测定结果

处理	重复1	重复2	重复3	平均
T_1	5.16	5.12	5.11	5.13
T_2	5.12	5.14	5.10	5.12
T_3	5.10	5.10	5.12	5.11
T_4	5.07	5.12	5.10	5.10
T_5	5.14	5.09	5.15	5.13

表7 马铃薯收获后土壤 pH 测定结果

处理	重复1	重复2	重复3	平均	比种植前
T_1	5.13	5.08	5.13	5.11	-0.02
T_2	5.16	5.16	5.13	5.15	0.03
T_3	5.57	5.61	5.64	5.61	0.50
T_4	5.35	5.39	5.36	5.37	0.27
T_5	5.60	5.63	5.63	5.62	0.49

由表7可知，T_1 马铃薯收获后比种植前 pH 降低了 0.02，其他各处理 pH 均有所增加，增加幅度不同，其中 T_3 增加最多、增加了 0.50，说明施用生石灰提高土壤 pH 效果明显。

2.7 经济效益情况分析

由表8可以看出，相对 T_1 多投入产生的净增收益 $T_5 > T_3 > T_4 > T_2$，这一结果与马铃薯商品率及收获后各处理的土壤 pH 变化表现一致。

表8 经济效益情况分析

处理	产量（千克/亩）	价格（元/千克）	收入（元/亩）	相对增收（元/亩）	成本（元/亩）	相对投入（元/亩）	净增收益（元/亩）
T_1	2 938.80	1.80	5 289.84	—	420.00		
T_2	3 190.48	1.80	5 742.86	453.02	554.00	134.00	319.02
T_3	3 389.10	1.80	6 100.38	810.54	634.00	214.00	596.54
T_4	3 364.94	1.80	6 056.89	767.05	754.00	334.00	433.05
T_5	3 549.33	1.80	6 388.79	1 098.95	704.00	284.00	814.95

注：成本只计肥料及改良剂投入，其他相同投入成本忽略。氮磷钾三元复合肥 2.8 元/千克，生物有机肥 1.6 元/千克，生石灰 0.8 元/千克，土壤改良剂Ⅰ号 2.0 元/千克，土壤改良剂Ⅱ号 1.5 元/千克，生石灰及改良剂施用成本按 30 元/亩计。

3 讨论

多项研究表明马铃薯喜肥且对肥料的反应非常敏感，对氮、磷、钾的需求以钾最多、氮次之、磷较少[13]。张皓等[14]的研究表明适量增施钾肥可使马铃薯产量、块茎中淀粉、蛋白质及维生素 C 含量增加。当土壤中 pH 变低即 H^+ 浓度升高时会严重影响作物对钾的吸收，而钾是公认的品质元素，即当作物体内钾元素供应不足时会严重影响农产品的品质，严重时会导致产量下降，极端条件下还会使作物难以生存[12]。以上观点支持本试验得出的马铃薯商品率、商品性产量与土壤 pH（偏酸性环境时）具有一定的正相关性这一结论。

虽然国内外对土壤酸化及其调控已经开展了广泛研究，取得了许多重要进展，但有一些问题至今仍然还没有完全解决。例如，土壤酸化过程与养分循环的交互作用和耦合机制等方面仍需深入研究[4]。由于沉降对土壤酸化的加速作用持续存在，土地的高强度利用（复种指数高），大量铵态氮肥施用对农田土壤的酸化加速作用越加明显，酸化土壤的面积不断扩大，而且酸化程度逐渐增强[15]；作物出现连作障碍，主要原因是施肥不合理，造成土壤酸化和次生盐渍化[16]。因此，为保证农业可持续发展，今后土壤酸化问题将会越来越受到重视，各种土壤酸化改良技术将被进一步研究和应用。

4 结论

本试验结果表明：生石灰等改良剂能够改善马铃薯种植区的土壤酸化现象，同时提高马铃薯的产量和商品属性。数据结果显示：T_5 增产增效最具优势，即生物有机肥加土壤改良剂Ⅱ号增产增效显著，能显著提高土壤 pH，改善土壤酸化情况。建议今后在马铃薯主产区尤其是连作地块上施用生物有机肥和土壤改良剂Ⅱ号，先进行效果示范，再逐步大面积推广应用。

参考文献

[1] 胡勤星 . 滕州市耕地地力评价 . 北京：中国农业科学技术出版社，2011：42 - 43.

[2] 阎鹏，徐世良 . 山东土壤 . 北京：中国农业出版社，1994.

[3] 杨歆歆，赵庚星，李涛，等 . 山东省土壤酸化特征及其影响因素分析 . 农业工程学报，2016，32（增刊）：155 - 160.

[4] 徐仁扣 . 土壤酸化及其调控研究进展 . 土壤，2015，47（2）：238 - 244.

[5] Guo J H, Liu X J, Zhang Y, et al. Significant acidification in major Chinese croplands. Science, 2010，327（5968）：1008 - 1010.

[6] 徐仁扣，赵安珍，姜军 . 酸化对茶园黄棕壤 CEC 和黏土矿物组成的影响 . 生态环境学报，2011，20（10）：1395 - 1398.

［7］ 薛南冬，廖柏寒，徐晓白．小流域范围土壤锰、铝形态分布及其相关性研究．土壤通报，2005，36（2）：211－215.

［8］ Hayness R J. Lime and phosphate in the soil-plant system. Advances in Agronomy，1984，37：249－315.

［9］ 胡祖丽．马铃薯生长发育对环境条件的需求及其栽培措施．福建农业科技，2010，4：43－45.

［10］ 孟赐福，傅庆林．施用石灰石粉后红壤化学性质的变化．土壤学报，1995，32（3）：300－307.

［11］ 郑福丽，谭德水，林海涛，等．酸化土壤化学改良剂的筛选．山东农业科学，2011，4：56－58.

［12］ 郇恒福．不同土壤改良剂对酸性土壤化学性质影响的研究．儋州：华南热带农业大学，2004.

［13］ 王光辉．马铃薯高产施肥技术．现代农业，2007（8）：30.

［14］ 张皓，周丽敏，申双和，等．不同钾肥施用量对马铃薯产量、品质及土壤质量的影响．江苏农业科学，2019，47（11）：116－119.

［15］ 周娟，袁珍贵，郭莉莉，等．土壤酸化对作物生长发育的影响及改良措施．Crop Research，2013，27（1）96－102.

［16］ 蔡达明．作物连作障碍发生的原因及其调控研究进展．农家科技：中旬刊，2020（12）：1.

缓控释肥对土壤中不同
形态氮素含量的影响

杨 彦 赵兴杰 刘雪宁

太原市农业技术推广服务中心

摘 要：本文通过田间试验研究缓控释肥对玉米不同生育期土壤中全氮、碱解氮、硝态氮、铵态氮含量的影响。结果表明：稳定性硫酸铵氮素释放速率与玉米需肥时间更加吻合，效果最优，全氮、碱解氮含量在 90 天时达到最高值，分别为 1.219 克/千克、77.45 毫克/千克，铵态氮、硝态氮含量在 60 天时达到最大值，分别为 14.36 毫克/千克、12.56 毫克/千克。

关键词：缓控释肥；土壤；氮素；含量

阳曲县地处山西省中部，耕地多分布于丘陵山区，旱地面积占总耕地面积的97.7%[1]。玉米全生育期吸肥能力强、需肥量大，肥料对产量的提升作用占到 40%～60%。因此，施肥在农业生产中是至关重要的一步[2]。然而，在玉米种植过程中，常因植株高大、水资源缺乏、降雨较少、后期施肥操作不便、劳动力短缺以及劳动力成本较高等原因，农民多采用一次性底施复合肥的施肥方式，易使作物生长后期发生脱肥早衰[3]，产量提高受限，严重制约农业的发展。

近年来，缓控释肥的应用逐渐成为解决该问题的新途径。缓控释肥的养分释放较缓慢、肥效持久稳定，能改善植株光合特性，促进作物生育后期干物质积累[4]，作为底肥一次性施用能满足全生育期养分需求，且使植株在生长后期维持较高的根系数量及活性，提高根系对养分的吸收能力，在施肥量减少 20% 情况下，能够获得与分次施用普通尿素相同的产量[5]，符合节省劳动力投入的需求。同时，缓控释肥作为一种新型肥料，可通过改变化肥本身的性质来提高肥料的利用率[6-7]，其最大优势是可以使养分释放与作物吸收同步，简化施肥操作，实现一次性施肥即可满足作物整个生长期的养分需求[8-9]。周宝元等[10]研究表明，与传统施肥方式相比，施用缓控释肥可以提高玉米的产量及氮素利用效率。肖强等[11]研究发现，施用缓释肥料对玉米具有明显的增产效果。缓释肥料一次性施用可有效控制养分释放速率和时间，显著增加产量和氮素利用率，节约劳动成本，实现节本丰产增效[12]。

本试验通过施用稳定性硫酸铵和树脂包膜控释肥等新型肥料，研究其对土壤中全氮、碱解氮、硝态氮、铵态氮的影响，从而为在干旱的丘陵山区合理施用缓控释肥提供科学依据。

1 材料和方法

1.1 供试材料

本试验实施时间为 2020 年 4—9 月。试验区位于阳曲县高村，该地区为丘陵地区，地形坡度 10°～25°，田面坡度 5°～10°，年均气温 8.9℃，年有效积温 3 200℃，无霜期 150 天，年均降水量 463 毫米，年内分布不均。年蒸发量1 950 毫米，平均干燥度 3.8 左右。土壤含水量为 12%。土壤容重 1.32 克/厘米³。冬春干旱少雨，伏旱、秋旱时有发生，十年九旱。项目区土壤类型为褐土，土壤质地为中壤土，耕层厚度 15～20 厘米，肥力中等。项目区供试土壤理化性状见表 1。

供试作物为玉米，品种为先玉 335。

供试肥料为稳定性硫酸铵（含氮量 20.5%）、配方肥（25 - 14 - 6）、树脂包膜控释肥（含氮量 34%）、过磷酸钙（P_2O_5 含量 12%）、硫酸钾（K_2O 含量 54%）。

表 1 项目区供试土壤理化性状

pH	有机质 （克/千克）	全氮 （克/千克）	碱解氮 （毫克/千克）	铵态氮 （毫克/千克）	硝态氮 （毫克/千克）
8.42	17.74	0.889	59.91	5.92	4.48

1.2 试验设计

本试验采用随机区组设计，设 4 个处理，3 次重复，共设 12 个小区，每个小区 1 亩，每个小区种植 100 行，每行 50 株，行距 55 厘米，株距 24 厘米。处理设计见表 2。

表 2 试验设计

处理编号	肥料种类	施肥量 （千克/公顷）	过磷酸钙 （千克/公顷）	硫酸钾 （千克/公顷）	施肥方式
T0	不施肥	0	0	0	
T1	配方肥（25 - 14 - 6）	600	0	0	一次性基施
T2	稳定性硫酸铵	732	700.5	67.5	一次性基施
T3	树脂包膜控释肥	441	700.5	67.5	一次性基施

1.3 测试方法与管理

1.3.1 测试方法

全氮：凯氏定氮法。

碱解氮：碱解扩散法。

铵态氮和硝态氮：称取新鲜土样 5.00 克，用 0.01 摩尔/升 $CaCl_2$ 溶液浸提（液土比＝5∶1），在水浴恒温振荡机（温度 25℃，转速 170 转/分钟）振荡 1 小时，过滤，滤液采用 AA3 流动分析仪测定硝态氮（λ＝550 纳米）和铵态氮（λ＝660 纳米）含量。

1.3.2　试验管理

试验区玉米种植时间为 2020 年 4 月 25 日，收获时间为 9 月 26 日。全部处理采用种肥同播的方式，一次性施入供试肥料，全生育期不追肥不灌水，均铺设 0.01 毫米白色地膜，种子与肥料保持 8 厘米的距离。

2　结果与分析

2.1　缓控释肥对土壤全氮含量的影响

由图 1 可见，T1 在 30 天时全氮含量最高，最高值为 1.293 克/千克，之后呈逐步下降趋势，在 120 天时最低，为 0.938 克/千克。T2 全氮含量为先低后高再降低，在 90 天时全氮含量达到最高，为 1.219 克/千克。T3 在 60 天时全氮含量达最高值，为 1.223 克/千克，含量变化趋势与 T2 相似。

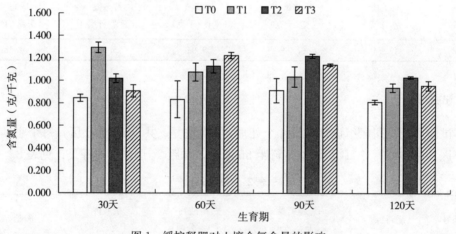

图 1　缓控释肥对土壤全氮含量的影响

由图 1 可知，在 30 天时 T1 处理全氮含量最高，与 T2、T3 相比，分别提高了 26.92％、42.40％。在 60 天时 T3 处理的全氮含量最高，与 T1、T2 相比，分别提高了 13.67％、8.42％。在 90 天与 120 天时，T2 处理的全氮含量均为全部处理的最大值，90 天时与 T1、T3 相比较，分别增加了 17.78％、6.94％；120 天时与 T1、T3 相比较，分别提高了 9.70％、7.52％。

2.2　施用缓控释肥对土壤碱解氮含量的影响

据图 2 可以看出，T2、T3 处理土壤碱解氮含量均在 90 天时达到最大，最大值 77.45

毫克/千克、75.68 毫克/千克，与 T1 相比分别提高了 30.29%、27.32%。T1 处理在 30
天时达到最高值，为 82.76 毫克/千克，随后碱解氮含量逐渐降低，在 90 天时最低，为
59.44 毫克/千克。

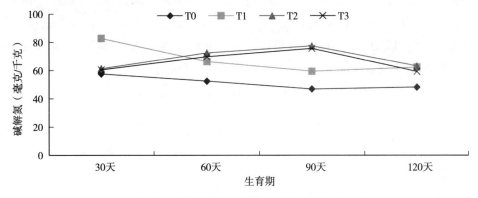

图 2　缓控释肥对土壤碱解氮含量的影响

由图 2 可知，在 30 天时 T1 处理碱解氮含量最高，与 T2、T3 相比，分别提高了
34.94%、36.70%。在 60 天时 T2 处理的碱解氮含量最高，与 T1、T3 相比，分别提高了
9.25%、3.85%。在 90 天与 120 天时，T2 处理的碱解氮含量均最高，120 天时与 T1、
T3 相比较，分别提高了 1.36%、6.59%。

2.3　缓控释肥对土壤铵态氮含量的影响

根据图 3 可知，T1 处理的铵态氮含量呈现出逐步降低趋势，在 30 天时达到最大值，
为 13.36 毫克/千克，T2 处理在 60 天处时达到最大值，为 14.36 毫克/千克，T3 处理在
四个时期变化不大。

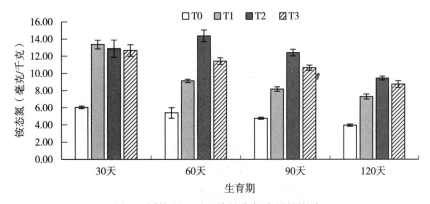

图 3　缓控释肥对土壤铵态氮含量的影响

由图 3 可以看出，在 30 天时，T1、T2、T3 处理的数值相近，差距不大。在 60 天
时，T2 处理的铵态氮最高，与 T1、T3 相比较，分别提高了 57.46%、25.74%。在 90 天
时，T2 处理仍然为最高，与 T1、T3 相比较，分别提高了 51.83%、16.34%。在 120 天

时，T2 处理依然比 T1、T3 处理高，分别增加了 29.36％、8.01％。

2.4　缓控释肥对土壤硝态氮含量的影响

据图 4 可以看出，T1、T2、T3 处理硝态氮含量呈下降趋势，T2 处理在 60 天、90 天、120 天时均为最高值，分别为 12.56 毫克/千克、10.43 毫克/千克、9.34 毫克/千克。T3 处理的硝态氮含量在 60 天、90 天、120 天时都居 T1 与 T2 之间，分别为 12.08 毫克/千克、9.33 毫克/千克、8.26 毫克/千克。

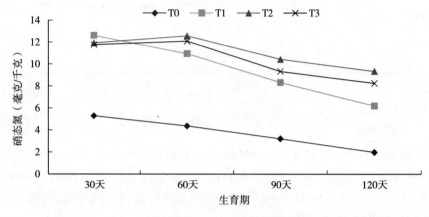

图 4　缓控释肥对土壤硝态氮含量的影响

由图 4 可知，在 30 天时，T1 处理的硝态氮含量最高，为 12.61 毫克/千克，与 T2、T3 相比较，分别提高了 5.79％、7.14％。在 60 天时，T2 处理的硝态氮含量最高，为 12.56 毫克/千克，与 T1、T3 相比，分别增加了 14.81％、3.97％。在 90 天时，T2 处理的硝态氮含量最高，为 10.43 毫克/千克，与 T1、T3 相比，分别增加了 25.21％、11.79％。在 120 天时，T2 处理的硝态氮含量依旧最高，为 9.34 毫克/千克，与 T1、T3 相比，分别增加了 50.40％、13.08％。

3　结论

（1）在作物生长中后期，T2、T3 处理的土壤全氮、碱解氮、铵态氮、硝态氮含量高于 T1 处理，T2 处理的土壤全氮、碱解氮、铵态氮、硝态氮含量高于 T3 处理。T2 处理的土壤全氮、碱解氮、硝态氮含量最高值均在 90 天时出现，T3 处理的土壤全氮、硝态氮含量的最高值都出现在 60 天时，碱解氮含量的最大值出现在 90 天时，而 T1 处理的土壤全氮、碱解氮、铵态氮、硝态氮含量最大值均出现在 30 天时。T2、T3 处理的土壤全氮、碱解氮、铵态氮、硝态氮含量在四个时期增减幅度不大，远远小于 T1 的增减幅度。在施用稳定性硫酸铵和树脂包膜控释肥时氮素释放速率低于普通配方肥，稳定性硫酸铵比树脂包膜控释肥氮素释放更加稳定。

（2）在 30 天时 T1 处理的土壤全氮、碱解氮、铵态氮、硝态氮含量最高，而后逐步降低。在 90 天时土壤全氮、碱解氮、铵态氮、硝态氮含量 T2 处理最高，T3 处理的土壤全氮、碱解氮、铵态氮、硝态氮含量介于 T1、T2 之间。

（3）T2 处理的氮素释放在 90 天时达最大值，T3 在 60 天时最高，T2 处理氮素释放速率更符合玉米的需肥规律。

参考文献

［1］许新清．阳曲县耕地地力评价与利用．北京：中国农业出版社，2014.

［2］赵先贵，肖玲．控释肥料的研究进展．中国生态农业学报，2002，10（3）：95-97.

［3］杨俊刚，高强，曹兵，等．一次性施肥对春玉米产量和环境效应的影响．中国农学通报，2009，25（19）：123-128.

［4］邵国庆，李增嘉，宁堂原，等．灌溉和尿素类型对玉米氮素利用及产量和品质的影响．中国农业科学，2008，41（11）：3672-3678.

［5］徐秋明，曹兵，牛长青，等．包衣尿素在田间的溶出特征和对夏玉米产量及氮肥利用率影响的研究．土壤通报，2005，36（3）：357-359.

［6］Kumazawa K. Nitrogen fertilization and nitrate pollu-tion in groundwater in Japan：Present status and meas-ures for sustainable agriculture. Nutr Cycl Agroeco-syst，2002，63（2/3）：129-137.

［7］Keney D，Olsonr A. Sources of nitrate to groundwater. Critical Reviews in Environmental Control，1986，16（3）：257-304.

［8］唐拴虎，张发宝，黄旭，等．缓/控释肥料对辣椒生长及养分利用率的影响．应用生态学报，2008，19（5）：986-991.

［9］Guertal E A. Preplant slow-release nitrogen fertiliz-ers produce similar bell pepper yields as split applica-tions of soluble fertilizer. Agronomy Journal，2000，92（2）：388-393.

［10］周宝元，王新兵，王志敏，等．不同耕作方式下缓释肥对夏玉米产量及氮素利用效率的影响．植物营养与肥料学报，2016，22（3）：821-829.

［11］肖强，张夫道，王玉军，等．纳米材料胶结包膜型缓/控释肥料对作物产量和品质的影响．植物营养与肥料学报，2008，14（5）：951-955.

［12］张福锁，王激清，张卫峰，等．中国主要粮食作物肥料利用率现状与提高途径．土壤学报，2008，45（5）：915-924.

日光温室西葫芦水肥一体化
节水节肥效果浅析

赵建华[1]　赵嘉祺[2]

1. 山西省忻州市农业产业发展中心；2. 山西省耕地质量监测保护中心

摘　要：为探索水肥一体化技术在日光温室上节水节肥效果，选择具有代表性的日光温室开展节水和节肥试验。试验结果表明应用水肥一体化技术的日光温室西葫芦比常规灌溉管理节水 35.8%，在节肥 10%～30% 水平下，增产 2.6%～11.5%。水肥一体化技术具有良好的节水、节肥、增产效果，可为农户带来显著的经济效益。

关键词：水肥一体化；西葫芦；节水；节肥

水肥一体化技术在我国又称为微灌施肥技术，是利用微灌系统，根据土壤的水分和养分状况及作物对水和肥料的需求规律，将肥料和灌溉水一起适时适量、准确地输送到作物的根部土壤，供作物吸收[1]。水肥一体化技术是在节水、提高肥料利用率、减少农药用量、提高作物产量与品质、节省灌溉和施肥时间、改善土壤环境等方面具有显著优势的农业重大技术[2]。

1　试验目的

长期以来农民在种植过程中盲目施肥、过量浇水，造成水肥资源浪费，同时病害发生严重，经济效益低。为探索水肥一体化技术在日光温室上节水节肥效果，选择具有代表性的日光温室开展试验。通过试验总结日光温室种植中灌溉制度与施肥技术，指导农民科学合理灌溉施肥，为大面积推广应用提供科学依据。

2　试验设计

2.1　试验作物

西葫芦，品种为特早王。

2.2　供试肥料

复合肥料为硫酸钾复合肥（N-P_2O_5-K_2O：15-15-15），氮肥为尿素（N 46%），

磷肥为工业级磷酸一铵（N 12%，P_2O_5 61%），钾肥为硫酸钾（K_2O 52%）。

2.3 供试土壤

试验地地形为平原，肥力水平中等，土壤有机质 16.9 克/千克、全氮 1.12 克/千克、碱解氮 128.8 毫克/千克、有效磷 18.4 毫克/千克、速效钾 153.6 毫克/千克、pH 8.3；土壤类型为褐土，质地为轻壤。

2.4 试验地点

位于原平市新原乡桃园村日光温室示范园区，前茬作物为番茄。

2.5 试验时间

2020 年 9 月至 2021 年 3 月。

2.6 试验方法

2.6.1 节水试验

节水试验设常规灌溉和水肥一体化 2 个处理，3 次重复。日光温室的输水管安装形式为：温室中部向两侧支管输水，形成可分别灌溉的两部分，水表装在干管上，每次灌水后分别记录灌水量。小区处理间筑好田埂，中间畦面用塑料膜隔离，单排单灌，防止窜水窜肥，每个处理面积 0.5 亩。常规灌溉采用大水漫灌方式；水肥一体化在干管上连接文丘里施肥器，按西葫芦需水规律和生育期制定灌溉施肥方案。整个生育期施肥量、肥料品种、底追肥比例、田间管理等在处理间保持一致。

2.6.2 节肥试验

节肥试验点安排在同一栋日光温室，试验设四个处理，分别为处理 1：常规施肥（不使用水肥一体化技术）；处理 2：水肥一体化＋节肥 10%；处理 3：水肥一体化＋节肥 20%；处理 4：水肥一体化＋节肥 30%。重复 3 次，共 12 个小区，各小区随机排列，小区长 8 米、宽 4.5 米，小区面积 36 米^2。小区处理间筑好田埂，中间畦面用塑料膜隔离，单排单灌，防止窜水窜肥。每个处理区输水管及施肥器安装形式为：在干管上连接文丘里施肥器，并列四根支管，在每个支管上安装阀门，轮流灌溉施肥。

灌溉施肥量确定：根据西葫芦不同生育期需肥特点、土壤养分含量，结合当地农户灌溉施肥习惯，优化确定灌水量、灌水时间、施肥量、施肥时间作为西葫芦水肥一体化技术的灌溉施肥方案，每个处理按每亩 5 000 千克施入腐熟后的牛粪，底肥每亩施用硫酸钾复合肥（N-P_2O_5-K_2O：15-15-15）40 千克。每次追肥时期与次数处理间保持一致，其他栽培管理措施处理间保持一致；不同处理肥料纯养分见表1，处理 2 的施肥量及灌溉用水量见表2，处理 3、处理 4 施肥量按常规施肥量 80%、70% 计算，各处理灌溉用水量同处理 2。

表 1　不同处理肥料纯养分（千克/亩）

作物		处理			
		处理 1	处理 2	处理 3	处理 4
西葫芦	N	28.2	25.4	22.6	19.7
	P_2O_5	17.4	15.7	14.0	12.2
	K_2O	31.9	28.7	25.5	22.3

表 2　日光温室西葫芦水肥一体化技术的灌溉施肥制度

生育时期	灌溉次数	灌水定额[米³/(亩·次)]	每次灌溉加入的纯养分量（千克/亩）			
			N	P_2O_5	K_2O	$N+P_2O_5+K_2O$
定植前	1	8	6.0	6.0	6.0	18
定植—开花	1	10	1.2	0.7	0.7	2.6
开花期	2	12	1.6	1	1.0	7.2
盛果期	10	12	1.5	0.7	2.0	42
合计	14	162	25.4	15.7	28.7	69.8

2.7　田间管理

于 9 月 5 日各小区深施底肥整地后播种，采用穴播，9 月 13 日出苗，9 月 30 日定植，株行距 45 厘米×70 厘米，亩株数 2 120 株。生长期及时摘除老叶、病叶、残叶及侧枝，采收期 2020 年 11 月 20 日至 2021 年 3 月 5 日。

2.8　试验记录与测产

每次灌水后分别记录灌水量，测量并记录日光温室不同处理的湿度、温度、病虫害发生率，按试验方案每个小区分次采收并测产。

3　结果与分析

3.1　节水效果

从表 3 可知日光温室西葫芦水肥一体化技术与常规灌溉比较灌溉用水量减少 35.76％，每亩节约用水 98 米³，温室空气湿度降低 13.7％，温度提高 3.4℃，病虫害发生率减少 10.1％，每亩节省水费 49 元（0.5 元/米³），同时提高了西葫芦商品率和品质，每亩增产 1 262 千克，增产率为 16.8％，每亩增收 2 271.6 元（1.8 元/千克），显著提高了经济效益。

试验表明日光温室采用水肥一体技术可降低日光温室空气湿度，减少病害的发生，降低畸形果比例，提高产品质量，生育期比常规灌溉施肥平均可延长 20 天，具有增产作用。

表3　日光温室西葫芦水肥一体化节水试验结果

处理		灌水量 （米³）	平均湿度 （%）	平均温度 （℃）	病虫害发生率 （%）	小区产量 （千克）	折合亩产 （千克）
常规灌溉	1	134	93.2	23.8	12.1	3 736	7 472
	2	137	92.6	24.2	13.7	3 810	7 620
	3	140	91.4	23.4	12.6	3 713	7 426
	平均	137	92.4	23.8	12.8	3 753	7 506
水肥一体化	1	90	80.1	27.1	2.7	4 352	8 704
	2	88	78.3	27.2	2.8	4 420	8 840
	3	86	77.8	27.3	2.6	4 380	8 760
	平均	88	78.7	27.2	2.7	4 384	8 768
水肥一体化与 常规灌溉	增减量	−49	−13.7	3.4	−10.1	631	1 262
	增减率（%）	35.8	−14.8	14.3	−78.9	16.8	16.8

3.2　节肥效果

从表4可看出，产量由高到低顺序为：处理3＞处理2＞处理4＞处理1。处理1常规施肥亩产7 752.2千克；处理2亩产8 398.0千克，较处理1增产645.7千克，增幅8.3%；处理3亩产8 646.7千克，较处理1增产894.5千克，增幅11.5%；处理4亩产7 956.0千克，较处理1增产203.7千克，增幅2.6%。节肥20%水平的处理3产量最高。

表4　日光温室西葫芦水肥一体化节肥试验结果

处理	小区产量（千克）				亩产量 （千克）	比对照增减	
	1	2	3	平均		千克/亩	%
处理4	428.5	429.8	430.5	429.6	7 956.0	203.7	2.6
处理3	465.4	466.8	468.5	466.9	8 646.7	894.5	11.5
处理2	452.8	453.2	454.4	453.5	8 398.0	645.7	8.3
处理1	419.6	418.7	417.5	418.6	7 752.2		

试验表明日光温室采用水肥一体化技术可减少肥料损失，促进作物对养分吸收利用，具有显著的增产节肥作用。

4　试验结论

本研究通过田间试验的方法，以日光温室西葫芦为供试材料，研究水肥一体化的节水节肥效果。经分析得出，与常规施肥相比，水肥一体化技术模式下，灌溉水量可减少

35.8%，节水效果明显。采用水肥一体化技术可以显著提高日光温室西葫芦产量，具有明显的节肥效果。采用水肥一体化技术并减少 10%～30% 化肥后，相对常规施肥，产量均显著提高，增产 2.6%～11.5%。水肥一体化技术在减少肥料的同时显著提高产量，并提高水分利用率。

在日光温室中推广水肥一体化技术，可提高水肥资源利用效率，减轻对地下水的污染，对发展生态农业和绿色农业具有十分重要的意义[3]。水肥一体化技术实施后农户生产管理科学，技术投入得到加强，可提高农产品的安全质量和产品品质，提高商品率和市场竞争力[4]，具有推广利用价值。

参考文献

[1] 高祥照.水肥一体化是提高水肥利用效率的核心.中国农业信息，2013（14）：3-4.

[2] 李传哲，许仙菊，马洪波，等.水肥一体化技术提高水肥利用效率研究进展.江苏农业学报，2017，33（2）：469-475.

[3] 李铮，王晋民，王海景，等.蔬菜日光温室问题调查与水肥一体化技术探讨.土壤，2006，38（2）：223-227.

[4] 王晓锐.设施番茄滴灌水肥一体化技术应用效果研究.现代农业科技，2013（10）：202.

鲁中地区有机肥替代化肥对"沂源红"苹果产量及果实品质的影响

刘玉婷[1]   宋淑玲[1*]   宋诚亮[2]   高燕春[1]

1. 淄博市数字农业农村发展中心；2. 沂源县农业技术服务中心

摘　要： 为改善目前苹果园过量施肥的现状，探索适合鲁中地区苹果园提质增效的合理施肥方案，以5年生的"沂源红"苹果为试材，设置常规施肥（CK）、优化施肥（T1）、300千克/亩和500千克/亩有机肥分别替代10%的化肥、20%的化肥及30%的化肥（T2—T7）八个处理，试验收获期测定苹果亩产、生物学性状及果实品质各项指标。试验结果表明：相比于对照，施用有机肥可以明显提高苹果的产量和果实品质。与常规施肥相比，各处理组产量由高到低依次为：T1＞T6＞T2＞T7＞T3＞T5＞T4，优化施肥（T1）增产效果最显著，产量提高49.54%。同时，优化施肥（T1）能够显著提高苹果生物学性状和果实品质：单果重、果实硬度、果形指数、可溶性固形物含量、可溶性糖含量和糖酸比较对照组分别提高38.89%、8.33%、21.85%、8.59%、13.16%和35.49%，可滴定酸的含量降低28.89%。在鲁中地区苹果园中建议采用优化施肥，即每亩全年施用氮肥（折纯）22千克、磷肥（折纯）15千克、钾肥（折纯）22千克，同时施用500千克有机肥，不仅有利于增加苹果产量、改善果实品质、提高果实商品性，也有利于鲁中地区苹果园绿色、健康、可持续发展。

关键词： 苹果；品质；有机肥替代；产量

肥料是"植物的粮食"。山东省既是我国农业大省也是化肥生产和使用大省，在果树种植过程中，为了追求产量和效益，过于依赖化肥，普遍存在着氮肥施用量较高、磷肥与钾肥的施用量不足或者过量的现象，对果园生产产生负面影响[1-3]。化肥的过量使用不仅带来农业生产成本的增加，同时也会造成土壤板结、土壤养分结构失衡[3]、肥料利用率较低、农产品品质下降[4]及农业面源污染[5]等一系列问题。有机肥料是一类含有有机物质的肥料，主要是由农业废弃物、畜禽粪便等制备而成[6]。它不仅含有植物生长发育所必需的氮、磷、钾和各种微量元素，还含有丰富的有机养分[6]，不但能直

＊ 通讯作者：宋淑玲，E-mail：zbtufeizhan@163.com

接为作物提供营养[2]，而且能改良土壤[7]，提高土壤肥力[8]，增加土壤有机质和养分含量[9-11]，提高微生物数量以及酶活性[12]，促进物质转化，增加作物产量[13]，改善作物品质[14-15]，提高肥料的利用率[7-8]等。

2017 年，农业部启动了农业绿色发展五大行动，将果菜茶有机肥替代化肥作为一项重要内容，山东省淄博市沂源县作为全国首批果菜茶有机肥替代化肥示范点，承担了农业部种植业管理司有机肥替代化肥示范县创建项目。本研究以 5 年生的"沂源红"苹果为试验材料，进行优化施肥和减量施肥梯度试验，同时采用不同用量的有机肥部分替代化肥，进行对比试验，通过对苹果产量、生物学性状及果实品质的分析，筛选出最佳的施肥方案，为鲁中地区果园科学施肥提供理论依据。

1   材料与方法

1.1   试验地概况

2019 年 11 月 15 日开始在山东省淄博市沂源县南鲁山镇北流水村沂源润民公司果园进行试验。试验地块属近山阶地，土壤为褐土土类褐土亚类淋溶褐土土属轻壤质均质钙质岩坡积洪积淋溶褐土土种；水浇条件好，井水灌溉，肥力中等。土壤养分情况[16]见表 1。

表 1   试验地块土壤养分含量

有机质（克/千克）	全氮（克/千克）	有效磷（毫克/千克）	速效钾（毫克/千克）	pH
10.2	0.627	32	208	6.9

1.2   供试材料

供试材料为"沂源红"苹果，密植园栽培，行距 4 米，株距 1.25 米，每亩 133 株，树龄 5 年。供试肥料：商品有机肥（有机质≥45%，$N+P_5O_2+K_2O \geqslant 5\%$），尿素（$N \geqslant 46\%$），磷酸二铵（$N \geqslant 18\%$、$P_2O_5 \geqslant 46\%$），硫酸钾（$K_2O \geqslant 50\%$）。

1.3   试验设计

试验共设置 8 个处理，3 次重复，小区面积为 30 米^2。其中，优化施肥处理为根据施肥前土壤化验结果，参照有机质、有效磷、速效钾含量分别确定氮、磷、钾肥料施肥量。试验采用行间侧施肥法，商品有机肥全部基施，施肥沟按照行间方向布置，位于树干中部与树冠投影外缘中间部位，施肥沟深 25 厘米、宽 15 厘米，其数量为 2 条对称施肥沟，施入肥料后覆土填平，追肥在 7 月中旬前后进行。其他浇水、病虫害防治等管理措施按照当地农户生产习惯方式进行，试验采用随机区组设计，各处理有机肥替代化肥试验方案见表 2。

表 2　有机肥替代化肥试验方案

序号	处理	全年化肥用量（折纯）（千克/亩）				商品有机肥
		N	P_2O_5	K_2O	总养分	（千克/亩）
CK	常规施肥	28.0	20.0	25.0	73.0	0
T1	优化施肥＋商品有机肥 500 千克/亩	22.0	15.0	22.0	59.0	500
T2	90％常规施肥用量＋商品有机肥 300 千克/亩	25.2	18.0	22.5	65.7	300
T3	80％常规施肥用量＋商品有机肥 300 千克/亩	22.4	16.0	20.0	58.4	300
T4	70％常规施肥用量＋商品有机肥 300 千克/亩	19.6	14.0	17.5	51.1	300
T5	90％常规施肥用量＋商品有机肥 500 千克/亩	25.2	18.0	22.5	65.7	500
T6	80％常规施肥用量＋商品有机肥 500 千克/亩	22.4	16.0	20.0	58.4	500
T7	70％常规施肥用量＋商品有机肥 500 千克/亩	19.6	14.0	17.5	51.1	500

1.4　测定指标和方法

在果实成熟期取样，并测定相应的指标，主要包括苹果产量、生物学性状和果实品质。

（1）苹果产量　在果实成熟后，采收每个处理的第 4 棵和第 5 棵树的所有果实后称重，然后计算每个处理的亩产量。

（2）生物学性状和果实品质的测定　每个处理随机采收 6 个苹果，测定指标包括单果重、果形指数、硬度、可溶性糖、可滴定酸度等。

①平均单果重。用百分之一天平称量苹果质量，计算其平均值。

②果形指数。测定果实纵径与横径之比，用游标卡尺测定。

③硬度。由 GY-1 型果实硬度计在每个果实赤道部位去皮后分别测量。

④可溶性糖。用蒽酮比色法测定果实可溶性糖质量分数。

⑤可滴定酸度。用 GMK-835F 型苹果酸度计测量酸度。

1.5　数据处理

采用 WPS 统计数据，采用 dps 数据处理软件和"3414"田间试验设计与数据分析管理系统软件进行统计分析，采用最小显著极差法（LSR-SSR）进行差异显著性分析。

2　结果与分析

2.1　有机肥替代化肥各处理对"沂源红"苹果产量影响

由表 3 可知，与 CK 常规施肥相比，各有机肥替代的处理组亩产均有所提高，说明施用有机肥能够提高产量，产量由高到低依次为：T1＞T6＞T2＞T7＞T3＞T5＞T4。其中，T1 优化施肥产量最高，为 2 894.08 千克/亩，增产率为 49.54%。产量提高最少的两组为 T4（70%常规施肥用量＋商品有机肥 300 千克/亩）和 T5（90%常规施肥用量＋商品有机肥 500 千克/亩），产量分别为 2046.34 千克/亩和 2 129.38 千克/亩，增产率分别为 5.74%和 10.03%。

表 3　有机肥替代化肥对"沂源红"苹果产量影响

处理	平均株产（千克）	亩产量（千克）	较 CK 增产率（%）
CK	14.55	1 935.32	—
T1	21.76	2 894.08	49.54
T2	19.71	2 621.30	35.45
T3	17.78	2 364.16	22.16
T4	15.39	2 046.34	5.74
T5	16.01	2 129.38	10.03
T6	21.01	2 794.70	44.41
T7	18.31	2 411.34	24.60

在施用 300 千克/亩有机肥作为基肥时，苹果产量随着化肥用量的增多而提高，产量由高到低依次为：T2＞T3＞T4，与 CK 常规施肥相比，分别提高 35.45%、22.16%和5.74%。这是因为所选试验地块基础地力相对较弱，土壤有机质、N、P、K 等含量较沂源县的平均值低（沂源县土壤养分平均值为有机质 15.5 克/千克、全氮0.999 克/千克、有效磷 75 毫克/千克、速效钾 233 毫克/千克），加之前期未栽种果树，土壤比较贫瘠。因此，施用 300 千克/亩的低量有机肥无法满足果树的生长需求，需要施用高量的化肥来作为营养补充。在施用 500 千克/亩有机肥作为基肥时，产量由高到低依次为：T6＞T7＞T5，与 CK 常规施肥相比，T6 苹果的产量提高最显著，增产率为 44.41%，且 T6 最接近优化施肥养分配比。因此，在鲁中地区"沂源红"苹果上采用减少 20%化肥用量，并用 500 千克/亩的商品有机肥进行替代，可以实现最大幅度的增产，为最佳替代配比。

2.2　有机肥替代化肥各处理对"沂源红"苹果生物学性状影响

2.2.1　不同处理对苹果单果重的影响

如表 4 所示，不同有机肥替代化肥处理下苹果的单果重存在一定的差异性。与 CK 常规施肥相比，对单果重提高作用最明显的是 T1，单果重提高 38.89%，T2、T6 和 T7 处理也均有显著性差异，说明优化施肥在促进单果重作用上有显著效果，而 80%常规施肥＋商品有机肥 500 千克/亩、70%常规施肥＋商品有机肥 500 千克/亩和 90%常规施肥＋商品有机肥 300 千克/亩处理对促进单果重也有一定的作用。T3—T5 处理对单果重影响差异性不显著。

表 4　有机肥替代化肥对"沂源红"苹果生物学性状影响

处理	单果重（克）	果形指数	硬度（千克/厘米^2）
CK	224.24±22.46d	0.84±0.03b	6.04±0.14d
T1	311.45±17.83a	0.91±0.01a	7.36±0.20a
T2	271.91b±11.51b	0.86±0.01b	6.58±0.13c
T3	247.50±15.20bcd	0.87±0.02ab	7.00±0.12b
T4	230.89±9.44cd	0.85±0.03b	6.14±0.16d
T5	245.35±10.71cd	0.85±0.03b	6.30±0.13d
T6	307.57±9.12a	0.88±0.02ab	7.12±0.14ab
T7	251.70±11.98bc	0.86±0.02b	6.88±0.09b

注：同列不同小写字母表示处理间差异显著（$P<0.05$），下同。

2.2.2　不同处理对苹果果形指数和硬度的影响

如表 4 所示，不同有机肥替代化肥处理对苹果的果形指数和硬度的影响存在一定差异，总体来说，与 CK 常规施肥相比较，T1 在果形指数上具有显著性差异，苹果外形周正、卖相好，可以提高苹果售价和经济效益，其他处理与对照组差异不显著。硬度方面，各有机肥替代化肥处理 T1—T3、T6—T7 与 CK 常规施肥相比差异显著，并且以 T1 优化施肥硬度最高，说明施用有机肥有利于提高苹果的硬度，增加硬脆口感，同时提高抗挤压能力，有利于提高苹果的耐储存性和耐运输性。

2.3　有机肥替代化肥各处理对"沂源红"苹果果实品质影响

如表 5 所示，不同施肥处理对苹果果品实品质影响也存在较大差异。总体来说，与 CK 常规施肥相比较，T1、T3、T6 均能提高苹果的可溶性固形物含量、可溶性糖含量和糖酸比（图 1），并且 T1、T6 与 CK 差异显著，T1—T3、T6—T7 均可以降低可滴定酸含量，并且 T1 和 T6 可滴定酸含量降低显著。与 CK 处理相比，T1 可溶性固形物含量、可溶性糖含量及糖酸比分别提高 8.59%、13.16% 和 35.49%，可滴定酸含量降低 28.89%；T6 可溶性固形物含量、可溶性糖含量及糖酸比分别提高 7.52%、11.37% 和 33.87%，可滴定酸含量降低 26.67%。说明优化施肥和高量有机肥替代 20% 的化肥促进了果实可溶性糖的转化，对改善苹果的酸甜口感具有明显的作用，且以 T1 优化施肥的苹果口感最佳，从而提高了苹果的食用性和商品性。

表 5　有机肥替代化肥对"沂源红"苹果果实品质影响

处理	可溶性固形物（%）	可溶性糖（%）	可滴定酸（%）
CK	14.90±0.38bc	10.03±0.62bc	0.45±0.03b
T1	16.18±0.77a	11.35±0.52a	0.32±0.02d
T2	14.18±0.21cde	9.66±0.37c	0.43±0.02b
T3	15.36±0.60ab	10.63±0.22ab	0.39±0.01c

（续）

处理	可溶性固形物（%）	可溶性糖（%）	可滴定酸（%）
T4	13.26±0.36e	9.36±0.58c	0.49±0.03a
T5	13.74±0.10de	9.42±0.41c	0.45±0.01b
T6	16.02±0.77a	11.17±0.49a	0.33±0.02d
T7	14.38±0.41cd	9.85±0.35bc	0.41±0.01bc

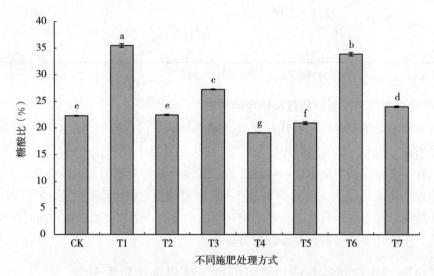

图 1 有机肥替代化肥处理对"沂源红"苹果糖酸比影响

3 讨论

有机肥替代化肥对苹果的产量和果实品质具有明显的提高作用。单一的化肥减量不能很好地满足果树对肥料的持续需求，有机肥可以在有限范围内部分替代化肥[4]，其主要原因：一是有机肥中含有一定的速效养分、微生物与腐植酸，在与化肥一定配比施用时，基肥、追肥都可以显著提高当年叶片的鲜重、干重以及叶绿素含量[17]，从而提高光合作用和自身养分供应，促进果树的营养生长和生殖生长。二是有机肥与化肥配施可以改善土壤结构，提高土壤大团聚体比例和稳定性，以及提高土壤有益微生物含量[18]和土壤酶活性[19]，给植物提供较好的根系微环境，减少养分流失，增加作物的抗逆性[20-21]，有效促进作物根系的发育和对养分的吸收[22]，使果树具有良好树势。针对山东地区氮肥施用量较高、磷肥与钾肥的施用量不足或过量的现状，有机肥与化肥配施可以提高化肥利用率，活化土壤中的有机氮库、磷库，提高土壤的供氮、供磷能力[23]，从而避免了化肥过量使用，为提高果实产量及品质提供了良好的支持作用。

4 结论

综上所述，根据鲁中地区苹果园有机肥替代化肥试验结果可知，在化肥减量20％的条件下，采用500千克/亩有机肥进行替代，可以有效提高"沂源红"苹果的产量和品质。根据土壤养分情况及上述减量施肥和有机肥替代用量，参照土壤有机质、有效磷、速效钾等含量进行优化施肥，可以确定该区域最优施肥配比（折纯）为全年施用氮肥22千克/亩、磷肥15千克/亩、钾肥22千克/亩、商品有机肥500千克/亩。最佳的施肥处理技术模式为：11月底苹果收获完成后，基施有机肥500千克/亩、尿素21.04千克/亩、磷酸二铵19.57千克/亩、硫酸钾13.20千克/亩。翌年7月中旬追肥，分别追施尿素14.03千克/亩、磷酸二铵13.04千克/亩、硫酸钾30.80千克/亩。在此施肥模式下能够有效提高"沂源红"苹果的产量、果品品质和商品性，有利于鲁中地区苹果种植的绿色、健康、可持续发展。

参考文献

[1] 魏绍冲，姜远茂. 山东省苹果园肥料施用现状调查分析. 山东农业科学，2012，44（2）：77-79.
[2] 武旭文. 有机肥化肥配施对苹果产量、品质及土壤养分的影响. 泰安：山东农业大学，2019.
[3] 高佑花，许兴丽，孔令英，等. 鲁南地区苹果园施肥存在的问题与对策. 果农之友，2016（7）：18-19.
[4] 安绪华，丁文峰，闫宏，等. 有机肥在苹果生产中的应用效果研究. 中国果菜，2019，39（11）：72-75，91.
[5] 史常亮，朱俊峰. 我国粮食生产中化肥投入的经济评价和分析. 干旱区资源与环境，2016，30（9）：57-63.
[6] 周超. 有机肥部分替代化学肥料对苹果园土壤养分和生物活性的影响. 南京：南京农业大学，2018.
[7] 李琛悦. 化肥减施不同模式对富士苹果树生长、结果的影响. 杨凌：西北农林科技大学，2019.
[8] 程万莉，刘星，高怡安，等. 有机肥替代部分化肥对马铃薯根际土壤微生物群落功能多样性的影响. 土壤通报，2015，46（6）：1459-1465.
[9] 王宏武，冯柱安，胡钟胜，等. 长期施用有机堆肥对土壤性状与烟叶质量的影响. 中国烟草学报，2012，18（2）：6-11+26.
[10] Shi Y L, Liu X R, Zhang Q W, et al. Biochar and organic fertilizer changed the ammonia-oxidizing bacteria and archaea community structure of saline-alkali soil in the North China Plain. Journal of Soils and Sediments，2020，20（1）：12-23.
[11] 侯红乾，刘秀梅，刘光荣，等. 有机无机肥配施比例对红壤稻田水稻产量和土壤肥力的影响. 中国农业科学，2011，44（3）：516-523.
[12] 宋震震，李絮花，李娟，等. 有机肥和化肥长期施用对土壤活性有机氮组分及酶活性的影响. 植物营养与肥料学报，2014，

20 (3)：525 - 533.

[13] 李菊梅，徐明岗，秦道珠，等. 有机肥无机肥配施对稻田氨挥发和水稻产量的影响. 植物营养与肥料学报，2005，11 (1)：51 - 56.

[14] 汤宏，曾掌权，张杨珠，等. 化学氮肥配施有机肥对烟草品质、氮素吸收及利用率的影响. 华北农学报，2019，34 (4)：183 - 191.

[15] 周江明. 有机-无机肥配施对水稻产量，品质及氮素吸收的影响. 植物营养与肥料学报，2012，18 (1)：234 - 240.

[16] 鲍士旦. 土壤农化分析. 北京：中国农业出版社，2000.

[17] 王勤，何为华，郭景南，等. 增施钾肥对苹果品质和产量的影响. 果树学报，2002 (6)：424 - 426.

[18] 冯贤富. 有机肥在农业生产中的应用分析. 农业与技术，2018，38 (22)：49.

[19] 杨莉莉，王永合，韩稳社，等. 氮肥减量配施有机肥对苹果产量品质及土壤生物学特性的影响. 农业环境科学学报，2021，40 (3)：631 - 639.

[20] Rong Q L, Li R N, Huang S W, et al. Soil microbial characteristics and yield response to partial substitution of chemical fertilizer with organic amendments in greenhouse vegetable production. Journal of Integrative Agriculture，2018，17 (6)：60345 - 60347.

[21] 梁涛，王帅，廖敦秀，等. 蔬菜化肥减量增效技术途径——以重庆为例. 中国土壤与肥料，2021 (1)：303 - 309.

[22] 赵会芳，刘双安，王文凯，等. 苹果园有机肥替代化肥的洛川经验. 西北园艺（果树），2017 (5)：45 - 47.

[23] 张嫣然. 有机肥化肥配合施用对土壤养分影响. 农业开发与装备，2018 (3)：133，156.

化肥减量增效行动对濮阳市小麦、玉米施肥状况的影响分析

张 芳

濮阳市农业农村局

摘 要: 为进一步了解掌握化肥减量增效行动成效,2018—2020 年在全市范围内开展农户施肥调查。分析结果表明,濮阳市小麦、玉米单位面积施肥量呈逐年减少趋势。小麦、玉米施肥结构较合理,玉米磷肥施用量偏高。氮、磷、钾肥施用量在推荐施肥指标范围内小幅度减少不会对小麦、玉米产量产生影响。在今后的小麦玉米生产中,应进一步加大测土配方施肥技术宣传力度,推广缓控释肥等新型肥料,减少化肥用量,提高肥料利用率。

关键词: 化肥减量增效;农户施肥调查;小麦;玉米;施肥量

我国耕地面积占世界 9% 左右,而化肥使用量却占全球的近 1/3。化肥的过量使用可造成大气、水体、土壤污染等一系列环境问题。为达到合理使用化肥、提高肥料利用效率、实现化肥减量增效的目标,2015 年农业部提出"化肥使用量零增长行动",围绕"增产施肥、经济施肥、环保施肥"的理念,采取"精、调、改、替"的技术路径,合理调整化肥使用结构,改进施肥方式,力争到 2020 年,主要农作物化肥使用量实现零增长。近年来,濮阳市通过推广应用测土配方施肥、水肥一体化和有机肥部分替代化肥等技术措施,深入推进化肥减量增效行动。小麦、玉米作为濮阳市的主要粮食作物,占全市粮食播种面积的比例达 54%、34%[1]。农户是粮食作物生产的主体,调查农户在小麦、玉米上的施肥行为,对了解濮阳市化肥减量增效行动成效、制定科学施肥措施具有重要的意义。为了解化肥减量增效对濮阳市小麦、玉米施肥状况的影响,濮阳市于 2018—2020 年连续三年开展农户施肥调查。

1 材料与方法

1.1 调查与分析方法

2018—2020 年,采用随机等间距抽样的方法,在濮阳市五县及合并区范围内每县抽取 3~4 个乡(镇),以乡(镇)为单位,每个乡(镇)根据辖区内各村人均收入随机等间

距抽取 3 个村，每个村随机抽取 20 个农户进行施肥状况调查。同时，每个乡镇随机抽取 3～5 个肥料经销店，对肥料经销商开展调研。施肥量以氮（N）、磷（P₂O₅）、钾（K₂O）纯量计。

组织专业技术人员以乡（镇）为单位深入农户和经销门店开展一次性问卷调查，详细了解当地作物种植情况、轮作方式、产量水平、施肥数量及施肥方式、施肥机械等情况。

1.2 调查样本与分布（表1）

表1 濮阳市 2018—2020 年小麦、玉米调查样本分布

县区	小麦样本数（个）			玉米样本数（个）		
	2018 年	2019 年	2020 年	2018 年	2019 年	2020 年
濮阳县	128	200	180	172	133	133
清丰县	174	230	234	137	192	192
南乐县	452	183	180	320	183	180
范县	150	150	155	50	50	50
台前县	100	116	116	91	91	101
合并区	142	106	95	67	20	29
合计	1 146	985	960	837	669	685

1.3 数据处理

全部调查问卷的数据采用 Excel 2013 软件录入和整理，进行各调查指标的汇总、分析。

2 结果与分析

2.1 化肥减量增效行动对濮阳市小麦施肥量、施肥结构及产量的影响

由表 2 可以看出，2018—2020 年濮阳市小麦单位面积总施肥量呈逐年减少趋势，总施肥量（折纯）2019 年较 2018 年减少 0.84 千克/亩，减幅为 3.01%；2020 年较2019 年减少 0.21 千克/亩，减幅为 0.78%；2020 年较 2018 年减少 1.05 千克/亩，减幅为 3.76%。根据多年测土配方施肥成果测算出濮阳市小麦施肥技术指标为氮（N）12～18 千克/亩、磷（P₂O₅）5～8 千克/亩、钾（K₂O）3～5 千克/亩，2018—2020 年濮阳市小麦氮、磷、钾施肥量在小麦施肥技术指标范围内，施肥结构较合理。随着化肥减量增效行动的开展，氮肥（N）施用量逐年减少，由 2018 年的 15.98 千克/亩减少到 2020 年的 14.86 千克/亩，减幅为 7.01%；钾肥（K₂O）施用量逐年增加，由 2018 年的

3.89 千克/亩增加到 2020 年的 4.28 千克/亩，增幅为 10.03％。2018—2020 年小麦产量呈逐年增加的趋势，由 2018 年的 454 千克/亩增加到 2020 年的 491 千克/亩，增产 37 千克/亩，增幅为 8.15％。由此可见，化肥减量增效行动的开展可有效减少小麦单位面积施肥量，且施肥结构在合理范围内的微调整更有利于产量的提高。

表 2　濮阳市 2018—2020 年小麦产量及单位面积施肥量

年度	产量（千克/亩）	全生育期化肥施用量（千克/亩）（折纯）				总施肥量较 2018 年减幅（％）
		氮（N）	磷（P$_2$O$_5$）	钾（K$_2$O）	总施肥量	
2018 年	454	15.98	8.02	3.89	27.89	—
2019 年	478	15.90	7.20	3.95	27.05	3.01
2020 年	491	14.86	7.70	4.28	26.84	3.76

2.2　化肥减量增效行动对濮阳市玉米施肥量、施肥结构及产量的影响

由表 3 可以看出，2018—2020 年濮阳市玉米单位面积总施肥量呈逐年减少趋势，总施肥量（折纯）2019 年较 2018 年减少 1.62 千克/亩，减幅为 6.83％；2020 年较 2019 年减少 0.13 千克/亩，减幅为 0.59％；2020 年较 2018 年减少 1.75 千克/亩，减幅为 7.37％。根据多年测土配方施肥成果测算出濮阳市玉米施肥技术指标为氮（N）12～18 千克/亩、磷（P$_2$O$_5$）1～4 千克/亩、钾（K$_2$O）2～5 千克/亩，2018—2020 年濮阳市玉米氮、钾肥施用量均在施肥技术指标范围内，施肥结构较合理，玉米磷肥施用量偏高。随着化肥减量增效行动的开展，氮、磷、钾肥的施用量变化趋势及玉米产量的增减没有明显规律。

表 3　濮阳市 2018—2020 年玉米产量及单位面积施肥量

年度	产量（千克/亩）	全生育期化肥施用量（千克/亩）（折纯）				总施肥量较 2018 年减幅（％）
		氮（N）	磷（P$_2$O$_5$）	钾（K$_2$O）	总施肥量	
2018 年	443	15.84	4.04	3.85	23.73	—
2019 年	427	13.36	4.47	4.28	22.11	6.83
2020 年	434	15.25	3.52	3.21	21.98	7.37

2.3　化肥减量增效行动对濮阳市小麦、玉米施肥模式及基肥施用方式的影响

由表 4 可以看出，2018—2020 年濮阳市小麦施肥模式在逐渐改变，一基一追两次施肥的模式占比逐年增加，一基两追三次施肥的模式占比逐年减少；基肥施用方式上撒施＋深翻的比例所有减少，种肥同播的比例逐年增加。由表 5 可以看出，玉米一次施肥的模式占比逐年增加，一基一追两次施肥的模式占比逐年减少，基肥施用方式上种肥同播的比例

逐年增加，套种后苗期施肥的比例逐年减少。

表 4　濮阳市 2018—2020 年小麦施肥模式及基肥施用方式

年度	样本数（个）	一基一追		一基两追		撒施＋深翻		种肥同播	
		样本数	占比（%）	样本数	占比（%）	样本数	占比（%）	样本数	占比（%）
2018 年	1 146	1 050	91.62	96	8.38	1 146	100	0	0
2019 年	985	934	94.82	51	5.18	975	98.98	10	1.02
2020 年	960	927	96.56	33	3.44	945	98.44	15	1.56

表 5　濮阳市 2018—2020 年玉米施肥模式及基肥施用方式

年度	样本数（个）	一次施肥		两次施肥		种肥同播	
		样本数	占比（%）	样本数	占比（%）	样本数	占比（%）
2018 年	837	657	78.49	180	21.51	750	89.61
2019 年	669	564	84.30	105	15.70	615	91.93
2020 年	685	615	89.78	70	10.22	650	94.89

3　结论与讨论

　　肥料是粮食的"粮食"，科学施肥对于提高小麦、玉米的产量和品质，以及保障国家粮食安全具有重要作用。2018—2020 年的农户施肥调查结果表明，随着化肥减量增效行动的开展，濮阳市小麦、玉米单位面积施肥量呈逐年减少趋势。小麦施肥结构较合理，氮、磷、钾肥施肥量在小麦施肥技术指标范围内；玉米氮、钾肥施用量在施肥技术指标范围内，磷肥施用量偏高。氮、磷、钾肥施用量在推荐施肥指标范围内小幅度减少不会对小麦、玉米产量产生影响，且小麦产量随着氮、磷、钾肥施肥结构的优化而逐渐增加。

　　在施肥模式方面，小麦一基一追两次施肥占比增加，一基两追三次施肥占比下降，撒施＋深翻占比下降，种肥同播占比上升。在玉米上，一次施肥和种肥同播占比上升，说明农民施肥倾向于轻简化。

　　化肥减量增效行动的开展虽然取得了显著的成效，但仍存在一些问题：一是有机肥料在经济作物上的应用较多，在大田作物上的应用不足；二是追肥撒施、冲施现象严重[2]；三是施肥结构上农民重大量元素肥、轻中微量元素肥。究其原因：一是大田作物经济效益低，二是农村劳动力不足，三是科学施肥技术未能全覆盖。

　　建议：一是加快土地流转，发展适度规模化经营；二是推广缓控释肥等新型肥料，延缓肥料释放周期，减少施肥次数，节约劳动力；三是加大测土配方施肥技术宣传力度，让农民群众切实做到科学施肥，减少肥料浪费。

参考文献

[1] 濮阳市统计局. 濮阳市 2020 年统计年鉴，2021.

[2] 赵冬丽，李冬霞. 滑县农户施肥情况调查现状分析. 基层农技推广，2021，4（9）：27 - 29.

浅谈有机农业地力培肥途径

王美玲[1]　李吉进[2]

1. 山东省单县农业农村局；2. 北京市农林科学院植物营养与资源环境研究所

摘　要：土壤是人类赖以生存的根本，过量施肥或施肥方式方法不当会导致土壤质量降低、肥料利用率低下。我国人口众多，人均耕地面积小，土地肥沃程度决定着粮食的数量和品质。通过分析我国土壤肥力退化的因素，提出耕地培肥的主要措施，探讨有机农业中土壤培肥的途径。

关键词：土壤肥力；化肥；培肥

土壤是农业生产的基础。我国人口众多，人均耕地面积小，土地肥沃程度决定着粮食的数量和品质。目前，我国耕地用养失调、化肥不合理施用等现象仍然存在，对土壤肥力和农业生态环境造成一定影响。分析土壤肥力退化原因，提出针对性培肥措施，对于促进农业绿色高质量发展具有重要意义。

1　我国土壤肥力退化的因素

1.1　可持续发展观念淡薄

近年来，随着社会和经济的高速发展，可持续发展的理念被广泛接受。但在农业领域，特别是农民的可持续发展观念仍然比较淡薄。农民更加注重短期的收益，并没有按照科学合理的方式种植农作物。由于我国人均耕地面积小，农民需要在有限的耕地上实现多产出，导致土地的不当使用，特别是对耕地的肥力消耗过大，导致土壤肥力降低。

1.2　化肥使用量过多

肥料是农业生产中最重要的投入品之一，在作物的生长中发挥重要作用。在我国农业发展过程中，化肥一直以来都对我国的农业生产起到了重要的支撑作用。化肥的使用可以补足耕地中缺少的各种营养元素，有效地提高农作物产量，但由于施用不够科学合理，导致了土壤养分失衡、酸化等现象。由于重化肥、轻有机肥，土壤有机质含量下降，降低了土壤的肥力。

1.3　耕作制度不合理

在目前的农业生产中，玉米、小麦、水稻是主要的粮食作物。特别是在北方地区，常年种植小麦、玉米，耕地缺乏适宜的轮作休耕，地力不断消耗。农民在种植玉米的时候，没有采用传统的倒茬制度，造成了玉米种植吸收大量的土壤养分，但是缺乏培肥方式来维持土壤肥力，土壤越来越贫瘠。同时，由于农业种植制度单一，很少种植大豆、绿肥等豆科养地作物，耕地质量不断下降。

1.4 环境污染加剧

随着社会经济的迅速发展，一些沿海地区淘汰的污染企业开始向农村转移。有些工厂就在农田附近，在生产过程中，会产生大量的废水、废渣。如果废弃物没有得到很好的处理，不断排放会造成污染物的累积，对农田土壤造成严重的污染。

2 地力培肥的主要措施

2.1 科学施用化肥

目前，农业生产中主要依靠施用化学肥料来维持产量。针对化肥不合理施用对土壤肥力产生影响的问题，大力推广测土配方施肥技术，根据作物需要、土壤肥力制定科学合理的配方，优化养分配比，改进施肥方式，施用高效新型肥料，提高肥料利用效率，减少化肥用量，降低对土壤和生态环境的影响。

2.2 增施有机肥

随着可持续发展战略的实施，许多农业专家倡导有机肥料应用。通过在农田里就地取材，把畜禽粪便、作物秸秆、农业废弃物等进行堆沤腐熟，施入土壤中，不仅能够提供作物所需要的营养，替代一部分化肥，节约成本，还能改善土壤理化性状，活化土壤中的养分。此外，种植绿肥翻压还田也是重要的培肥措施。

2.3 秸秆还田

将玉米、小麦等作物的秸秆还田，既可以增加土壤的肥力，又可以降低化肥用量，特别是减少钾肥的施用。山东省单县是全国粮食主产区，但在大田作物上，由于长期以化肥施用为主，有机肥投入不足，土壤肥力下降。将玉米、小麦等作物的秸秆粉碎还田，既能将废物变成肥料，减少化肥施用量，又能有效利用秸秆，增加土壤有机质，培肥耕地地力。

3 有机农业中的土壤培肥途径

3.1 利用植物废弃物培肥

在有机农业中，使用植物废弃物腐熟还田是最简便、最快速的方式。作物秸秆中含有大量的有机物质和养分，经过堆沤腐熟，能够使土壤更加肥沃。利用植物废弃物做肥料可以降低成本，减少秸秆焚烧，减轻环境污染。但单独使用秸秆的碳氮比不适宜，需要配合其他的肥料。

3.2 利用畜禽粪污培肥

畜禽粪污含有大量的氮、磷、钾等营养成分，通过堆沤进行发酵腐熟，可以制作很好的有机肥料。在农业发展的历史中，主要依靠这类农家肥为作物生长提供养分，造就了几千年的中华农耕文明。堆肥材料要注意保持适当的含水量，一般以最大持水量的 60％～75％为宜。堆肥过程中要保持适当的空气，有利于好气微生物的繁殖和活动，促进有机物分解。

3.3 利用微生物培肥

通过施用微生物肥料可以进行培肥，或通过微生物的作用分解有机物质为作物提供营养。利用微生物菌剂，提升土壤的微生物活性，可以达到一定的肥效且不会对环境产生污染。微生物的代谢产物有助于提高肥料利用效率，促进作物生长。

3.4 利用天然矿物质培肥

施用一些天然矿物质也可以达到培肥的效果。例如在酸性土壤上施用磷矿粉，能够增加土壤磷的含量，为作物提供磷营养。施用麦饭石、沸石等，由于矿物质具有一定的吸附性，可以改善土壤的理化性状，提升保水保肥的能力。

江津区2018—2019年花椒
协作试验综合性报告

彭　清[1]　王　帅[2]　赵敬坤[2]　李志琦[1]　王　洋[1]
罗　博[1]　王世平[1]　刁　容[3]　蔡国学[1*]

1. 江津区农业技术推广中心；2. 重庆市农业技术推广总站；
3. 江津区李市镇农业服务中心

摘　要： 为探索研究花椒化肥减量施肥技术，2018—2019年江津区连续2年在花椒作物上开展了有机肥替代化肥试验、缓释肥效果对比试验和减磷效果对比试验。有机肥替代化肥试验中，有机肥替代20％化肥处理花椒产量最高，两年平均值达到11.4千克/株，较配方施肥提高了44.3％。缓释肥效果对比试验中，缓释肥处理花椒产量明显高于常规施肥处理，两年平均值达到6.7千克/株，较常规施肥提高了19.6％。减磷效果对比试验中，试验第一年不同减磷处理对花椒产量无明显影响，但是试验第二年配方施肥增产0.8千克/株，而减磷或不施磷处理均有所减产。在江津区花椒种植中，施用有机肥可以替代部分化肥，并在一定范围内可提高花椒产量，但替代量不应过多，以有机肥替代20％的化肥施用量为最佳。缓释肥可以明显提高花椒产量，应当鼓励推广施用缓释肥。减少磷肥施用甚至不施用磷肥，第一年对花椒产量并没有明显影响，但是第二年开始减磷或不施磷均有所减产。

关键词： 花椒；化肥；有机肥；试验；减量

　　九叶青花椒属芸香科花椒植物，是我国栽培历史悠久的食用调料、香料、油料、药材及保健品化妆品等多用途经济树种。九叶青花椒生长于独特的气候和土壤条件下，以果实清香、麻味纯正而著称，皮厚、色青，在花椒品系中是最具竞争力的早熟品种。江津区从1978年开始在先锋镇种植的云南竹叶花椒中选育优良品种进行示范，通过不断创新种植技术，花椒产业现已成为全区农业最大的特色产业。2020年全区花椒种植面积达到3.7万公顷，投产面积2.67万公顷，预计鲜椒产量30万吨、产值32亿元；椒农28万户、62万人，占乡村人口（77万人）的80.5％，可提供季节性务工16万个，劳务收入4.4亿元。江津花椒种植面积占重庆市花椒种植面积的51％，产量占60％以上，约占全国青花

＊ 通讯作者：蔡国学，E-mail：3078919428@qq.com

椒种植面积的 5%，产量占 15%～20%。杨仕曦研究表明，重庆市九龙坡花椒高产区的土壤有机质含量为 20.3 克/千克，且产量与有机质含量呈正相关关系[1]。杨林生等研究表明重庆江津椒园施用有机肥后，产量从 9.5 吨/公顷增加到 11.2 吨/公顷，增产率为 17.8%[2]。郭立新等研究表明，配方施肥对花椒的产量和制干率均有大幅度的提高，氮、磷最优配方比（N∶P_2O_5）为 1∶1.05，产量比对照（鲜重）提高 120%，增产效果十分显著；在施氮水平相同时，增施磷肥对花椒制干率有明显的提高[3]。杨红艳等研究结果表明，缓释肥料处理对花椒增产效果很好[4]。为了探索花椒化肥减量施肥技术，2018—2019 年江津区连续 2 年在花椒作物上开展了有机肥替代化肥试验、缓释肥效果对比试验和减磷效果对比试验。

1　材料与方法

1.1　试验地点

3 个试验均在油溪镇峰岗村开展，土壤类型为沙溪庙组石骨子土，有机肥替代化肥试验基础土样：pH 7.0、有机质 14.4 克/千克、碱解氮 39 毫克/千克、有效磷 19.7 毫克/千克、速效钾 137 毫克/千克；缓释肥效果对比试验基础土样：pH 6.7、有机质 10.2 克/千克、碱解氮 35 毫克/千克、有效磷 15.4 毫克/千克、速效钾 103 毫克/千克；减磷效果对比试验基础土样：pH 7.1、有机质 15.9 克/千克、碱解氮 44 毫克/千克、有效磷 18.5 毫克/千克、速效钾 132 毫克/千克。

1.2　试验设计

1.2.1　有机肥替代化肥试验设计

有机肥替代化肥试验设 4 个处理（表 1），分别为：配方施肥、替代 10%化肥、替代 20%化肥、替代 30%化肥。试验不设重复，以 3 株为一个处理。配方施肥：按单株施用 N 0.2 千克、P_2O_5 0.12 千克、K_2O 0.16 千克设计，分 4 次施用，其中 6 月上旬催芽肥施用 50%N、70% P_2O_5、50% K_2O（用量 1）；10 月秋基肥施用 10%N、10% K_2O（用量 2）；2 月萌芽肥施用 30%N、20% K_2O（用量 3）；4 月上中旬壮果肥施用 10%N、30% P_2O_5、20% K_2O（用量 4）。替代 10%化肥、替代 20%化肥、替代 30%化肥处理在配方施肥处理的基础上用商品有机肥（有机质含量 45%）分别替代 10%的化肥、20%的化肥、30%的化肥，替代标准为 10 千克商品有机肥替代 0.5 千克化肥。

表 1　有机肥替代化肥试验设计方案

处理编号	处理内容	催芽肥（6 月上旬，采摘前后）	基肥（约在 10 月越冬前）	萌芽肥（约在 2 月萌芽前）	壮果肥（约在 4 月上中旬）
1	配方施肥	用量 1	用量 2	用量 3	用量 4
2	替代 10%化肥	90%用量 1＋20%有机肥替代量	90%用量 2＋10%有机肥替代量	90%用量 3＋10%有机肥替代量	90%用量 4＋10%有机肥替代量

（续）

处理编号	处理内容	催芽肥（6月上旬，采摘前后）	基肥（约在10月越冬前）	促花肥（约在2月萌芽前）	壮果肥（约在4月上中旬）
3	替代20%化肥	80%用量1＋20%有机肥替代量	80%用量2＋20%有机肥替代量	80%用量3＋20%有机肥替代量	80%用量4＋20%有机肥替代量
4	替代30%化肥	70%用量1＋30%有机肥替代量	70%用量2＋30%有机肥替代量	70%用量3＋30%有机肥替代量	70%用量4＋30%有机肥替代量

1.2.2 缓释肥效果对比试验设计

缓释肥效果对比试验设 2 个处理（表 2），分别为：常规施肥、缓释肥。常规施肥方法：按农民的施肥习惯进行，详细记录好施肥数量、次数、肥料结构、比例等。施缓释肥：该处理施用住商牌缓释肥（19－7－19），每株施用 1.1 千克，分 4 次施用，其中催芽肥（约在 6 月上旬，花椒采摘前后进行）50%、基肥（约在 10 月越冬前）10%、萌芽肥（约在 2 月萌芽前）20%、壮果肥（约在 4 月上中旬）20%。试验不设重复，以 10 株为一个处理。

表 2 缓释肥效果对比试验设计方案

处理编号	处理内容	施肥量（千克/株）			
		催芽肥（6月上旬，采摘前后）	基肥（约在10月越冬前）	促花肥（约在2月萌芽前）	壮果肥（约在4月上中旬）
1	常规施肥	—	—	—	—
2	住商牌缓释肥（19－7－19）	0.55	0.11	0.22	0.22

1.2.3 减磷效果对比试验设计

减磷效果对比试验设 5 个处理（表 3），分别为：配方施肥、不施磷肥、施用 20%磷肥、施用 40%磷肥、施用 60%磷肥。配方施肥：按沃津牌花椒配方肥（18－12－10）施肥方案进行，每株施用 1.1 千克，分 4 次施用，其中催芽肥（约在 6 月上旬，花椒采摘前后进行）50%、基肥（约在 10 月越冬前）10%、萌芽肥（约在 2 月萌芽前）20%、壮果肥（约在 4 月上中旬）20%。减磷施肥处理：氮肥和钾肥的施用与配方肥一样，而磷肥的施用量按照设计的减施比例进行。各处理不设重复，以 4 株为一个处理。

表 3 减磷效果对比试验设计方案

处理编号	处理内容	施肥量（千克/株）		
		N	P_2O_5	K_2O
1	配方施肥	0.20	0.13	0.11
2	不施磷肥	0.20	0	0.11

（续）

处理编号	处理内容	施肥量（千克/株）		
		N	P_2O_5	K_2O
3	施用20％磷肥	0.20	0.026	0.11
4	施用40％磷肥	0.20	0.052	0.11
5	施用60％磷肥	0.20	0.078	0.11

2 结果与分析

2.1 有机肥替代化肥试验产量分析

根据2018年和2019年测产结果进行分析可知（表4），相较配方施肥，不同有机肥替代化肥比例均可提高花椒产量，其中以有机肥替代20％化肥处理花椒产量最高，两年平均值达到11.4千克/株，较配方施肥提高了44.3％。各处理不同年份的产量基本保持稳定，没有明显增产或减产。

表4 有机肥替代化肥试验产量分析

处理编号	处理内容	2018年产量（千克/株）	2019年产量（千克/株）	平均产量（千克/株）
1	配方施肥	7.2	8.5	7.9
2	替代10％化肥	9.8	9.3	9.5
3	替代20％化肥	11.3	11.5	11.4
4	替代30％化肥	8.5	8.4	8.5

2.2 缓释肥效果对比试验产量分析

根据2018年和2019年测产结果进行分析可知（表5），缓释肥处理花椒产量明显高于常规施肥处理，两年平均值达到6.7千克/株，较常规施肥提高了19.6％。两个处理2019年的产量比2018年均有所增产，其中缓释肥增幅为35.1％，常规施肥增幅为26.5％。

表5 缓释肥效果对比试验产量分析

编号	处理内容	2018年产量（千克/株）	2019年产量（千克/株）	平均产量（千克/株）
1	常规施肥	4.9	6.2	5.6
2	住商牌缓释肥（19-7-19）	5.7	7.7	6.7

2.3　减磷效果对比试验产量分析

根据 2018 年和 2019 年测产结果进行分析可知（表 6），试验第一年不同减磷处理对花椒产量无明显影响，其中不施磷肥处理 2018 年产量达到 5.8 千克/株，配方施肥处理花椒产量仅为 5.5 千克/株。但是试验第二年配方施肥增产 0.8 千克/株，而减磷或不施磷处理均有所减产。原因可能是第一年土壤里的磷以及植株和根系储存的磷可以满足花椒的生长需要，但是第二年开始土壤里的磷不能再满足花椒对磷的需求，需要及时补充磷元素，否则会引起花椒减产。

表 6　减磷效果对比试验设计产量分析

处理编号	处理内容	2018 年产量（千克/株）	2019 年产量（千克/株）	平均产量（千克/株）
1	配方施肥	5.5	6.3	5.9
2	不施磷肥	5.8	5.1	5.5
3	施用 20％磷肥	—	5.7	5.7
4	施用 40％磷肥	6.3	5.59	5.9
5	施用 60％磷肥	5.85	5.63	5.7

3　结论与讨论

（1）在江津区花椒种植中，施用有机肥可以替代部分化肥，并在一定范围内可提高花椒产量，但替代量不应过多，以有机肥替代 20％的化肥施用量为最佳。何思君相关研究也得到了类似的结果，增施有机肥可增加花椒叶片中的钾含量，促进花椒叶片中钙、镁、铁、铜和锌元素向籽粒转移，从而提高花椒品质，但有机肥替代化肥并非越多越好[5]。

（2）缓释肥可以明显提高花椒产量，应当鼓励推广施用缓释肥。

（3）减少磷肥施用甚至不施用磷肥，第一年对花椒产量并没有明显影响，但是第二年开始减磷或不施磷均有所减产。原因可能是第一年土壤磷以及植株储存的磷可以满足花椒的生长需要，但是第二年需要及时补充磷元素。通过查找相关文献，花椒上多年施肥试验研究较少，而花椒又是多年生作物，磷肥的最佳施用量以及跨年度营养吸收规律有待进一步探索研究。

参考文献

[1] 杨仕曦，吕广斌，黄云，等. 九龙坡花椒种植区地形、土壤肥力与花椒产量的关系. 中国生态农业学报（中英文），2019，27（12）：1823-1832.

[2] 杨林生，杨敏，彭清，等. 重庆市九叶青花椒施肥现状评价. 西南大学学报（自然科学版），2020，

42（3）：61-68.

[3] 郭立新，曹永红，吕瑞娥，等．花椒配方施肥研究初探．甘肃科技纵横，2014，43（12）：113-114+108.

[4] 杨红艳，王洋．重庆市江津区九叶青花椒肥料效应试验初报．南方农业，2014，8（25）：13-15.

[5] 何思君．花椒有机肥替代配方肥试验研究．乡村科技，2020（12）：90-92.

南充市秸秆还田培肥
地力技术模式初探

王婉秋[1]　钱建民[2]　刘泳宏[2]　黄耀蓉[2]

1. 南充市土壤肥料站；2. 四川省耕地质量与肥料工作总站

摘　要： 为探索四川盆周丘陵区不同秸秆还田培肥地力技术模式，本研究以南充市为例，围绕秸秆肥料化利用，系统总结了不同秸秆还田方式下作物施肥情况，集成了"麦/油（秸秆）-稻""稻（秸秆）-麦/油""稻（秸秆）-薯""稻草覆盖-柑橘""稻（秸秆）-（菌渣）-稻""稻（秸秆）-（菌渣）-麦/油"等六种培肥地力技术模式。结果表明：秸秆还田可亩减少氮肥投入 2～4 千克，减少磷肥投入 1～3 千克，减少钾肥投入 0.5～2 千克。六种技术模式可供盆周丘陵区参考使用。

关键词： 秸秆还田；土壤肥力；技术

土壤有机质含量是反映耕地土壤肥力水平的综合指标，地力培肥的中心环节就是提高土壤有机质含量，其基本手段是增加有机肥的投入[1]。据研究测算数据，农作物秸秆含有丰富的有机质、氮、磷、钾和微量元素（表 1），可作为农业生产重要的有机肥源。通过农作物秸秆覆盖还田、粉碎还田、堆沤腐熟还田等方式可有效改善种植土壤的物理性质，提高土壤有机质含量，进而改善土壤团粒的结构，提升土壤肥力[2-3]。

表 1　不同种类秸秆基础养分和微量元素含量情况

秸秆种类	水稻	小麦	油菜
全碳（C,%）	36.8	45.1	42.6
全氮（N,%）	0.739	0.424	0.515
全磷（P,%）	0.056	0.033	0.078
全钾（K,%）	3.82	2.07	0.478
全铁（Fe，毫克/千克）	1 008	730	329
全锰（Mn，毫克/千克）	598	12.6	5.66
全锌（Zn，毫克/千克）	78.9	16.7	10.2
全硼（B，毫克/千克）	8.25	3.30	19.6
全钼（Mo，毫克/千克）	0.133	0.122	0.170

南充市是农业大市，秸秆数量大、种类多、分布广，常年可利用秸秆量超过300万吨[4]。根据 2020 年南充市农作物秸秆调查统计数据，全市农作物秸秆产生量346.99 万吨，可收集量 296.58 万吨，综合利用 264.17 万吨，其中肥料化利用181.99 万吨，肥料化利用率61.36%。秸秆肥料化利用是目前丘陵山区秸秆综合利用的主要方式，既减少了因焚烧秸秆带来的环境污染问题，也大大提高了农业废弃物资源化利用率。但受限于物理障碍、种植技术以及农田氮素的科学配比等因素的影响，当前的农作物秸秆肥料化利用还较为粗放，探索秸秆还田高效利用技术是当前形成秸秆高水平利用格局、保护耕地质量、助力实现碳达峰碳中和目标的必然要求。

1 秸秆还田培肥地力技术模式

本研究结合南充市农业生产情况，将农作物秸秆通过不同方式还田，经过自然腐熟或用腐秆灵快速腐熟，将其消解为作物生长所需要的养分，构建了不同的秸秆还田技术模式，创新了以农作物秸秆循环利用技术为基础的地力提升技术体系，实现了从简单利用向综合利用的跨越。

1.1 "麦/油（秸秆)-稻"模式

结合传统"稻-麦/油"种植技术，大春季节，在平坝区采用小麦/油菜秸秆覆盖还田免耕、水稻旱育抛秧技术。将小麦、油菜秸秆均匀平铺于田面，施秸秆腐解剂 1 千克/亩，深水泡田；施 N 9～10 千克/亩、P_2O_5 5～5.5 千克/亩、K_2O 4.5～5.5 千克/亩；磷、钾肥作底肥，氮肥按 7∶3（底肥∶追肥）施用；水稻旱育抛栽 18 000～20 000 穴/亩。在丘陵区，采用免耕/翻耕＋宽窄行移栽结合秸秆全量覆盖还田技术，选用中迟熟水稻品种，移栽规格（40＋20）厘米×13.3 厘米，16 000～18 000 苗/亩，移栽 10 天后秸秆覆盖宽行，施肥量为 N 10 千克/亩、P_2O_5 5 千克/亩、K_2O 4～4.5 千克/亩；磷、钾肥作底肥，氮肥按 6∶2∶2 施用（底肥∶分蘖肥∶穗肥）。将常规漫灌改为分期定量灌溉：返青分蘖期灌水 600～900 米^3，拔节期 950～1 000 米^3，抽穗期1 000～1 200 米^3。

实施麦/油菜秸秆覆盖还田免耕，可有效提高土壤肥力，分别减少氮肥施用量3～4 千克/亩、磷肥施用量 0.5～1 千克/亩、钾肥使用量 1～2 千克/亩（表2），实现农业生产节本增效。

表 2　麦/油秸秆还田前后推荐施肥变化

处理	原施肥量（千克/亩）			现施肥量（千克/亩）		
	N	P_2O_5	K_2O	N	P_2O_5	K_2O
小麦秸秆还田种水稻	13	6	6	10	5.5	5
油菜秸秆还田种水稻	13	6	6	9	5	4

1.2 "稻（秸秆)-麦/油"模式

小春季节，采用稻草覆盖还田、小麦撒播或条播、油菜撒播或育苗移栽技术。稻草均匀铺于田面，施腐秆灵 2 千克/亩。小麦施 N 8～9 千克/亩、P_2O_5 6～7 千克/亩、K_2O 4～4.5 千克/亩；氮肥按 6：4（底肥：追肥）施用，磷、钾肥作底肥。油菜施 N 10～11 千克/亩、P_2O_5 6～7 千克/亩、K_2O 4～5 千克/亩、硼肥 1～2 千克/亩；氮肥按 7：3（底肥：追肥）施用，磷、钾肥作底肥。

稻草秸秆覆盖还田，可分别减少氮肥和钾肥使用量 2 千克/亩，减少磷肥施用量 1～2 千克/亩（表 3），经多年示范推广，取得了较好的经济效益和社会效益。

表 3　稻草秸秆还田前后推荐施肥变化

处理	原施肥量（千克/亩）			现施肥量（千克/亩）		
	N	P_2O_5	K_2O	N	P_2O_5	K_2O
稻草还田种小麦	10	6～8	6～8	8～9	6～7	4～4.5
稻草还田种油菜	12	6～8	6～8	10～11	6～7	4～5

1.3 "稻（秸秆)-薯"模式

利用水稻收获后空闲期，采用稻草覆盖还田，增种一季秋马铃薯，提高复种指数，秸秆和温光资源得到充分利用。①稻田起垄种马铃薯，垄间稻草覆盖，秸秆全量还田；②稻草覆盖种马铃薯，马铃薯播种后，其上覆盖稻草，每亩马铃薯消纳 2～2.5 亩稻草。选用优良脱毒种薯，8 月底至 9 月上旬播种，播种量 100～150 千克/亩。施用 N 6 千克/亩、P_2O_5 4 千克/亩、K_2O 6 千克/亩。

实施地力提升技术，秸秆覆盖还田可显著提高土壤肥力，减少氮肥用量 2 千克/亩，减少磷肥、钾肥 1～2 千克/亩（表 4）。

表 4　稻草秸秆还田前后推荐施肥变化

处理	原施肥量（千克/亩）			现施肥量（千克/亩）		
	N	P_2O_5	K_2O	N	P_2O_5	K_2O
稻草还田起垄	8	4～6	6～7	6	4	6
稻草还田覆盖	8	4～6	6～7	6	4	6

1.4 "稻草（秸秆）覆盖-柑橘"模式

南充是传统柑橘栽种区域，该技术结合 11 月下旬柑橘冬季培肥管理进行。施农家肥 2 000 千克/亩，早中熟品种施 N 12～13 千克/亩、P_2O_5 10 千克/亩、K_2O 6 千克/亩；晚熟品种施 N 8～9 千克/亩、P_2O_5 6.5 千克/亩、K_2O 5 千克/亩。施肥后将水稻秸秆沿树冠呈扇形覆盖，每株柑橘树覆盖干稻草 2～3 千克，也可同其他基肥一并沿树冠施入挖好的施肥穴，最后用薄土覆盖。

使用稻草秸秆还田进行柑橘园冬季培肥，现施肥量与原施肥量差异不大（表5），但经示范推广验证，树盘稻草覆盖可提高冬季地温 2～3℃，降低土壤容重，明显提高土壤有机质含量，土壤中氮、磷、钾含量协调程度提高，同时中量钙、镁元素含量提高，柑橘产量可提高 10%，平均节本增效 100～160 元/亩。

表5 稻草秸秆还田前后推荐施肥变化

处理	原施肥量（千克/亩）			现施肥量（千克/亩）		
	N	P_2O_5	K_2O	N	P_2O_5	K_2O
早中熟品种	13～15	10	6～7	12～13	10	6
晚熟品种	9～10	6.5	5～6	8～9	6.5	5

1.5 "稻（秸秆）-（菌渣）-稻"模式

大春季节种植水稻，收获后在稻田搭建大棚，以稻草和牛粪发酵为基料就地种植双孢蘑菇，每亩消纳 8 亩稻草（约 4 000 千克）、牛粪 2000 千克。翌年采菇后，菌渣按 1 000 千克/亩直接翻耕还田，种植水稻，集成"稻（秸秆）-（菌渣）-稻"地力提升技术。该技术将农业产业链上游废弃物作为下游原料，提高了农业废弃物的附加值。每亩双孢蘑菇消耗的秸秆量相当于减少秸秆直接燃烧排放 CO、CO_2 和 N_xO 排放量514.88 千克、6 346.23 千克和4.43 千克。

双孢蘑菇菌渣富含有机质（46.22%），还田后可减少氮肥施用量 4 千克/亩（表6），土壤有机质增加25.5%～56.3%，其生态效益、经济效益突出。

表6 菌渣还田前后推荐施肥变化

处理	原施肥量（千克/亩）			现施肥量（千克/亩）		
	N	P_2O_5	K_2O	N	P_2O_5	K_2O
菌渣还田种植水稻	13	6	6	9	6	4

1.6 "稻（秸秆）-（菌渣）-麦/油"模式

结合南充市"稻-麦/油"轮作制度，水稻收获后，以稻草、牛粪、鸡粪和油枯作为种植基料，用于标准化菇房秋季种植双孢蘑菇。每座 400 米² 的标准化菇房消纳 8 000 千克稻草、4 000 千克牛粪等养殖废弃物。利用菌渣还田种植小麦或油菜，还田量900～1 200 千克/亩，与化肥配比是菌渣：N：P_2O_5：K_2O 为 (83～88)：(4～6)：(5～7)：(3～5)。小麦施 N 7 千克/亩、P_2O_5 7 千克/亩、K_2O 5 千克/亩，油菜施硼肥 1 千克/亩、

N 8 千克/亩、P_2O_5 7 千克/亩、K_2O 5 千克/亩（表7）。

表7 菌渣还田前后推荐施肥变化

处理	原施肥量（千克/亩）			现施肥量（千克/亩）		
	N	P_2O_5	K_2O	N	P_2O_5	K_2O
菌渣还田种植小麦	10	6～8	6～8	7	7	5
菌渣还田种植油菜	12	6～8	6～8	8	7	5

每座菇房每年可消纳 15 亩稻田的副产物，相当于减少秸秆燃烧产生的 CO、CO_2 和 N_xO 排放量分别为 1 029.8 千克、12 692.5 千克和 8.9 千克。同时，菌渣还田后农田 CH_4 和 N_2O 排放总量分别减少了 30.97％和 0.41％，且不同程度地提升了土壤有机质、氮、磷、钾含量。土壤质量、作物产量和农产品品质得到提升和改善，有效减少了肥料投入。

2 结语

秸秆还田培肥地力不是单纯地将秸秆翻入土中，只有将温度、湿度，土壤碳氮比、酸碱度等条件保持在合理范围，才能为秸秆腐熟提供环境条件。所有的秸秆还田培肥地力技术模式实施均需配合施肥行为调节碳氮比，避免微生物与作物根系争氮造成烧苗[5]。本文所列六种秸秆还田培肥地力技术模式，通过多年来试验示范，已在南充地区大面积推广。研究结果表明，秸秆还田每亩可减少氮肥投入 2～4 千克，减少磷肥投入 1～3 千克，减少钾肥投入 0.5～2 千克，经济、生态、社会效益良好，可为地貌类型、气候条件、种植制度、秸秆资源情况较为一致的地区提供参考。针对不同区域的农作物秸秆资源化利用的技术模式还需要进一步探索研究，以期为提升耕地质量提供技术支撑。

参考文献

[1] 仝连芳，尹洪俊. 鲁北地区小麦及玉米两熟地力培肥关键技术. 现代农业科技，2014，20：70 - 71.
[2] 李国田. 玉米秸秆还田条件下小麦栽培及施肥技术. 农业与技术，2018，38（24）：22 - 23.
[3] 宁宝峰，农作物秸秆还田技术的推广对策. 农业开发与装备，2021，8：117 - 118.
[4] 王婉秋，李仕培，李辉. 南充市农作物秸秆综合利用现状及发展建议. 安徽农业科学，2018，46（28）：79 - 81.
[5] 孙士坤，孙伟. 秸秆还田培肥地力技术及其增产效果研究. 配套技术，2021，13（16）：37 - 38.

商洛市耕地土壤肥力
变化研究及施肥建议

李存玲

陕西省商洛市农业技术推广站

摘　要： 对全市 445 个耕地质量长期定位监测点土壤养分检测结果进行分析，对比 1980—1984 年第二次土壤普查养分数据，分析商洛市近 40 年来耕地土壤肥力变化情况。结果表明，商洛市当前耕地土壤有机质、全氮、碱解氮、有效磷、速效钾平均含量分别为 18.24 克/千克、1.18 克/千克、106.6 毫克/千克、23.34 毫克/千克、108.01 毫克/千克，较第二次土壤普查土壤有机质、全氮、碱解氮、有效磷分别增加 35.2%、37.2%、93.8%、27.5%，速效钾下降 20.6%。据此，在今后的施肥中，应坚持"用地养地结合""有机无机配施""减氮稳磷增钾"的施肥原则，小麦目标产量在 350 千克/亩以上，亩施生物有机肥 3 000 千克、N 10～13 千克、P_2O_5 5～6 千克、K_2O 4～5 千克；60% 氮肥和全部生物有机肥、磷钾肥作基肥一次施入，另外 40% 氮肥于小麦拔节前一次施入。玉米目标产量在 500 千克/亩以上，亩施生物有机肥 3 000 千克、N 12～14 千克、P_2O_5 4～5 千克、K_2O 5～6 千克；1/3 氮肥和全部生物有机肥、磷钾肥作种肥一次施入，另外 2/3 氮肥分别在玉米拔节前、玉米大喇叭口前施入。

关键词： 商洛市；土壤肥力；肥力变化；施肥建议

土壤肥力是土壤质量变化最基本的表征和核心研究内容，与作物生产、粮食安全、生态环境及人类健康密切相关[1]。摸清商洛耕地土壤养分含量状况和变化情况，为科学合理制定施肥方案提供依据，对保障全市粮食安全和生态环境具有重要意义。

随着现代农业的发展，土壤养分含量不仅受成土母质、地形、气候的影响，更受不同土地利用方式、耕地管理措施影响，具有明显的时空变化特点[2-3]。杨帆等[4]研究表明，1985—2014 年全国耕层土壤有机质较第二次土壤普查提高 24.5%；赵小敏等[5]研究表明，1985—2012 年江西省耕地土壤全氮含量水稻土提高了 7.2%，旱地增加了 43.9%；徐茂等[6]研究表明，江苏省环太湖区域 22 年间有效磷上升 69.2%，速效钾上升 10.0%。

目前，关于商洛市土壤肥力状况研究不多，特别是针对全市目前肥力水平下肥料运筹的研究更少。而商洛市作为我国南水北调中线水源涵养地，加强以化肥、农药为主的农业面源污染控制，确保一江清水送津京义不容辞。因此，本研究应用商洛市2020年445个耕地质量长期定位监测点土壤养分检测数据，分析商洛市当前土壤养分含量状况，对照1980—1984年第二次土壤普查结果，探讨40年来养分变化情况及原因，提出针对当前肥力水平的肥料运筹，为提高土壤肥力、减少化肥投入和治理农业面源污染提供参考。

1 材料与方法

1.1 研究对象

商洛市位于鄂尔多斯地台以南，系秦岭地槽北位秦岭地轴之中部，全区是一个复杂的大背斜构造，按地貌可分为河谷川塬区、低山丘陵区和中山区三个类型，耕地土壤主要有潮土、新积土、褐土、黄褐土、棕壤和黄棕壤[7]。境内沟壑纵横，农业基础设施薄弱，年平均气温 7.8～13.9℃、无霜期 210 天、日照 1 860～2 130 小时、降雨量 710～930 毫米[8]。全市辖 7 县（区）98 个镇（办），常年耕地面积 1.997×10⁵ 公顷，种植的主要粮食作物有小麦、玉米，主要种植制度有二年三熟或一年一熟，主要种植模式有小麦单作、小麦-玉米轮作[9]。

1.2 数据来源

1980—1984 年第二次土壤普查数据来源于《商洛土壤》。2020 年土壤养分含量数据来源于全市 445 个耕地质量长期定位监测点土样检测数据。土壤养分分级标准依据测土配方施肥项目五级分类标准。

1.3 数据处理

严格按照测土配方施肥技术规范土壤养分检测方法对全市 7 县（区）445 个耕地质量长期定位监测点土样进行检测，获得有效检测数据 2 225 个，见表 1。

表 1 商洛市 2020 年土壤养分测试结果

项目		有机质（克/千克）	全氮（克/千克）	碱解氮（毫克/千克）	有效磷（毫克/千克）	速效钾（毫克/千克）
总计	平均值	18.24	1.18	106.6	23.34	108.01
	极大值	31.06	3.02	301	31.5	201
	极小值	0.7	0.06	1	0.2	5
	样品数	445	445	445	445	445
县（区） 商州区	平均值	22.5	1.46	130.1	25.1	106.0
	极大值	26.2	3.02	218	31.5	190
	极小值	3.1	0.17	2	0.2	10

（续）

项目		有机质 （克/千克）	全氮 （克/千克）	碱解氮 （毫克/千克）	有效磷 （毫克/千克）	速效钾 （毫克/千克）
县 （区）	洛南县					
		平均值	23.7	1.26	125.4	24.7	120.9
	极大值	31.06	1.14	208	29.4	201
	极小值	2.4	0.08	19	0.3	28
	丹凤县					
	平均值	20.6	1.06	84.4	26.4	114.33
	极大值	24.5	1.96	168.6	30.8	183.5
	极小值	1.2	0.26	1	1.3	46
	商南县					
	平均值	17.4	0.95	113.1	16.5	108.6
	极大值	22.4	2.22	247	25.6	168
	极小值	0.7	0.06	45	1	5
	山阳县					
	平均值	17.2	0.89	78.9	19.4	105.8
	极大值	26.2	1.94	267	21.5	175
	极小值	0.8	0.08	8	2	15
	镇安县					
	平均值	18.8	0.39	87.4	18.3	115.1
	极大值	22.0	1.35	301	20.2	180
	极小值	2.6	0.08	1.2	2.3	6
	柞水县					
	平均值	16.2	1.08	106.7	20.9	117.9
	极大值	25.8	1.79	190	21.1	188
	极小值	1	0.1	11	1	22

2 结果与分析

2.1 土壤有机质

由表1可知，当前商洛市耕地土壤有机质含量平均为 18.24 克/千克，变幅 0.7～31.06 克/千克。七县（区）土壤有机质含量差异较大，洛南县土壤有机质含量最高，平均为 23.7 克/千克；商州区次之，平均为 22.5 克/千克；柞水县最低，平均为 16.2 克/千克。有机质含量呈自北向南递减趋势，主要原因是北部地区畜牧养殖企业规模大、数量多，带动了有机肥加工企业的发展，有机肥施用方便且施用量大，使土壤有机质得到及时补充和积累，故土壤有机质含量较南部高。

目前，全市 65.2% 的耕地土壤有机质处于中等以上水平，34.8% 的处于较低及以下水平（表2）。

表2 商洛市2020年各项土壤养分含量分级统计

项目		养分分级				
		极高	高	中等	低	极低
有机质	含量（克/千克）	>30	20~30	10~20	5~10	<5
	样本数（个）	14	83	193	146	9
	占比例（%）	3.1	18.7	43.4	32.8	2
全氮	含量（克/千克）	>2	1.5~2	1~1.5	0.5~1	<0.5
	样本数（个）	3	29	174	224	15
	占比例（%）	0.7	6.5	39.1	50.3	3.43
碱解氮	含量（毫克/千克）	>180	150~180	100~150	50~100	<50
	样本数（个）	6	26	247	161	5
	占比例（%）	1.4	5.8	55.5	36.2	1.1
有效磷	含量（毫克/千克）	>35	25~35	15~25	10~15	<10
	样本数（个）	73	95	199	54	24
	占比例（%）	16.4	21.3	44.7	12.2	5.4
速效钾	含量（毫克/千克）	>180	130~180	90~130	50~90	<50
	样本数（个）	38	115	207	81	4
	占比例（%）	8.6	25.8	46.5	18.1	1

与第二次土壤普查相比，全市土壤有机质含量平均提高35.2%（表3），也高于全省0.7%。但从全国看，商洛市土壤有机质含量仍处于较低水平，比全国平均低6.2克/千克（表4）。

表3 商洛市土壤养分含量变化情况

项目		有机质（克/千克）	全氮（克/千克）	碱解氮（毫克/千克）	有效磷（毫克/千克）	速效钾（毫克/千克）
第二次土壤普查检测数据		13.62	0.86	55	18.3	136
2020年土壤养分检测数据		18.42	1.18	106.6	23.34	108.01
2020年与第二次数据比较	增加数	4.8	0.32	51.6	5.04	-27.99
	增幅（%）	35.2	37.2	93.8	27.5	-20.6

表4 2020年商洛市土壤养分含量与全国、全省比较

项目	有机质（克/千克）	全氮（克/千克）	有效磷（毫克/千克）	速效钾（毫克/千克）
全国	24.65	1.301	19.2	120.6
全省	18.3	1.1	22.2	179.8

（续）

项目		有机质 （克/千克）	全氮 （克/千克）	有效磷 （毫克/千克）	速效钾 （毫克/千克）
商洛市		18.42	1.18	23.34	108.01
与全国比	增加	−6.2	−0.1	4.1	−12.6
	增幅（%）	−25.2	−7.7	21.4	−10.4
与全省比	增加	0.1	0.1	1.1	−71.8
	增幅（%）	0.7	7.3	5.1	−39.9

2.2 土壤全氮

全市耕地土壤全氮含量平均为 1.18 克/千克，变幅为 0.06～3.02 克/千克。七县（区）土壤全氮含量差异较大，其中商州区全氮含量最高，平均为 1.46 克/千克；洛南县次之，平均为 1.26 克/千克；镇安县最低，平均为 0.39 克/千克（表1）。目前，全市土壤全氮含量在 1 克/千克以上的田块仅占 46.3%，其余半数以上的田块土壤全氮含量处于较低水平（表2）。与第二次土壤普查相比，全市土壤全氮含量平均增加 0.32 克/千克，增幅 37.2%（表3）。与全省相比，全市土壤全氮含量较高，高于全省 7.3%。但与全国相比，商洛土壤全氮含量处于较低水平，比全国平均低 7.7%（表4）。

2.3 土壤碱解氮

全市耕地土壤碱解氮含量平均为 106.6 毫克/千克，变幅为 1～301 毫克/千克。七县（区）土壤碱解氮含量差异较大，其中商州区土壤碱解氮含量最高，平均为 130.1 毫克/千克；洛南县次之，平均为 125.4 毫克/千克；山阳县最低，平均为 78.9 毫克/千克（表1）。当前，全市有 62.7% 的耕地土壤碱解氮含量处于中等以上水平（表2）。与第二次土壤普查相比，全市土壤碱解氮含量平均增加 51.6 毫克/千克，增幅为 93.8%（表3）。

2.4 土壤有效磷

全市耕地土壤有效磷含量平均为 23.34 毫克/千克，变幅为 0.2～31.5 毫克/千克。七县（区）土壤有效磷含量差异较大，其中丹凤县土壤有效磷含量最高，平均为 26.4 毫克/千克；商州区次之，平均为 25.1 毫克/千克；山阳县最低，平均为 19.4 毫克/千克（表1）。目前，全市 80% 以上耕地土壤有效磷含量处于中等以上水平（表2）。与第二次土壤普查相比，全市土壤有效磷含量平均增加 5.04 毫克/千克，增幅为 27.5%（表3）。与全省、全国土壤有效磷含量相比，商洛市土壤有效磷处于较高水平，高于全省平均 5.1%，也高于全国平均 4.1 毫克/千克，增幅 21.4%（表4）。

2.5 土壤速效钾

全市耕地土壤速效钾含量平均为 108.01 毫克/千克，变幅为 5～201 毫克/千克。七县（区）土壤速效钾含量差异较大，其中洛南县土壤速效钾含量最高，平均为120.9 毫克/千克；柞水县次之，平均为 117.9 毫克/千克；山阳县最低，平均为105.8 毫克/千克（表 1）。目前全市 80％以上的耕地土壤速效钾含量处于中等偏上水平（表 2）。与第二次土壤普查相比，全市土壤速效钾含量 40 年间减少 27.99 毫克/千克，减幅为 20.6％（表 3）。从全国、全省看，商洛市土壤速效钾含量处于较低水平，分别仅为全国、全省的 89.6％和 60％（表 4）。

3 讨论

3.1 土壤养分变化综合分析

目前，商洛市耕地土壤有机质、全氮、碱解氮、有效磷、速效钾含量平均分别为18.24 克/千克、1.18 克/千克、106.6 毫克/千克、23.34 毫克/千克和 108.01 毫克/千克，商洛市大部分耕地土壤养分含量处于中等偏上水平。与第二次土壤普查相比，全市土壤有机质、全氮、碱解氮、有效磷呈上升趋势，其中土壤有机质、全氮分别提升 35.2％、37.2％，这与中国农田耕层土壤有机质含量呈整体上升趋势一致[6]。近年来，虽然全市实施了测土配方施肥项目，但一些农户的传统施肥习惯还未彻底改变，氮、磷肥的大量施用，使土壤中碱解氮、有效磷含量分别增加 93.8％和 27.5％。由于钾肥价格较高，加上农业比较效益低下，农民不愿施用或少用钾肥，致使土壤钾素没有得到及时有效补充，全市土壤速效钾含量呈下降态势，降幅达 20.6％。

3.2 土壤施肥建议

土壤养分含量与施肥水平、作物产量及其他农业措施的实施有很大的关系，尤其与施肥的关系更为密切[10]。从检测结果看，尽管商洛市近 40 年间土壤有机质含量呈上升趋势，但目前仍有近 35％的耕地土壤有机质含量还处于较低水平。提高土壤有机质含量要经历一个长期过程，对耕作土壤培肥来说，要注重加大有机肥的投入[11]。因此，商洛市应大力推广秸秆粉碎还田、秸秆堆沤还田、增施生物有机肥等技术，开展生态施肥，不断提高土壤有机质含量和土壤健康水平。

大量研究也表明，单施化肥以及化肥有机肥配施均能够提高土壤碱解氮、土壤有效磷含量[12-13]。商洛市耕地土壤全氮、碱解氮和有效磷含量较第二次土壤普查有较大提高，速效钾有一定下降，这与长期以来全市农民"重氮磷轻钾肥"的施肥习惯有很大的关系。商洛处于南水北调中线水源涵养区，改变传统的施肥方式，合理精量配施氮、磷、钾肥，分期分次施用，有利于降低农业面源污染风险，减少农业生产成本，实现经济效益、环境效应双赢。

4 结论

根据当前商洛市耕地土壤养分含量状况，结合近年来测土配方施肥项目成果，在今后的施肥中，应坚持"用地养地结合""有机无机配施""减氮稳磷增钾"的施肥原则。就小麦田块而言，建议目标产量在 350 千克/亩以上，亩施生物有机肥 3 000 千克、N 10～13 千克、P_2O_5 5～6 千克、K_2O 4～5 千克；目标产量在 250～350 千克/亩，亩施生物有机肥 2 000 千克、N 9～10 千克、P_2O_5 4～5 千克、K_2O 3～4 千克；目标产量在 250 千克/亩以下，亩施生物有机肥 2 000 千克、N 8～9 千克、P_2O_5 4～5 千克、K_2O 3～4 千克。施用时，60％氮肥和全部生物有机肥、磷钾肥作基肥一次施入，另外 40％氮肥于小麦拔节前一次施入。

对于玉米，建议目标产量在 500 千克/亩以上，亩施生物有机肥 3 000 千克、N 12～14 千克、P_2O_5 4～5 千克、K_2O 5～6 千克；目标产量在 400～500 千克/亩，亩施生物有机肥 2 500 千克、N 10～12 千克、P_2O_5 3～4 千克、K_2O 4～5 千克。施用时，1/3 氮肥和全部生物有机肥、磷钾肥作种肥一次施入，另外 2/3 氮肥分别在玉米拔节前、玉米大喇叭口前施入。

参考文献

[1] 王伟妮，鲁剑巍，鲁明星，等. 水田土壤肥力现状及变化规律分析——以湖北省为例. 土壤学报，2012，49（2）：319-330.

[2] 焉莉，王寅，冯国忠，等. 吉林省农田土壤肥力现状及变化特征. 中国农业科学，2015，48（23）：4 800-4 810.

[3] 张福锁，陈新平，陈清，等. 中国主要作物施肥指南. 北京：中国农业大学出版社，2009.

[4] 杨帆，徐洋，崔勇，等. 近 30 年中国农田耕层土壤有机质含量变化. 土壤学报，2017，54（5）：1047-1056.

[5] 赵小敏，邵华，石庆华，等. 近 30 年江西省耕地土壤全氮含量时空变化特征. 土壤学报，2015，52（4）：723-730.

[6] 徐茂，王绪奎，顾祝君，等. 江苏省环太湖地区速效磷和速效钾时空变化研究. 植物营养与肥料报，2007，13（61）：983-990.

[7] 商洛地区土壤普查办公室. 商洛土壤. 西安：陕西人民出版社，1988.

[8] 商洛市情. http://www.shangluo.gov.cn/slgk.jsp? urltype=tree.TreeTempUrl&wbtreeid=1039.

[9] 董自庭，姚文英，等. 贫困山区食用菌产业高质量发展对策研究. 中国食物与营养，2020，26（1）：18-20+46.

[10] 乔红进，贺玉柱. 山西省主要耕作土壤肥力变化规律及培肥对策. 中国农学通报，2010，26（20）：231-233.

[11] 孙树荣，董文旭，胡春胜，等. 华北半干旱区农田土壤肥力变化及培肥管理对策——以山西忻府

区为例.中国农学通报，2012，28（27）：87-93.

[12] Gong W，Yan X Y，Wang J Y，et al. Longterm applications of chemical and organic fertilizers on plant-available nitrogen pools and nitrogen management index. Biology and Fertility of Soils，2011，47：767-775.

[13] 李新乐，侯向阳，穆怀彬，等.连续6年施磷肥对土壤磷素积累、形态转化及有效性的影响.草业学报，2015，24（8）：218-224.

锌肥在大棚番茄上的应用效果

李艳宁　姚振刚　李雪华　邢凤丽　张晓萌　朱晓龙　李天怡

石家庄市藁城区农业技术推广中心

摘　要： 为了研究锌肥对番茄产量、经济效益及果实锌含量的影响，开展田间试验，确定锌肥在设施番茄上的合理高效施用方式。结果表明，锌肥底施＋叶面喷施效果较好，产量较对照提高 484 千克/亩，经济效益较对照提高了 363.3 元/亩，果实中锌含量较对照提高 9.6 毫克/千克。建议农户在锌肥底施的同时也要注重叶面喷施。

关键词： 锌肥；番茄；产量；经济效益；果实锌含量

番茄（*Lycopersicum esculentum* L.）是茄科番茄属一年生或多年生草本植物，原产南美洲。中国是世界最大的番茄生产和消费国家之一[1]。藁城地处冀中南平原，2020 年蔬菜种植面积为 12 万亩，番茄是设施蔬菜种植的主要作物之一。据调查，藁城区农户在种植番茄时大部分都施用微量元素，但没有针对性，普遍使用复合型微量元素肥料。锌作为作物生长发育不可缺少的微量营养元素，是作物体内多种酶类化合物的组分与活化物质，参与作物体内多种生理生化代谢，对于作物叶绿素形成及光合作用具有重要影响，锌缺乏或过量都会影响作物产量和品质[2-4]。本研究通过对大棚番茄进行锌肥底施和喷施，研究锌肥对番茄产量、经济效益及品质的影响，旨在为锌肥在番茄上的施用提供依据。

1　材料与方法

1.1　试验地概况

试验地设在石家庄市藁城区春辉种植服务专业合作社大棚内，肥力水平中等。土壤类型为潮褐土，质地为轻壤。前茬作物拉秧后取耕层土样进行土壤理化性质分析，土壤有机质 21.58 克/千克、全氮 1.28 克/千克、碱解氮 246 毫克/千克、有效磷 172 毫克/千克、速效钾 223 毫克/千克、pH 7.8。

1.2　试验材料

供试番茄品种：得倍利。供试肥料：江西宝海锌业有限公司生产的农用高效颗粒锌肥（纯锌含量≥25％±0.5％）。

1.3 试验设计

本试验设 3 个处理，3 次重复。每个小区 0.33 亩，各处理情况如下：

处理 1，对照（农民常规施肥，不施锌肥）；处理 2，对照＋锌肥底施（1.5 千克/亩）；处理 3，对照＋锌肥底施（1.5 千克/亩）＋锌肥叶面喷施［0.5 千克/（亩·次）］。

1.4 田间管理

本试验田于 2021 年 3 月 1 日底施鱼蛋白 20 千克/亩＋15－15－15 复合肥 50 千克/亩，处理 2 和处理 3 底施 1.5 千克/亩的硫酸锌。番茄 3 月 3 日定植，3 月 10 日冲施生根肥 1 千克/亩＋益生根 5 升/亩，3 月 30 日冲施钙镁硼肥 25 千克/亩，4 月 3 日冲施 20－20－20 水溶肥 5 千克/亩＋黄腐酸钾 1 千克/亩，4 月 18 日冲施 20－10－15 水溶肥 6.6 千克/亩＋生根肥 1 千克/亩，5 月 1 日冲施 20－10－15 水溶肥 10 千克/亩＋20－20－20 水溶肥 5 千克/亩，5 月 17 日冲施 20－20－20 水溶肥 5 千克/亩＋黄腐酸钾 1 千克/亩，5 月 30 日冲施 20－20－20 水溶肥 5 千克/亩，6 月 15 日冲施 10－10－30 水溶肥 5 千克/亩＋黄腐酸钾 1 千克/亩。处理 3 在 5 月 17 日、6 月 15 日、6 月 30 日喷施锌肥 0.5 千克/次，其他田间管理措施一致，根据病虫害发生情况进行病虫害的综合防治。6 月 1 日开始采摘上市，7 月 18 日结束采摘拉秧。

2 结果与分析

2.1 不同处理对番茄产量的影响

由图 1 可以看出：处理 2 锌肥底施较处理 1 对照增产 138 千克/亩，增产率 1.75%，处理 1 与处理 2 在产量上基本没有差异；处理 3 锌肥底施＋叶面喷施较处理 1 对照增产 484 千克/亩，增产率 6.16%，处理 3 与处理 1 在 $P<0.05$ 水平下差异显著。

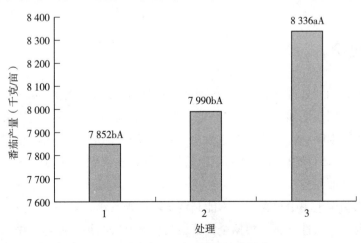

图 1　不同处理对番茄产量的影响

2.2 经济效益分析

番茄上市后农户销售的平均价格为 1.2 元/千克，锌肥价格为 72.5 元/千克，经计算得出经济效益分析表。由表 1 可知，处理 2 锌肥底施与处理 1 对照相比，增收 56.85 元/亩，经济效益无明显差异；处理 3 锌肥底施＋叶面喷施与处理 1 对照相比，增收 363.3 元/亩，说明锌肥底施＋叶面喷施经济效益较好。

表 1 经济效益分析

处理	产量 （千克/亩）	单价 （元/千克）	产值 （元/亩）	锌肥投入 （元/亩）	收益 （元/亩）	较处理 1 增收 （元/亩）
1	7 852	1.2	9 422.4	0	9 422.4	—
2	7 990	1.2	9 588	108.75	9 479.25	56.85
3	8 336	1.2	10 003.2	217.5	9 785.7	363.3

2.3 果实锌含量测定

在 7 月 10 日采集果实样品进行锌含量的测定，检测结果见表 2。由番茄锌含量测定结果可知，处理 1 对照与处理 2 锌肥底施，果实中锌含量差别不大；处理 3 锌肥底施＋叶面喷施，果实中锌含量明显增加。

表 2 果实锌含量测定结果

处理	检测结果（毫克/千克）	较处理 1 提高（毫克/千克）
1	4.2	—
2	4.6	0.4
3	13.8	9.6

3 结论与讨论

本试验结果显示，处理 2 锌肥底施经济效益比处理 1 对照增加 56.85 元/亩，果实中锌含量较处理 1 对照仅增加 0.4 毫克/千克，锌肥底施有一定效果，但效果不太理想；处理 3 锌肥底施＋叶面喷施，经济效益较处理 1 提高 363.3 元/亩，果实中锌含量较处理 1 提高 9.6 毫克/千克。锌肥底施＋叶面喷施效果较好，建议农户在田间管理中在锌肥底施的同时也要注重叶面喷施。

本试验中未测定土壤中锌含量，不能判定土壤是否富锌。刘铮[5]研究表明，我国低锌和缺锌土壤主要为石灰性土壤，根据全国第二次土壤普查结果，藁城区中部有一部分石灰性褐土，因此，在此区域应重视锌肥施用。

参考文献

[1] 邹庆圆，刘会丽，赵佳宗，等．腐植酸钾复合肥在番茄上的应用效果研究．腐植酸，2021（6）：32-35.

[2] 王景安，张福锁，李春俭．缺锌对番茄、甜椒生长发育及矿质代谢的影响．土壤通报，2001，32（4）：177-179.

[3] 杨永春．锌肥的作用及合理施用方法．科学种养，2019（5）：38

[4] 田伟，贾松涛，高静，等．底施锌肥对春大棚番茄生长及产量的影响．北京农业，2014（9）：157-158.

[5] 刘铮．我国土壤中锌含量的分布规律．中国农业科学，1994，27（1）：30-37.

锌肥在玉米栽培上的施用效果分析

刘金玺　齐建军　陈红霞　齐永梅　任彦慧

耿三存　杨志国　段雪雯　李　法

阜平县农业农村和水利局

摘　要：为了研究玉米在常规施肥栽培技术的基础上增施锌肥对产量及性状影响，选择在缺锌的耕地开展田间试验对比。试验结果证明增施锌肥能够提高玉米的产量，减少玉米秃尖和空秆率，增加穗长、穗粗、百粒重。

关键词：锌肥；玉米；硫酸锌

锌是玉米生长发育不可缺少的微量元素，能促进玉米光合作用，增强植株对于养分的吸收能力，促进玉米早熟，减缓叶片和茎秆的衰老，增加穗长、穗粗、穗粒数，提高百粒重，增强作物抗旱抗逆性[1]。玉米缺锌时会出现"花白苗"典型症状，植株生长受阻、节间缩短、植株矮小、茎秆细弱、根部发黑影响产量，缺锌严重时玉米出现秃尖和空秆现象[2-4]。

阜平县位于河北省西部，2020年耕地质量检测土壤酸碱度总体属微碱性，土壤锌元素含量不高、有效性较差。为了研究锌肥对玉米性状和产量的影响，确定锌肥的最佳使用量，在阜平县选择典型地块开展田间对比试验，为合理施用锌肥提供理论依据。

1　试验目的

2014年阜平县开展测土配方施肥项目，每年取60个土壤样品进行化验，化验结果显示阜平县耕地土壤含锌量为0.44～0.12毫克/千克。通过开展玉米增施锌肥试验示范，增强人们对锌肥重要性的认识，推动锌肥在农业生产中的应用。

2　材料与方法

2.1　试验基地概况

试验地点位于阜平县大台乡绿佳农业公司基地内，基地面积600亩。该地区属于温带季风性气候，日照充沛，平均气温15.6℃，无霜期235天，有效积温5 200℃，年平均降水量500毫米，主要集中在7—9月。耕地土壤类型为褐土，质地为沙壤土，地势平坦，肥力均等。2020年10月15日取土化验（表1）。

表 1 2020 年试验区土壤理化性状指标

取样层次 （厘米）	耕层厚度 （厘米）	土壤容重 （克/厘米³）	pH	有机质 （克/千克）	全氮 （克/千克）	有效磷 （毫克/千克）	速效钾 （毫克/千克）	缓效钾 （毫克/千克）	有效锌 （毫克/千克）
0～20	18	1.30	7.5	23.7	2.141	30.9	185	1 008	0.44

2.2 试验材料方法

2.2.1 试验材料

玉米品种选用丹玉 69，沈阳隆迪种业有限公司生产，属于中晚熟品种。锌肥品种为硫酸锌。

2.2.2 栽培方式

大垄双行种植模式，人工施肥，人工开沟。

试验设置 4 个处理。常规施肥区（处理 1 不施锌肥对照），锌肥作基肥和叶面喷施区 3 个，每亩施锌肥分别为 0.5 千克（处理 2）、1.0 千克（处理 3）、1.5 千克（处理 4），重复 3 次，随机排列。

每个小区面积 30 米²。试验区的地块形状一律采用长方形设计，四周设置防护栏和观察带。种植 7 行，每行 33 株，每小区间隔 60 厘米作畦，每穴 2 粒，每亩留苗 4 400 株，每小区留苗 200 株。整个试验过程中采用统一的田间管理方式，间苗定苗、中耕除草培土、施肥浇水、病虫害防治等农事操作均按常规管理，做到适时精确，避免因管理不同对试验造成影响。

锌肥叶面喷施方法：苗期开始喷施 0.1%～0.5%硫酸锌溶液，每隔 10 天喷一次，连喷 3 次，喷施时间宜选择在晴天下午 4 点以后进行，注意忌与碱性农药混合喷施，不让肥液过多流入心叶以免烧心。

2.3 测定项目

10 月 4 日收获。在拔节期（6 月 20 日）和抽雄期（7 月 15 日）分别调查各试验区植株高度、茎粗、叶片数、叶色。玉米收获后调查植株产量性状。按小区单收计产，换算成单位面积产量。采取 5 点取样法，每个试验区取 20 株调查植株性状及产量。

3 试验结果与分析

3.1 增施锌肥对玉米生长期影响

由表 2 可以看出施用锌肥地块玉米出苗率都在 99%以上，苗齐、苗壮、苗旺，与对照相比，增施锌肥处理的玉米拔节期、抽雄期、灌浆期都至少提前 2 天。通过对比发现增施锌肥提高了玉米出苗率，但不同锌肥施用量之间没有差异。

3.2 增施锌肥对玉米产量的影响

玉米收获后，每个试验区随机抽取 20 株，进行单株穗长、百粒重、秃尖长度、穗行数等统计，并对试验所得数据进行统计分析。

由表 3 可以看出，增施锌肥玉米产量性状各项指标均高于对照。其中处理 3 玉米穗长、行数、百粒重最高，秃尖长度最小，因而产量是最高的。增施锌肥玉米穗长分别增加 0.4 厘米、1.2 厘米、1.2 厘米；穗行数分别增加 2 行、4 行、4 行；百粒重分别增加 2 克、4 克、3.5 克；亩产量分别增加 35.55 千克、60 千克、53.45 千克，增产率分别为 4.91%、8.28%、7.38%。其中处理 2 和处理 4 产量性状各项指标变化幅度不明显。处理 3 对产量影响最大，通过对比发现增施锌肥可以减少秃尖，增加穗长和百粒重，每亩施用锌肥 1.0 千克时效果最佳。

表 2　试验区玉米生育期

处理区	播种期	出苗期	拔节期	抽雄期	灌浆期	成熟期	出苗率（%）
1	5月1日	5月8日	6月20日	7月10日	8月9日	9月29日	98
2	5月1日	5月8日	6月18日	7月8日	8月7日	9月24日	99
3	5月1日	5月8日	6月17日	7月8日	8月7日	9月24日	99
4	5月1日	5月8日	6月17日	7月8日	8月7日	9月24日	99

表 3　试验区玉米产量性状调查

处理	穗长（厘米）	穗行数	百粒重（克）	秃尖长度（厘米）	小区产量（千克）	亩产量（千克）	增产（千克）	增产率（%）
1	26.8	16	39.5	1.0	32.6	724.37	—	—
2	27.2	18	41.5	0.9	34.2	759.92	35.55	4.91
3	28.0	20	43.5	0.8	35.3	784.37	60	8.28
4	28.0	20	43.0	0.8	35.0	777.82	53.45	7.38

3.3 增施锌肥对玉米生长性状的影响

拔节期（6 月 20 日）和抽雄期（7 月 15 日）分别调查各试验区植株高度、茎粗、叶片数、叶色。

由表 4 可以看出增施锌肥后玉米植株高度、茎粗都有明显变化。拔节期植株高度分别增高 4～9 厘米、茎粗分别增加 0.4～0.6 厘米，其中处理 3 效果最明显。处理 2 和处理 4 差异不显著。增施锌肥对叶片叶龄没有影响，但施用锌肥的玉米叶色浓绿且没有花叶白条病。通过对比发现，增施锌肥使玉米在同一时期生长更快，植株更高更粗壮，说明增施锌肥对玉米生长有促进作用。

表 4　增施锌肥后玉米的生长变化

处理区 时间	株高（厘米）		茎粗（厘米）		叶龄		叶色		叶片（片）	
	6 月 20 日	7 月 15 日	6 月 20 日	7 月 15 日	6 月 20 日	7 月 15 日	6 月 20 日	7 月 15 日	6 月 20 日	7 月 15 日
1	96	280	1.8	2.75	10.5	16	绿色有轻微花白点	绿色有轻微花白点	10	16
2	100	289	2.2	2.98	10.5	16	绿色	绿色	10	16
3	105	292	2.4	3.05	10.5	16	绿色	绿色	10	16
4	105	290	2.2	3.00	10.5	16	绿色	绿色	10	16

3.4　各处理产量方差分析

由表 5 可以看出，区组间 F 值＝2.69＜$F_{0.05}$＝5.14，处理间 F 值＝163.08＞$F_{0.01}$＝9.76。这说明随着锌肥施用量变化，小区产量间存在极显著差异。

表 5　方差分析结果

变因	平方和	自由度	均方	F 值	$F_{0.05}$	$F_{0.01}$
区组间	0.4	2	0.21	2.69	5.14	10.92
处理间	39.61	3	13.25	163.08	4.76	9.76
误差	2.48	6	0.07	—	—	—
总变异	40.49	11	—	—	—	—

4　结论

在缺锌的耕地上施用锌肥提高了玉米出苗率，拔节期、抽雄期、灌浆期提前了 2 天，不同锌肥使用量处理之间没有差异。使用锌肥显著提高了玉米产量、降低了空秆率和减少了秃尖现象，增加了穗长和百粒重，其中施肥和叶面喷施硫酸锌效果最好，锌肥亩使用量在 1.0 千克时亩产量最高，比常规施肥增产 60 千克，增产率达 8.28%。

参考文献

[1] 张勇强，宋航，薛志伟，等. 施用锌肥和硼肥对玉米穗粒性状和品质的影响. 核农学报，2017，31（2）：371-378.

[2] 杜秀玲，王海玮，徐杏. 锌肥不同施用量对玉米产量及植株性状的影响. 安徽农业科学，2016，44（21）：37-38.

[3] 白云龙. 锌肥不同施用量对玉米产量效益影响. 内蒙古农业科技，2015，43（4）：34-35.

[4] 蒲孟达. 玉米锌肥试验. 耕作与栽培，1984（4）：63-94.

玉米缺锌症状及施肥技术

齐建军　刘金玺　陈红霞　齐永梅　王孟学

耿三存　杨志国　段雪雯　李　法

阜平县农业农村和水利局

摘　要：锌是玉米生长发育不可缺少的微量元素，缺锌会发生明显的生理病害，出现"花白苗"典型症状，严重时玉米会出现秃尖和空秆现象。合理施用锌肥能促进玉米光合作用，增强植株对于养分的吸收能力，促进玉米早熟，增加穗长、穗粗、穗粒数，提高千粒重，增强作物抗逆性，因此找出玉米缺锌的原因及应用相应的施肥方法和技术，成为玉米优质高产关键。

关键词：锌肥；玉米；硫酸锌

锌是玉米生长不可缺少的微量元素。锌肥在作物施肥上有"动力肥"之说，可以起到小肥大用的效果。锌是生长元素，参与生长素的代谢。锌能促进吲哚乙酸和丝氨酸合成色氨酸，而色氨酸是生长素的前身[1-2]。缺锌时，农作物体内吲哚乙酸含量减少，作物茎和芽中生长素也随之减少，从而使农作物生长发育停滞，导致植株矮小。锌是核糖和蛋白质的组成部分，是保持核糖和蛋白质结构完整性所必需的元素。缺锌时蛋白质积累被抑制，导致植物失绿[3]。锌与对植物遗传特征具有重要影响的核糖核酸的形成有密切的关系，能促进植物体内核糖核酸含量增加，影响生殖器官发育和受精作用，提高作物抗逆性[4]。

1　增施锌肥对玉米的影响

（1）促进作物光合作用，影响作物氮、磷的吸收，提高作物的抗逆性，能预防玉米秃尖和缺粒，降低空秆率，提高光合作用效率。

（2）增加玉米植株的重量，增强植株对土壤中养分的吸收和利用。

（3）促进玉米早熟，延缓叶片和茎秆的衰老枯萎。

（4）有效降低花叶率，促进果穗的形成，增加穗长、穗粗、穗粒数，提高千粒重。

2　玉米缺锌症状

玉米对锌敏感，当植株含锌量低于 20 毫克/千克时，玉米即处于缺锌状态。一旦缺锌，出苗后 1～2 周即可出现症状，首先在幼嫩叶片上出现白色或浅黄色条纹，俗称"花白苗"。拔节期缺锌叶片中肋两侧出现黄白失绿条斑或条带，叶肉消失，呈半透明白绸状，病叶遇风吹易撕裂，俗称"花叶条纹病"。玉米中后期缺锌时，节间缩短，植株矮小，根部发黑，茎秆细弱，植株易形成"空秆"或秃尖缺粒。严重影响产量。

3 作物出现缺锌的主要原因

（1）当土壤有效锌含量低于 0.5 毫克/千克时作物易缺锌。石灰性土壤，或为了改良酸性土壤而施用大量的石灰，有效锌就会被吸附和固定，导致作物缺锌。新垦的土地，由于含锌丰富的表土被深翻而导致表土缺锌。

（2）高产作物会吸收更多的锌元素，从而导致土壤缺锌。

（3）不合理的施肥习惯，导致锌元素施用量少，土壤归还量减少导致缺锌。

（4）耕作制度改变导致土壤复种指数提高，加上产量的增长，加剧了土壤缺锌。

4 锌肥的使用方法

常见的锌肥有硫酸锌、氧化锌、氯化锌等。硫酸锌是作物栽培时常用的锌肥，可以用来作基肥、浸种、拌种、追肥、叶面喷施。缺锌严重的地块，建议将锌肥作为底肥来用，结合苗期叶面喷施；缺锌不明显的地块，拌种、浸种就能达到增产的作用。

玉米对锌的需求量很少，田间试验示范证明每亩玉米地施加锌肥 0.93 千克左右增产最高。土壤肥力越低，施锌增产率越高。另外，施锌的增产幅度受早春温度影响比较大，早春温度正常，增产低；早春低温，增产率可达到 30％以上。玉米施用锌肥增产增收效果明显，增产幅度平均为 5％～10％，每千克锌肥可增加经济收益 50～60 元。玉米锌肥常用的施用方法如下。

4.1 基施

随基肥施入，每亩用量为 0.5～2 千克，如每亩用 1～2 千克硫酸锌拌干细土 10～15 千克条施或穴施。忌连年施用，每隔两年施加一次。注意不能将肥料直接撒在土壤表面。尽量施于根系附近，但不能直接接触根系。

4.2 浸种

用 0.02％～0.05％的硫酸锌溶液浸种 6～8 小时，注意控制好浓度，超过 0.1％时会影响种子的发芽。

4.3 拌种

每千克种子用 4～6 克硫酸锌。拌种时先用少量的热水把硫酸锌溶解在喷雾器或喷壶中，再加适量的水，边喷边搅拌种子，晾干后即可播种。

4.4 追肥

每亩用 1～2 千克硫酸锌拌细土 10～15 千克条施或穴施。也可与尿素等氮肥、钾肥混匀一起条施或穴施。忌与磷肥一起施用。

4.5 叶面喷施

在玉米苗期（6～8 片叶）叶面喷施锌肥效果最佳，硫酸锌水溶液喷施浓度以 0.15%～0.2% 为宜，每隔 10 天喷洒一次，共喷施 2 次。注意不要让肥液过多流入心叶，防止烧伤叶片。喷施锌肥时水要清洁，搅拌均匀后喷施。喷施时间在下午 4 点以后，晴天喷施效果最佳，作物叶片较干，肥液容易附着在叶片上，养分吸收利用率高。早晨喷，露水太多，易稀释肥液；中午阳光强，蒸发快，容易烧伤叶片且不利于吸收。注意气温高时喷施浓度宜低，浓度过高易使作物受害，引起烧苗。

5 提高锌肥利用率的方式

传统的锌肥施用方式主要有土施、浸种、拌种和叶面喷施。长期以来，对于旱地，锌肥主要作为基肥，采用土施、浸种和拌种方式施用；若作物生长过程中出现缺锌症状，一般采用叶面喷施作为补救措施。由于锌元素在碱性土壤中容易被吸附、固定和沉淀，土施方式利用率较低。而采用浸种、蘸根，或是喷施的方式施用，尽管可以在较短时间内补充植物器官中的锌含量，快速矫治作物的缺锌症状，但并不能从根本上解决土壤缺锌的问题。随着节水农业的不断发展，水肥一体化逐渐成为一种新的锌肥施用方式。一般来说，锌主要以离子形态被作物根系吸收。因此，把含锌水溶肥或锌肥和酸性氮、磷、钾肥料溶解于水中，促进锌肥均匀分布，通过水肥一体化技术施用，可将锌直接输送到作物根部，提高锌在干旱土壤中的有效性和作物吸收效率。此外，缓释锌肥使锌供给与植物吸收同步，腐植酸可增加锌的有效性，也可以提高锌肥利用率。

6 加强锌肥在农业生产中推广应用

从 20 世纪 90 年代开始，农业部（现农业农村部）高度重视锌肥的推广应用，结合测土配方施肥和耕地质量长期定位监测工作，加强对土壤中锌等中微量元素的监测和调查，进一步摸清了我国农业缺锌状况及成因，研究提出有针对性的治理措施。同时，将锌肥的施用作为一项重要措施纳入三大粮食作物区域大配方和科学施肥指导意见，开展锌等中微量元素的试验示范和推广工作。由于目前锌肥品种单一，锌肥的推广应用需要积极争取相关扶持政策，鼓励和支持企业研发和生产含锌肥料，如含锌尿素、含锌水溶肥料、含锌复混肥、含锌掺混肥、含锌大量元素水溶肥等，不断丰富锌肥品种，改进施用方式，引导农民科学合理施用锌肥。

参考文献

[1] 张勇强，宋航，薛志伟，等．施用锌肥和硼肥对玉米穗粒性状和品质的影响．核农学报，2017，31（2）：371-378.

[2] 杜秀玲，王海玮，徐杏．锌肥不同施用量对玉米产量及植株性状的影响．安徽农业科学，2016，44（21）：37-38.

[3] 周玉环．玉米缺锌症状与锌肥的施用技术．现代农业科技，2015，43（4）：34-35.

[4] 甘万祥．不同锌肥用量及方式对夏玉米光合特性、籽粒养分积累及产量的影响．郑州：河南农业大学，2015.

喷施锌肥对花生产量影响效果探析

巴玉环

河北省定州市农业技术推广中心

摘　要：为探析喷施锌肥对花生产量影响，通过多点微量元素单因素试验，了解锌肥施用对花生增产的作用。结果表明，喷施锌肥可使花生产量最高增加 21 千克/亩，增产作用明显，对于指导定州市花生种植科学施用锌肥具有重要的意义。

关键词：锌肥；硫酸锌；花生；产量

定州市位于太行山东侧、华北平原西缘、河北省中部，地处北纬 38°14′—38°40′、东经 114°48′—115°15′，平均海拔 43.6 米。属暖温带半湿润半干旱大陆性季风气候，土壤以褐土、潮土为主，农业土壤以壤质潮土为主，质地适中，地势平坦，土层深厚，平均土壤有机质含量 17.3 克/千克，全氮含量 1.15 克/千克，有效磷含量 29.8 毫克/千克，速效钾含量 89.3 毫克/千克，土壤肥沃；光热资源充足，四季分明，年日照 2 575 小时，日照百分率 59%，年均气温 13.4℃，无霜期 207 天；年平均降雨量 523 毫米，雨热同期，适合多种作物生长，可满足作物一年两熟。

定州市花生播种面积常年稳定在 5 000 公顷，是重要的油料作物。花生缺锌的外观症状是植株节间缩短，新叶呈伤疤状，叶小扭曲。本试验通过多点微量元素单因素试验，确定锌肥施用量对花生产量的影响，为科学合理施用锌肥、进一步提高定州市的花生产量提供科学依据。

1　材料与方法

1.1　试验地情况

2019 年，定州市花生锌肥试验在清风店镇北太平庄和北城区总司屯进行。试验地土壤类型均为壤质潮土，肥力较高，地力均匀，土壤耕层理化性状见表 1。

表 1　ASI 法测定 0～20 厘米土壤基本农化性状

	pH	有机质 （克/千克）	全氮 （克/千克）	有效磷 （毫克/千克）	速效钾 （毫克/千克）	Fe （毫克/千克）	Mn （毫克/千克）	Zn （毫克/千克）
北太平庄	7.9	22.85	1.65	29.87	98.4	32.49	19.16	3.18
总司屯	8.1	20.27	1.38	21.79	61.44	51.87	24.53	2.17

1.2 供试材料

供试花生品种为冀花 4 号，供试锌肥选用硫酸锌。

1.3 试验处理

试验包括两个地块，每个试验地块设 3 个处理。

处理 1：0 水平（空白对照）。

处理 2：1 水平　用 0.2% 硫酸锌在 6 月 5 日花生苗期喷施一次。

处理 3：2 水平　用 0.2% 硫酸锌在 6 月 5 日花生苗期和 7 月 20 日花生结荚期各喷施一次。

注意：喷施以叶面不滴水为宜。

1.4 试验重复、小区排列和试验方法

田间试验设 3 次重复，随机排列，重复内土壤、地形等条件相对一致。

试验小区：小区面积为 30 米², 每个试验小区间隔 30~40 厘米。

播种密度：10 000 穴/亩，每穴播种 2 粒种子。

试验管理：两个地块中，田间试验各处理的氮、磷、钾肥用量采用测土配方施肥推荐用量和施肥方式，试验所用大量元素肥料中不包含锌微量元素。在花生整个生育期，田间管理措施相同，并对各处理的生长状况进行观察记载，收获期产量单打单收，考种记产。

2 结果与分析

2.1 田间调查记载

试验于 2019 年 4 月 20 日播种，5 月 1 日出苗，6 月 20 日始花期，7 月 20 日结荚，9 月 20 日成熟、收获、晾晒，10 月 15 日称重测产，测产采取全样本实收测产方式（荚果）。

2.2 清风店镇北太平庄地块（地块 1）

2.2.1 产量结果（表 2）

表 2　北太平庄地块不同处理对花生产量的影响（折合亩产）

处理	小区产量（千克）			平均（千克）	比处理 1 增产（千克）	比处理 1 增产百分比（%）	处理 3 比处理 2 增产（千克）	处理 3 比处理 2 增产率（%）
	I	II	III					
处理 1	338	339	336	338	—	—	—	—
处理 2	353	345	348	349	11	3.25	—	—
处理 3	356	354	354	355	17	5.03	6	1.72

2.2.2　结果分析

试验结果表明：喷施硫酸锌的处理与对照相比，增产 11～17 千克/亩，增产率 3.25%～5.03%；喷施两次与喷施一次对比，产量增加 6 千克/亩，增产率 1.72%。通过方差分析可以看出，各处理间存在显著差异（表3）。

表3　北太平庄地块花生产量结果方差分析

变异来源	平方和	自由度	均方	F 值	$F_{0.05}$	$F_{0.01}$
处理间	446	2	223	33.45	5.143 25	
误差	40	6	6.67			
总变异	486	8				

最大值 356 千克出现在处理 3，最小值 336 千克出现在处理 1；处理 3 的均值为 355 千克，处理 1 的均值为 338 千克。

2.3　北城区总司屯地块（地块2）

2.3.1　产量结果（表4）

表4　总司屯地块不同处理对花生产量的影响（折合亩产）

处理	小区产量（千克）			平均（千克）	比处理1增产（千克）	比处理1增产百分比（%）	处理3比处理2增产（千克）	处理3比处理2增产率（%）
	Ⅰ	Ⅱ	Ⅲ					
处理1	331	330	328	330	—	—	—	—
处理2	348	340	344	344	14	4.24	—	—
处理3	352	351	349	351	21	6.36	7	2.03

2.3.2　结果分析

试验结果表明：喷施硫酸锌的处理与对照相比，增产14～21 千克/亩，增产率4.24%～6.36%；喷施两次与喷施一次对比，产量增加 7 千克/亩，增产率2.03%。通过方差分析可以看出，各处理间存在显著差异（表5）。

表5　总司屯地块花生产量结果方差分析

变异来源	平方和	自由度	均方	F 值	$F_{0.05}$	$F_{0.01}$
处理间	690.8	2	345.4	50.15	5.143 25	
误差	41.3	6	6.89			
总变异	732.2	8				

最大值 352 千克出现在处理 3，最小值 328 千克出现在处理 1；处理 3 的均值为 351 千克，处理 1 的均值为 330 千克。

2.4 两地块间结果分析

经比较，地块 1 土壤肥力比地块 2 土壤肥力较好，在施肥措施一样的情况下，地块 1 平均产量高于地块 2；但是地块 2 土壤锌含量较低，在施用相同水平的硫酸锌后，增产幅度比地块 1 大，说明在土壤锌低水平情况下，施加锌肥对花生增产作用较显著，这与刘铮、林辉[1-2]的结论一致。

3 试验结论

在目前地力水平条件下，喷施锌肥产量与不喷施锌肥相比达到显著水平，喷施锌肥对花生有显著的增产作用，这与周可金[3]的结论一致；喷施两次锌肥产量虽然最高，但与施用一次锌肥相比增产量达不到显著水平，因此喷施一次硫酸锌最为合理。施用锌微量元素肥料已成为提高花生产量的有效措施，但在生产上推广应用需要因地制宜[4]。

参考文献

[1] 刘铮 . 中国土壤微量元素 . 南京：江苏科学技术出版社，1996：1 - 133.
[2] 林辉 . 福建省农田土壤的硼、锌、钼素概况及花生施用硼、锌、钼肥的研究 . 花生科技，1985（3）：10 - 12.
[3] 周可金，马成泽，李定波，等 . 花生 B、Cu、Mo、Zn 肥配施效应研究 . 花生学报，2003，32（1）：21 - 25.
[4] 丛惠芳，孙治军，张梅，等 . 不同量 B、Zn 肥对花生生长和产量的影响 . 山东农业大学学报（自然科学版），2008（2）：171 - 174.

关于全域推进种植业绿色发展的思考

王自立[1]　陈　强[2*]　李　芳[1]　戴桂英[1]　刘晓燕[2]　段丽红[2]　刘建兵[2]

1. 杭锦后旗农牧业综合保障中心；2. 杭锦后旗现代农业发展中心

摘　要： 杭锦后旗在农业绿色生产关键技术攻关与应用方面做了大量探索，为加快农业绿色发展积累了经验、奠定了基础，被确定为国家农业可持续发展试验示范区和国家农业绿色发展先行先试区。集成了以"四控"为代表的绿色发展技术路径，如何进一步将相对成熟的各项绿色技术集成组装，为全域推进绿色发展提供原料支撑，对于实现绿色兴农、质量兴农、品牌强农具有重要意义。

关键词： 种植业；生态；绿色发展

近年来，杭锦后旗在农业绿色生产关键技术攻关与应用方面做了大量探索，为加快农业绿色发展积累了经验、奠定了基础。2017年杭锦后旗被确定为国家农业可持续发展试验示范区和国家农业绿色发展先行先试区，开启了绿色发展的新征程。杭锦后旗秉承绿色发展理念，编制了先行先试区总规、控规、详规、中长期规划等；修订了15项各类农牧业绿色标准与规范性文件，制定了控水、控肥、控膜、控药等12个绿色发展专项行动方案。健全了党政主要领导牵头抓总的工作机构，建立了国家重要资源台账与绿色发展负面清单制度，与全国农业技术推广服务中心、中国农业科学院、中国农业大学等科研院校在全域种植业绿色发展、盐碱地生态治理、生物质工程利用等方面联创共建，承办了全国整县全域绿色发展高层论坛，集成了以"四控"为代表的绿色发展技术路径。样板先行、核心带动，整旗制推进。如何进一步将相对成熟的各项绿色技术集成组装，为全域推进绿色发展提供原料支撑，对于实现绿色兴农、质量兴农、品牌强农具有重要意义。

1　杭锦后旗农业基本情况：优势条件与制约因素并存，同样突出

1.1　发展条件优越

杭锦后旗位于内蒙古自治区巴彦淖尔市西部，地处河套平原腹地，北靠阴山，南临黄河，地势平坦，土层深厚，耕地面积138万亩，是典型的农牧业大县，农业基础优势明显。

---

* 通讯作者：陈强，E-mail：bmhhtgg@163.com

1.1.1　光热资源丰富

全年无霜期 140 天，日平均气温≥10℃积温为 3 238℃，日照时数 3 420 小时，日照率 72%，是全国光能资源最丰富的地区之一。

1.1.2　灌溉条件优越

黄河流经境内长 17 公里，境内有河套地区最早开挖的乌拉河、杨家河、黄济渠三大引黄干渠，渠系网络完备，自流灌溉便利，是全国八大自流灌溉农区之一。每年引黄水量近 9 亿米^3，其中 80% 属农业用水，境内湖泊、海子蓄水量达 750 万米^3。

1.1.3　农牧产业优质

全旗盛产小麦、玉米、向日葵、牛羊肉等优质农畜产品，年粮食产量 6 亿公斤以上，牲畜存栏 228 万头（只），草畜平衡、资源匹配；建成农业科技示范园区 56 个，农业标准化示范基地 31 个，绿色农产品原料基地认证面积 128 万亩，富硒小麦、绿色果蔬等 75 个产品获得"三品一标"认证，总产量近 50 万吨。硬质红皮小麦生产的雪花粉享誉全球。

1.1.4　基础设施扎实

杭锦后旗历来重视农业，20 世纪 90 年代"吨粮田"生产模式被誉为"北纬 40 度上的奇迹"。全旗累计建成高产稳产农田 35 万亩，土地流转面积 43 万亩，农民专业合作组织 1 100 多个，农机化作业水平 81%。

杭锦后旗先后获全国粮食生产先进县、全国农畜产品质量安全县等称号，也是内蒙古唯一列入国家级农业可持续发展试验示范区的旗县。整体而言，杭锦后旗有着独特的区位优势、产业优势和先发优势，农业生产能力水平再提升空间大、后劲足。

1.2　制约因素突出

相对于得天独厚的农业基础条件，杭锦后旗农业资源透支、生态环境弱化等问题同样突出，尤其是水土问题，对当地农业可持续发展造成较重威胁。

1.2.1　土壤盐碱化普遍

土壤类型以灌淤土和盐土为主，盐碱地面积大、分布广，全旗 138 万亩耕地中，盐碱地超过 70 万亩，占一半以上；中、重度盐碱耕地 35 万亩，占盐碱地的一半。

1.2.2　水资源利用率低

引黄灌溉大多采用地面漫灌，用水量大，浪费严重，每亩耕地农业用水平均超过600 米^3，比全区平均水平高一倍。全旗农田灌溉水有效利用系数不到 0.5，较全区低 0.1 还多。

1.2.3　农业面源污染严重

化肥用量高居不下，亩均用量（折纯）27 千克，高出全区平均水平 37%；农田残膜、滴灌带、农资包装等废弃物普遍存在回收难、无害处理难等问题。

1.3　发展基础良好

1.3.1　前期工作扎实

杭锦后旗旗委政府高度重视国家农业绿色可持续发展试验示范区建设，按照抓农业生产致力于"强"、抓农村生态致力于"美"、抓农民生活致力于"富"的总要求，形成了全旗上下狠抓"三农三生"的混合动力，成立了专项推进领导小组，健全了责任机制，编制了规划蓝图，建立了资源台账，形成了领导重视、资源整合、全民共建的良好氛围；积极扶强扶大龙头企业，推进土地规模化经营，强化人才引育体系建设，夯基垒台、立柱架梁，打响了杭锦后旗国家农业绿色可持续建设的"持久战"。

1.3.2 协同机制有效

近年来，由全国农业技术推广服务中心和内蒙古自治区土壤肥料和节水农业工作站牵头开展的"四级联创"共建机制，秉承"创新、协调、绿色、开放、共享"发展理念，以"农业增效、农民增收、农村增绿、农业绿色可持续发展"为总体目标，以"治盐改土育良田、控水减投节资源、绿色高效优结构、三产融合小康路、创新驱动增活力、四级联创强支撑"为工作主线，加快农业现代化、促进农业可持续，形成了联创共建合力推进绿色生产的工作机制。

1.3.3 科技支撑有力

以全国农业技术推广服务中心"四级联创节水控肥增效"、中国科学院南京土壤研究所"所旗联建改盐增草（饲）"、中国农业大学资环学院、内蒙古农牧科学院"院地共建科技示范旗"、内蒙古农业大学水建院"校地共建改盐节水"为代表的"两院两校五站一中心"的专家团队带着项目、人才、技术在杭锦后旗开展科研攻关、技术集成、成果推广。"向日葵科技示范推广创新人才团队（县域）"入选内蒙古自治区第五批"草原英才"产业创新人才团队，"盐碱地生态治理与技术集成利用体系人才团队"入选内蒙古自治区第八批"草原英才"产业创新人才团队。强有力的科技服务支撑推动了杭锦后旗在区内外的农业位次，集成推广了一大批典型模式与成熟技术。

1.4 承载力分析

1.4.1 水资源条件优越

全旗境内水资源总量约为 10 亿米^3，其中：降水量 5.2 亿米^3，地下水资源量 3.08 亿米^3，可开采量为 4 510 万米^3，矿化度小于 2 克/升的地下水资源量为 5 573 万米^3。地下水平均埋深 1.93 米，丰水期地下水平均埋深为 1.11 米，枯水期地下水平均埋深 2.5 米，年内平均变幅为 1.89 米。地表水资源量 9.3 亿米^3，黄河流经境内长 17 公里，是全国八大自流灌溉农区之一，过境年流量 356.07 亿米^3，其中乌拉河、杨家河、黄济渠从黄河平均引水量约 8.8 亿米^3；总排干沟从杭锦后旗北部经过，年排水量约 1.2 亿米^3，境内湖泊、海子蓄水量达 750 万米^3，可以满足农业生产用水。

1.4.2 土壤植被丰富

杭锦后旗处于引黄自流灌溉的平原地带，南北长约 87 公里，东西宽约 52 公里，总面积 1 751.53 公里^2，其中耕地面积 137.2 万亩，占总土地面积的 52.23%。全旗土壤分 5 个土类，8 个亚类。土壤有机质含量 21.6 克/千克，土壤全氮含量 0.79 克/千克，土壤有效磷含量 14.4 毫克/千克，土壤速效钾含量 118 毫克/千克，土壤 pH 8.5。土壤类型主要以灌淤土为主，占 80% 左右，其次是盐碱土、风沙土。天然植被主要有红柳、白茨、碱蓬、纤纤草、芦草；人工植被有杨树、柳树、小麦、玉米等。

1.4.3　草畜平衡有机肥资源充足

杭锦后旗年均种植小麦 45 万亩，可产生秸秆 15.7 万吨；玉米 43 万亩，可产生秸秆 63 万吨、籽实 43 万吨；向日葵 30 万亩，可产生葵盘 6 万吨；经济作物 20 万亩，可产生秧蔓与瘪籽 10 万吨；各类林地可产枝叶杂草 30 万吨；种植牧草 10 万亩、15 万吨，饲草总量 182 万吨。一只羊年均需精料 90 千克、草料 550 千克；一只牛年均需精料 900 千克、草料 5 500 千克。2019 年以后，全旗预计存栏羊 200 万只、牛 9 万头、农户自养猪 8 万头，年消纳精料 32 万吨、草料 155 万吨，草畜基本平衡，养殖业年均产生粪便 220 万吨，按照 2∶1 比例腐熟，可以满足 110 万亩耕地消纳，剩余 30 万亩耕地通过复种绿肥、秸秆还田来平衡。

2　发展对策：厚植优势，消除瓶颈，找准全县域种植业绿色生产的实现路径

鉴于杭锦后旗农业既有良好的发展基础，也有亟待解决的现实问题和迫切的绿色生产需求，发展全县域种植业绿色生产须用好两个导向，即坚持问题导向与目标导向并重。抓住三个关键点：着眼"全域"，实现两个覆盖，即全产业覆盖和生产全程覆盖；突出"绿色"，重点解决水土问题，通过土壤盐碱治理、水肥药高效集约利用等技术手段培肥地力，改善生态；围绕"种植业"，大力发展优质专用小麦，做大做强瓜果蔬菜产业，优化结构，提升品质，打造品牌，提升优势特色产业质量和效益。重点在五个方面下功夫。

2.1　营造良好生态，筑牢绿色根基

瞄准杭锦后旗农业生态之"忧"，以土为重点，加大生态修复改良。因地施策，修复盐碱。重度盐碱地推广暗管排盐工程技术，中轻度盐碱地推广增施有机肥、种植耐盐作物、化学制剂改良和秸秆还田技术模式，全面推进"改盐增草（饲）"工程，实现生态治理与保护修复。改良土壤，培肥地力。构建合理轮作种植模式，建设高标准农田，推进耕地轮作制度试点工作，建立群管群治、动态水盐监测、全员宣传培训的保障机制，推进资源永续利用。

2.2　立足资源禀赋，优化绿色布局

依托杭锦后旗农业基础之"优"，巩固提升粮食产能，调优种植结构。增粮转饲，优化格局。增加优质绿色专用小麦种植，调减籽粒玉米，扩大饲草、青贮玉米种植，适度扩大麦后复种绿肥和饲料油菜等，促进饲草转化与畜牧养殖协调发展。果菜提质，做强特色。引进推广加工型蔬菜、特色瓜果品种，扩大设施蔬菜种植，发展林下中药材、特色养殖和蔬菜林果定制产业，提升标准化生产水平，促进特色作物生产与需求协调

发展。

2.3 突出减量增效，强化绿色管控

缓解杭锦后旗农业污染之"急"，以水为切入点，推进节水控肥减药增效，打造全程绿色投入链。节水增效，缓解资源压力。筛选推广抗旱节水品种，推广渠道防渗、喷灌滴灌、深松深耕等涵水保墒技术，在设施农业和露天高效经济作物上重点推广黄河水二次澄清水肥一体化技术。精准施肥用药，提高利用效率。施肥坚持减量提效，示范推广新型高效肥料，推进测土配方施肥全覆盖，应用有机养分替减化肥技术；用药坚持减量控害，优先采用生态调控、物理防控和生物防控等非化学防控措施，减少除草剂用量，筛选高效低毒低残留农药品种，对症对靶用药、适时适量施药，推进绿色防控和统防统治。

2.4 实施种养结合，促进绿色循环

满足杭锦后旗产业融合之"需"，推进"以种促养、种养结合"。促进循环利用，构建畜禽粪便-沼气工程-能源（有机肥）、秸秆-青贮饲料-养殖业和秸秆直接还田等循环链，实现玉米、向日葵等作物秸秆与畜禽粪污的资源化、能源化开发利用。促进残膜回收，提高农膜厚度和强度，创新地膜"零残留"回收和无害化处理机制，探索资源化再利用模式。建立健全可降解地膜试验示范和评价体系，促进无害化利用。

2.5 推动优质优价，唱响绿色品牌

突出杭锦后旗绿色生产之"效"，实现产业利农、品牌富农。提升产品美誉度，发挥已认证的绿色农产品、"天赋河套"区域公用农产品品牌的优势，立足区域特色，持续提升品质，加大标准化生产基地建设，挖掘中高端产品供给潜力，保障产品质量稳定升级。提高品牌知名度，引进龙头企业和大型电商服务平台，发展订单种植，衔接加工链条，拓宽销售渠道，实现行销并轨；做优做强面业、糖业、果业等特色产业，扩大市场影响力，实现品牌增效、特色增收。

3 建议措施：政策配套、技术跟进，确保各项工作梯次接续、压茬推进

3.1 政策支持

设立全域种植业绿色产业发展基金，每年旗本级安排预算资金，主要用于奖励在推进全域绿色发展工作中实绩突出的乡镇和职能部门和奖励在推进全域绿色发展工作中实绩突出的引进专家和优秀个人。

3.2 技术支撑

统筹科研、教学、推广和企业等多方技术力量，组织成立专家技术指导组与技术服务

团队，抓好各项任务组织落实和生产推进工作。通过技术培训、观摩学习和宣传推介等形式，树立典型，总结经验，推广成果，推动农牧业高质量发展。强化人才引育服务体系建设，在已建立了"博士工作站"的基础上，进一步建设"科技小院"，联合农业科研院校、技术推广部门等相关领域专家组建绿色生产专家团队，负责重大生产难题的技术帮扶与指导，针对耕地盐碱、面源污染等突出问题，定点包片、分类分级开展排盐改土、化肥替减等专项攻关，形成解决方案；针对粮食作物、经济作物、瓜果等全程需水施肥用药规律，提出节水控肥减药等节本提质增效技术方案；大力开展绿色高产创建、除草剂减量增效、向日葵蜜蜂授粉、残膜回收利用等技术示范推广，加大技术集成组装力度，提高技术耦合效应。

3.3　管理创新

将全域种植业绿色生产示范区建设纳入政府部门的年度考核目标，建立农业绿色可持续发展的考核机制及目前重要指标与建设目标。充分发挥新闻媒体的宣传和监督作用，保障对农业全域绿色生产的知情权、参与权和监督权，广泛动员公众、非政府组织参与保护与监督，健全农业环境污染举报制度，广泛接受社会公众的监督。

3.4　资金保障

按照突出重点、聚焦问题、集中力量、打造典型的思路和渠道不乱、用途不变、各负其责、各记其功的原则，将国家、自治区以及地方相关项目资金整合使用，统筹落实；构建起以上级财政资金为杠杆，地方财政资金为引导，引进企业投入为主体，扶持地方经营主体、社会资本、工商资本投入为参与的多元化资金投入保障机制。

有机肥施用对作物生长和产量的影响

李晓雨

黑龙江省肇东市农业技术推广中心

摘　要：为推进有机肥生产和使用，肇东市农业技术推广中心布设了谷子和鲜食玉米大田试验。采用大区对比法，谷子种植区设置谷子有机替代和有机肥处理，玉米种植区设置化肥和有机肥处理。利用秸秆和鸡粪自行制备有机肥，用量 2 吨/亩做底肥，结合叶面喷施黄腐酸钾 200 毫升/亩。谷子有机替代处理施用有机无机掺混肥 60 千克/亩做底肥，玉米化肥处理施用配方肥 40 千克/亩做底肥，并追施尿素 20 千克/亩。在作物生育期调查其生育进程、苗期生长情况，于秋收测定作物产量和土壤容重。有机替代处理即有机无机配施处理的谷子和化肥处理玉米的生长态势指标和产量效益均优于有机肥处理。有机肥处理谷子的生育进程比化肥处理略延迟，玉米延后 3～4天。有机替代处理的谷子苗期根系长度和谷子品质优于化肥处理。有机替代处理谷子其他生长指标和玉米苗期茎粗、叶龄、根重和全株鲜重等生长情况优于有机肥处理。有机替代处理谷子成熟期株高略高于有机肥处理，穗长略长。有机替代处理谷子产量和玉米亩穗数均高于有机肥处理，鲜食玉米一级穗数量显著高于有机肥处理。化肥处理的毛收益高于有机肥处理。有机肥处理的土壤容重低于化肥处理。

关键词：土壤容重；谷子；鲜食玉米；生长态势

肥料是作物的"粮食"，施肥能够提高作物产量，改善作物品质，但化学肥料的不合理施用易造成环境污染、土壤退化等问题（晁赢[1]等，2009；夏玉春[2]等，2010）。随着公众环境意识的不断提高，人们开始重点发展绿色种植，农业生产方面越发重视有机肥的施用（谢军[3]等，2016；傅伟[4]等，2017）。有机物料包括商品有机肥和自制有机肥等多种物料。商品有机肥制备需要设备投入和一定技术基础，而堆沤有机肥简单易行，且投入较低。因此，研究自行堆沤有机肥对作物的生长过程、产量、经济效益以及土壤性状的影响，可以为推行有机肥部分替代化肥提供数据支撑，具有较好的实践意义。

已有研究表明，在保障作物产量和粮食安全的前提下，减少化肥施用量，同时增加有机物料输入，可以有效提高土壤肥力、作物产量和经济效益，减少环境污染（孙文涛[5]等，2011；高菊生[6]等，2014）。有机肥替代部分化肥后，增加了土壤养分含量，能够满足作物生长需求，保证作物稳产、增产，提高经济效益（罗阳[7]等，2014；王兴龙[8]等，

2017）。同时，有机与无机养分供应达到平衡，改善了作物品质，改良了土壤性状（祝英[9]等，2015；洪瑜[10]等，2017；温延臣[11]等，2018）。因此肇东市自行制备有机肥，用于谷子和鲜食玉米栽培，布设"有机替代化肥"试验示范，探索有机肥生产和施用典型，用于不同作物的"有机营养套餐"和"有机无机营养套餐"施肥模式，希望达到可复制、可推广的目的，进而促进有机绿色食品的生产和农业的可持续发展，实现农业提质增效。

1 试验设置和方法

1.1 示范地基本情况

于肇东市里木店镇永丰村布设谷子栽培有机替代试验，经营主体为肇东市里木店镇裕村香谷物种植专业合作社，该试验区海拔152米，土质肥沃，排灌良好；于肇东市海城乡海城村布设玉米栽培有机肥施用试验，经营主体为肇东市海城乡双丽谷物种植专业合作社，该试验区海拔139米，土壤较贫瘠。两处土壤类型均为碳酸盐黑钙土，地势平坦，肥力均匀，前茬作物均为玉米。

1.2 示范作物

谷子，品种为龙谷25；鲜食玉米，品种为京科糯2000。

1.3 示范处理设置

两种作物施用肥料示范均采用大区对比，不设重复，顺序排列。

谷子试验示范面积共190亩，示范区垄距0.67米、垄长500米。设置2个处理，分别为有机替代处理和有机肥处理。化肥处理示范面积80亩，化肥做底肥，施用量为60千克/亩，一次性施入；有机肥处理示范面积110亩，施用堆沤有机肥2吨/亩做底肥，叶喷黄腐酸钾200毫升/亩。

玉米示范区面积240亩，示范地垄距1.1米、垄长600米。设置2个处理，分别占地120亩，2个处理分别为化肥处理和有机肥处理。化肥处理施用配方肥40千克/亩做底肥，追施尿素20千克/亩；有机肥处理施用堆沤有机肥2吨/亩做底肥，6月下旬有机肥处理试验区叶喷黄腐酸钾200毫升/亩。

1.4 供试肥料制备和购买

谷子种植用肥：有机无机掺混肥（有机质≥25%，N：8%、P_2O_5：6%、K_2O：6%），购自肇东市田园生物科技有限公司。自行制备有机肥。

玉米种植用肥：配方肥（N：18%、P_2O_5：16%、K_2O：13%），购自庆东阳光农业生物科技股份有限公司；尿素（N：46.4%），购自中国石油大庆石化分公司化肥厂。自行制备有机肥。

有机肥制备方法：使用鸡粪与粉碎的玉米秸秆按 4：6 混配，每吨均匀加入有机物料腐熟剂 4 千克，经高温堆沤发酵制成有机肥待用。有机肥含有机质≥30％，水分≤38％。玉米秸秆有机肥的堆沤过程如表 1 所示。

表 1　有机肥堆沤过程控制

日期（月．日）	3.19	3.20	3.21	3.22	3.23	3.24	3.25	3.26	3.27	3.28	3.29
温度	−3℃	15℃	21℃	28℃	33℃	38℃	51℃	57℃	60℃	65℃	62℃
操作	翻堆	翻堆	翻堆	翻堆	发酵	热源	发酵	发酵	发酵	发酵	翻堆

1.5　试验地田间管理

春季整地施肥：化肥处理试验区整地施肥采用大型机械一次完成，谷子施肥深度 20 厘米，玉米施肥深度 15 厘米。有机肥处理试验区采用人工抛撒有机肥，然后整地起垄。

播种：谷子坐水后采用机器播种，覆土深度 1 厘米。采用玉米机械播种，同时一体化完成镇压作业。

除草管理：采用常规管理方法进行玉米封闭除草，使用 90％乙草胺（200 毫升/亩），加 38％莠去津（250 毫升/亩）和 2,4-滴（20 毫升/亩）。三种农药购于当地农资商店。

中耕管理：谷子中耕深度 15 厘米，玉米中耕深度 10 厘米。

谷子钻心虫防治措施：化肥处理区 6 月 20 日喷施高氯（50 毫升/亩）和毒死蜱（20 毫升/亩）。

1.6　样品采集和指标测定

作物生育进程调查：监测记录作物出苗期、三叶期、拔节期、抽穗期和成熟期。

土壤容重测定：测产前于田间利用环刀采取 0～10 厘米土层原状土壤样品，每个处理采集 6 个点。将环刀盒装入自封袋密闭防止水分损失，带回实验室称重，烘干后再次称重，再次或多次烘干至恒重。

苗期生长情况调查分析：谷子苗期每个处理随机取 5 个点，每点随机选定 20 株，测定株高、茎粗、叶龄、根长、根重、全株鲜重等生长状况。

作物产量测定：秋季进行测产，重复三次。谷子试验区内每个处理随机测量 10 株作物的株高和穗长，并采用 S 形随机取 5 个点，每点面积 2 米^2，割取全部谷穗，晾晒干燥，将谷子脱粒后剔除秕谷粒和杂质称重，用水分测定仪测定籽粒含水量，计算标准水的平均亩产。9 月初鲜食玉米乳熟中期进行三次重复测产，每次 S 形随机取 5 个点，每点 5 米双行，收获全部鲜果穗，去皮、切削、分级，切削去除两头后穗长 15 厘米以上为一等穗，13～15 厘米为二等穗，11～13 厘米为三等穗，计算各级标准穗平均穗数。

1.7 数据统计与分析

采用 Microsoft Excel 2016 软件对数据进行整理，采用 SPSS 19.0 软件对数据进行单因素方差分析，利用 Origin 9.0 绘图。

2 结果与分析

2.1 有机肥施用对土壤容重的影响

谷子种植试验区土壤有机肥施用处理的土壤容重数值小于有机替代区，但二者差异不显著；玉米种植试验区土壤有机肥施用处理的土壤容重数值小于化肥施用处理，二者差异不显著（图1）。

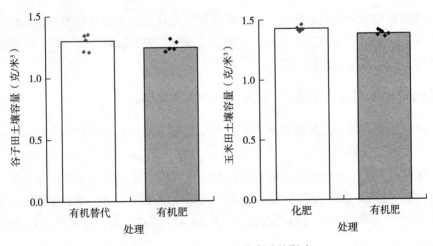

图 1 有机肥施用对土壤容重的影响

2.2 有机肥施用对谷子和鲜食玉米保苗数和生育进程的影响

有机肥施用对谷子和鲜食玉米保苗数的影响如表2所示。

调查发现谷子施用有机无机掺混肥处理与堆沤有机肥处理的出苗期相同，没有差异（表3）。有机替代处理对比有机肥处理，拔节期和抽穗期都提前2天，成熟期也提前2天。调查对比谷子生育进程发现，化肥配施有机肥处理比有机肥施用处理的谷子生育进程略提前。

表 2 有机肥施用对谷子和鲜食玉米保苗数的影响

处理	谷子（苗）	玉米（苗）
有机替代（化肥对照）	30 217	2 928
有机肥	31 535	2 777

表3 有机肥施用对谷子和鲜食玉米生育进程的影响

作物	处理	出苗期 (月.日)	三叶期 (月.日)	拔节期 (月.日)	抽穗期 (月.日)	成熟期 (月.日)		
谷子	有机替代	5.20	5.26	6.24	7.24	9.25		
	有机肥对照	5.20	5.26	6.26	7.26	9.27		

作物	处理	出苗期 (月.日)	三叶期 (月.日)	拔节期 (月.日)	喇叭口 (月.日)	抽雄期 (月.日)	吐丝期 (月.日)	乳熟期 (月.日)
玉米	有机肥	5.26	6.1	7.3	7.19	8.4	8.7	9.5
	化肥对照	5.26	6.1	7.5	7.21	8.7	8.10	9.8

施用有机肥和施用化肥处理的鲜食玉米出苗期没有差异，但从拔节开始出现较明显的差异，有机肥区比化肥区拔节晚2天、抽雄和吐丝晚3天、乳熟期晚3天。有机肥施用延长了玉米生育周期和生长态势。

2.3 有机肥施用对谷子和鲜食玉米苗期生长的影响

不同施肥处理对谷子苗期株高和茎粗影响没有显著差异，有机肥处理株高比有机替代处理高0.8厘米，茎粗比有机替代处理低0.02厘米（图2）。有机替代处理的谷子叶龄、根重和全株鲜重均优于有机肥区，有机无机配施比有机肥处理谷子叶龄多0.2片叶、根重高1.2克/株、全株鲜重高2.1克/株。有机肥施用处理的谷子根长高于有机替代处理根长约2.0厘米/株。可能是因为有机肥改善了土壤的理化性状，促进土壤微生物的活动，促进了植株根系生长。

化肥处理的玉米生长态势优于有机肥处理的玉米（图2）。有机肥区比化肥区株高矮12.6厘米，茎粗细0.33厘米，叶龄少1.8片叶，根长短2.2厘米，根重轻1.9克，全株鲜重轻17.3克。推测该结果产生的原因与有机肥养分含量低和释放慢有关，而且示范地块土壤较贫瘠，在玉米苗期表现更明显。

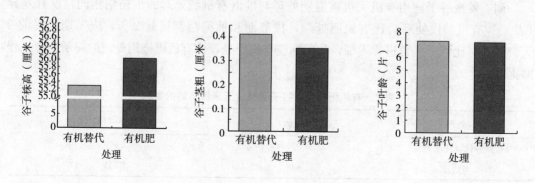

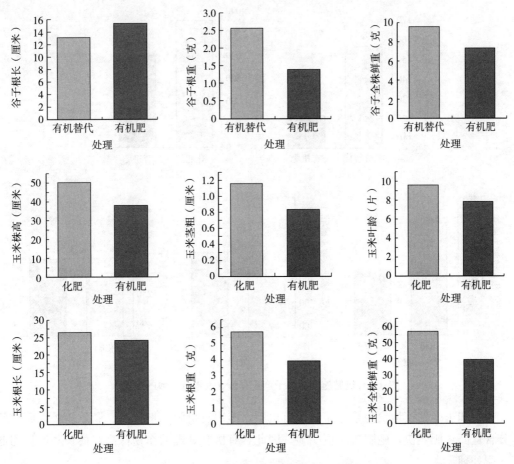

图 2　有机肥施用对作物苗期生长的影响

2.4　有机肥施用对作物产量的影响

有机替代处理谷子株高和穗长均大于有机肥处理，相差 5.8 厘米和 0.9 厘米（表 4）。从产量上看，有机替代区的产量也高于有机肥区，相差 32.3 千克（图 3）。

表 4　有机肥施用对谷子成熟期株高和穗长的影响

处　理	谷子株高（厘米）	谷子穗长（厘米）
有机替代	178.0	18.9
有机肥	172.2	18.0

有机肥处理鲜食玉米亩穗数显著低于化肥处理（图 3）。鲜食玉米亩穗数差异主要由一级穗决定。有机肥处理的一级穗 1 202 穗/亩，显著低于化肥处理 2060 穗/亩。化肥处理的一级穗占总量的 75%，二级穗占其总产的 14%，三级穗占 11%；而有机肥处理的一级穗仅占 59%，二级穗占 26%，三级穗占 15%。有机肥处理的二级穗和三级穗都高于化肥处理且有机肥区的无效穗多。

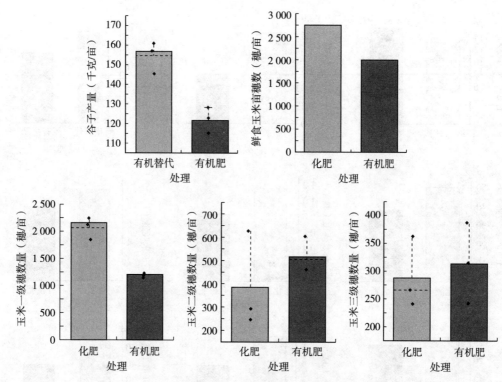

图 3   有机肥施用对谷子产量和鲜食玉米亩穗数的影响

谷子和玉米种植地块为第一年施用有机肥，施用有机肥肥量较低、肥效较慢，而化肥养分含量高、肥效快，施肥效果更明显。因此，有机肥处理的作物株高、穗长和产量均低于化肥处理。

2.5   有机肥施用经济效益分析

有机肥堆沤成本按 330 元/吨计算，有机肥投入 660 元/亩，种子 15 元/亩，人工费用 365 元/亩，投入成本共计 1 040 元/亩（表 5）。

表 5   作物产出经济效益分析

	投入（元/亩）						产出			毛收益（元）
	有机肥	化肥	种子	农药	工费	合计	亩产（千克）	单价（元/千克）	产值（元）	
谷子有机替代	—	70	15	17	265	367	154.7	5	773.5	406.5
谷子有机肥	660	—	15	0	365	1 040	122.4	10	1 224	184.0

	投入（元/亩）						产出			毛收益（元）
	有机肥	化肥	种子	农药	工费	合计	亩产（穗/亩）	单价（元/穗）	产值（元）	
玉米化肥	—	120	50	30	235	435	2 739	0.522	1 429.8	994.8
玉米有机肥	660	—	50	30	235	975	2 042	0.487	994.5	19.5

有机肥区的谷子亩产量为122.4千克，价格10元/千克，产值为1 224元/亩，毛收益为184.0元/亩。有机替代区每亩投入分别为化肥70元、种子15元、农药17元、工费265元，投入成本共计367元/亩。有机替代区的谷子亩产量为154.7千克，有机替代区的谷子价格为5元/千克，产值为773.5元/亩，毛收益为406.5元/亩。对比结果表明，有机替代区的收益更高，比有机肥区的收益高222.5元/亩。

鲜食玉米价格按一级穗0.58元、二级穗0.40元、三级穗0.28元计算产值。有机肥区的产值共为994.5元/亩，化肥区的产值共为1 429.8元/亩。有机肥堆沤价格按330元/吨计算，有机肥区每亩投入分别为有机肥660元、种子50元、农药30元、工费235元，共计975元；化肥区的每亩投入共计435元。化肥区的毛收益为994.8元/亩，有机肥的毛收益为19.5元/亩。通过计算对比发现，有机肥处理的效益比化肥处理低975.3元/亩。

3 结论

有机替代处理即有机无机配施处理的谷子和施用化肥处理玉米的生长态势指标和产量效益均优于施用有机肥处理。有机肥处理谷子的生育进程比对照区略延迟，玉米延后3～4天。有机肥处理的谷子在苗期根系长度上优于有机替代处理。有机替代处理谷子成熟期株高略高于有机肥处理，穗长略长。化肥处理玉米产量高于有机肥处理，鲜食玉米一级穗数量显著高于有机肥处理。

有机肥营养全面，能改良土壤、提高作物品质，施用有机肥是用地与养地相结合的施肥方式。但有机肥养分含量低、肥效慢，需要长期连年施用才会逐渐提高产量，建议在同一块地连年布设试验，摸索出最佳的有机肥施用方案。

参考文献

[1] 晁赢，李絮花，赵秉强，等. 有机无机肥料长期配施对作物产量及氮素吸收利用的影响. 山东农业科学，2009（3）：71-75.

[2] 夏玉春，姜立文，张喜印，等. 玉米有机肥与化肥配施试验研究. 现代农业科技，2010，10：67.

[3] 谢军，赵亚南，陈轩敬，等. 有机肥氮替代化肥氮提高玉米产量和氮素吸收利用效率. 中国农业科学，2016，49（20）：3934-3943.

[4] 傅伟，刘坤平，陈洪松，等. 等氮配施有机肥对喀斯特峰丛洼地农田作物产量与养分平衡的影响. 中国生态农业学报，2017，25（6）：812-820.

[5] 孙文涛，宫亮，包红静，等. 不同有机无机配比对玉米产量及土壤物理性质的影响. 中国农学通报，2011，27（3）：80-84.

[6] 高菊生，黄晶，董春华，等. 长期有机无机肥配施对水稻产量及土壤有效养分影响. 土壤学报，2014（2）：31-324.

[7] 罗洋，郑金玉，郑洪兵，等. 有机无机肥料配合施用对玉米生长发育及产量的影响. 玉米科学，

2014，22（5）：132-136.

[8] 王兴龙，莫太相，邱传志，等．减氮配施有机肥对土壤碳库及玉米产量的影响．生态环境学报，2017，26（8）：1342-1348.

[9] 祝英，王治业，彭轶楠，等．有机肥替代部分化肥对土壤肥力和微生物特征的影响．土壤通报，2015，46（5）：1161-1167.

[10] 洪瑜，王芳，刘汝亮，等．长期配施有机肥对灌淤土春玉米产量及氮素利用的影响．水土保持学报，2017，31（2）：248-252.

[11] 温延臣，张曰东，袁亮，等．商品有机肥替代化肥对作物产量和土壤肥力的影响．中国农业科学，2018，51（11）：2136-2142.

浙北地区单季稻一次性施肥
技术要点及效益评价

潘建清

长兴县农业技术推广服务总站

摘　要：研究并推广浙北地区单季稻一次性施肥技术，实现单季稻生产"稳产、省工、低碳、增效"。在分析耕地肥力水平、了解包膜尿素特点、明确目标产量的前提下，单季稻移栽或直播前一周内将常规尿素、包膜尿素和复合肥进行科学配伍，通过人工或机械施肥方式一次性基施。2019年示范乡镇应用一次性施肥技术的结果表明，单季稻增加效益 2 071.5元/公顷，施肥用工省2/3，人工节本450元/公顷；2020年田间试验表明，一次性施肥能显著降低田间水铵态氮含量和稻田累积氨挥发量。单季稻一次性施肥技术较常规施肥技术产量持平或略有增产，纯收益增幅在5%～15%，施肥用工省1/3以上，保持耕地肥力水平不降，稻田氮素径流损失风险不增加。

关键词：浙北地区；单季稻；一次性施肥；稳产；省工；低碳；增效

　　浙北地区位于太湖西南岸，有丰富的水田资源，区域内主要粮食作物单季稻常年种植面积46 666.67多公顷，总产量38.5万吨以上，其稳产高产为区域内粮食安全提供了有力保障。然而，综合单季稻生产现状和生产形势分析，近年来区域内水稻生产面临诸多问题：一是随着国民经济的快速发展，小城镇建设、各功能化专业区兴起，大量农村劳动力向城市转移，从事水稻生产的劳动力越来越短缺，现存的农田逐渐向大户集中，据统计，2019年全市6.67公顷以上大户共有1 000多户，总承包水田面积近13 333.33多公顷；二是为了提高水稻单产水平和经济效益，施肥用量进一步增加，对农业生态环境有一定的影响，给农业面源污染治理带来难度；三是生产成本随着人员工资上涨不断上升，2019年劳动力人均工资在150～200元/天，水稻种植收益越来越低。

　　为了解决上述问题，长兴县农业技术推广服务总站与浙江省农业科学院环境资源与土壤肥料研究所在浙北地区试验示范单季稻一次性施肥技术，基本实现"一次施肥，一生供肥"效果，并于2020年获得浙江省农业丰收二等奖。实践证明，浙江地区单季稻一次性施肥技术是一项"稳产、省工、低碳、增效"的新型单季稻科学施肥技术。

1 技术要点

1.1 氮肥选用

由普通尿素和包膜尿素科学组配而成。试验示范结果表明，在包膜肥料，如稳定性肥料、脲甲醛、水基丙烯酸酯类聚合物包膜尿素、树脂包膜尿素、聚氨酯包膜尿素等众多产品中，控释养分释放期不低于 60 天的树脂包膜尿素和聚氨酯包膜尿素是浙北地区单季稻一次性施肥最理想的包膜尿素[1]。

1.2 配比确定

普通尿素与包膜尿素比例通常为（5～6）：（5～4）。聚氨酯包膜尿素和树脂包膜尿素分别与普通尿素按 6：4 配比一次性作底肥施用可满足单季稻全生育期供氮需要[1]，其产量与普通尿素分基肥 50％、苗肥 20％及分蘖肥 30％三次施用在统计学上持平或有略增的趋势，分蘖数、有效穗、实粒数和千粒重也有增加[2]。与普通尿素分次施肥相比，一次施用不会降低土壤肥力[3]。

1.3 用量计算

坚持"以产定氮、缓释合理搭配"原则，提出一次性施肥氮肥指标及缓、速效氮肥比例；根据区域内高产水稻对氮（N）、磷（P_2O_5）、钾（K_2O）的吸收比例，结合土壤中磷、钾的丰缺情况，因地制宜、因缺补缺，明确一次性施肥磷、钾肥指标。浙北地区单季稻一次性施肥推荐用量建议如表 1 至表 3 所示。

表 1 氮（N）推荐施用量及缓、速效氮肥比[4]

耕地地力等级（国标）	土壤质地	产量水平（吨/公顷）	氮肥推荐用量（千克/公顷）	其中缓、速效氮肥比
3 等	黏土	10.125～10.500	247.5～255.0	5.0：5.0
	黏壤土	9.750～10.125	240.0～247.5	6.0：4.0
	沙壤土	9.375～9.750	232.5～240.0	6.5：3.5
4 等	黏土	9.750～10.125	247.5～255.0	5.0：5.0
	黏壤土	9.375～9.750	240.0～247.5	6.0：4.0
	沙壤土	9.000～9.375	232.5～240.0	6.5：3.5

注：当产量水平低于 9 吨/公顷时，根据当地实际施肥量，合理调整氮肥施用量，如目标产量 8.25 吨/公顷，施氮总量应为 187.5 千克/公顷，缓、速效氮肥比例根据土壤质地而定。

表2　P_2O_5 推荐施用量[4]

产量水平（吨/公顷）	P_2O_5 推荐用量（千克/公顷）	
	土壤有效磷含量小于或等于 10毫克/千克的区域	土壤有效磷含量大于 10毫克/千克的区域
9.75～10.50	60.0～75.0	52.5～60.0
9.00～9.75	57.0～67.5	45.0～52.5

注：在除去缓控释肥中磷肥后的不足部分用其他磷素化肥补足基施。

表3　K_2O 推荐施用量[4]

产量水平 （吨/公顷）	K_2O 推荐用量（千克/公顷）	
	土壤速效钾含量小于或等于 80毫克/千克的区域	土壤速效钾含量大于 80毫克/千克的区域
9.75～10.50	82.5～112.5	75.0～90.0
9.00～9.75	75.0～97.5	67.5～82.5

注：严重缺钾地区，增施 K_2O 用量，建议每公顷施用 K_2O 为90～135千克；在除去缓控释肥中钾肥后的不足部分用其他钾素化肥补足基施。

1.4　合理施用

施用过程为第一次旋耕→ 一次性基施→第二次旋耕→耙田播种或移栽→田间水浆管理。具体如下：

（1）第一次旋耕　前茬作物收获时粉碎秸秆，收获后天晴时即可进行化学除草［如冬春空闲田，则在单季稻直播（或移栽）前10天抢晴进行化学除草］；化学除草1天后即可进行第一次旋耕，深旋耕深度≥120毫米。

（2）施肥时间及方式　施肥时间为第一次旋耕后至单季稻直播（或移栽）前7天；施肥方式机械、人工均可，机械施肥均匀性变异系数≤30％，人工施肥确保均匀。

（3）第二次旋耕　施肥后即可进行第二次旋耕，浅旋耕深度≥80毫米。

（4）适时耙田播种或移栽　第二次旋耕后即可按单季稻种植方式进行田间灌水和耙田。

（5）田间水浆管理　田间排灌顺畅，用水调肥，做到沟水浅栽、薄水护苗、湿润分蘖、适时搁田、干湿养穗和灌浆。

2　技术优势

2.1　简便省工

一次性施肥只需在单季稻播种前或移栽前用施肥机（或人工）将肥料作为基肥一次性

均匀施入，操作简便，施肥用工只是常规施肥的1/3。

2.2 适应性强

①施肥时机械、半机械和人工均适应；②直播稻、移栽稻均适应；③单质肥、复合肥科学混配均适应；④散户、大户均适应。

2.3 稳产增效

在浙北地区单季稻应用缓控释与速效氮肥组成的一次性施肥技术，其产量可与常规尿素分次施用平产或略有增产。树脂包膜尿素和聚氨酯包膜尿素，在减氮20%的基础上，分别与40%的普通尿素配合一次性施用，可满足水稻一次性施肥的要求，且增产在2.5%～4.5%[2]。

2.4 绿色低碳

田间试验研究结果表明，一次性施肥模式通过缓控释氮肥的应用和氮肥减量等措施，在没有增加稻田氮素径流损失风险的基础上[5]，提高氮肥利用率2.3%～20.4%[1]；氮肥（N）施用量为180千克/公顷时，田面水铵态氮浓度随缓控释氮肥施用比例增加而下降[5]；另据《农业环境科学学报》2020年06期报道，一次性施肥处理较常规施肥处理CH_4减排27.5%。

3 效益评价

2018—2019年两年在浙北地区推广单季稻一次性施肥技术累计面积29 391.934公顷，新增纯收益1 766.4元/公顷。其中，2018年9 066.667公顷，新增纯收益1 817.85元/公顷；2019年20 325.267公顷，新增纯收益1 743.45元/公顷，取得明显效益。具体以长兴县画溪街道示范乡镇为例，对单季稻一次性施肥效益分析，分析内容见表4。

表4　2019年长兴县画溪街道单季稻一次性施肥效益分析

施肥方式	面积（公顷）	平均产量（千克/公顷）	生产成本（元/公顷）				经济效益（元/公顷）
			总计	人工费	物化成本	机耕、机收	
常规施肥	199.333	8 230.50	11 347.5	3 375.0	4 822.5	3 150.0	8 406.0
一次性施肥	1 730.733	8 884.50	10 845.0	2 925.0	4 770.0	3 150.0	10 477.5

注：（1）2019年长兴稻谷平均市场价2.4元/千克；（2）新增纯收益（元/公顷）：10 477.5－84 06.0＝2 071.5；（3）核心技术推广度（%）：1 730.733/1 930.063＝89.67。

3.1 每公顷生产成本

单季稻一次性施肥生产成本较常规施肥减少502.5元/天，减幅为4.4%。分析其减少的原因主要是一次性施肥减少了施肥次数，从常规施肥的 2～3 次减少至一次性施肥的 1 次，节省人工为 3～4.5 工/公顷，按 150 元/工，可省人工费在 450 元/公顷以上。

3.2 每公顷物化成本（化肥、农药）

单季稻一次性施肥物化成本略有下降，减少 4.4%，减幅不大。主要原因一次性施肥用量虽然有所下降，但缓控释肥价格高于常规配方肥价格。

3.3 每公顷纯收益

单季稻一次性施肥纯收益增加 2 071.5 元/公顷，纯收益增幅达 24.6%。其增收主要原因在于一次性施肥不仅能明显提高化肥表观利用率[1]，在相同的生长环境下能明显提高产量[2]，且能降低施肥次数、降低生产成本。

4 小结

浙北地区单季稻一次性施肥技术是一项新型的单季稻科学施肥技术。其技术优势有：①在合适的缓控释肥，特别是合适的包膜尿素支持下，一次性施肥产量可与普通尿素常规分次施用处理持平或增产；②一次性施肥能较好解决单季稻整个生育期供肥需求，节省施肥成本 1/3 以上；③一次性施肥其产量与普通尿素分次施用相比较氮肥表观利用率提高 2.3%～20.4%，且显著降低了田面水铵态氮含量和稻田累积氨挥发量[6]；④一次性施肥技术适应性强，能适应单季稻不同种植方式和不同水平施肥方式，从而较好实现浙北地区单季稻生产"稳产、省工、低碳、增效"的目标。

参考文献

[1] 王强，姜丽娜，潘建清，等．长江下游单季稻一次性施肥的适宜缓释氮肥筛选．中国土壤与肥料，2018（3）：48-53.

[2] 王强，姜丽娜，潘建清，等．长江下游单季稻一次性施肥产量效应及影响因子研究．浙江农业学报，2017，29（11）：1 875-1 881.

[3] 潘建清，怀燕，薛美琴．一次性肥料基施对单季稻秀水 134 产量及土壤养分性状的影响．浙江农业科学，2019，60（12）：2.

[4] 潘建清，王强，毛晓梅，等．单季稻一次性施肥技术规程：DB 3305/T 152—2020．湖州：湖州市农业标准化技术委员会．

[5] 王强，姜丽娜，潘建清，等．一次性施肥稻田田面水氮素变化特征和流失风险评估．农业环境科学报，2019，38（1）：168-175.

[6] 张金萍，陈照明，王强，等．缓释氮比例对一次性施肥单季晚稻生长和氮素利用的影响．水土保持学报，2021，35（6）：7.

小麦-玉米一年两熟亩产吨半粮
高产节肥技术模式研究与示范

张有成　李玉兰*

河南省邓州市农业技术推广中心

摘　要： 在豫西南中低产田开展小麦、玉米氮肥用量试验、丰缺指标试验及配方校正示范的基础上，结合县域土壤特点和不同肥料当季利用效率，把包膜尿素引进推荐施肥，一年两季统筹配方施肥，即在小麦季节适当过量增施磷、钾肥，在玉米季不施或少施磷、钾肥，在显著提高小麦产量的前提下，充分发挥磷、钾肥在土壤中的后效作用，确保玉米季节继续增产。通过连续几年的试验示范，初步摸索出"小麦-玉米一年两熟亩产吨半粮统筹施肥高产节肥集成技术模式"，一年两熟每公顷可产出标准粮 21 375 千克以上，且年节肥 32.5 千克/公顷，与对照田对比，增产率达 20.83%、节肥 4.9%。此技术模连续在不同区域示范 5 年，节肥、增产效果稳定，具有可复制、可推广性。

关键词： 小麦；玉米；一年两熟；吨半粮；统筹施肥；技术模式

邓州市位于北纬 32°22′—32°59′、东经 111°37′—112°20′，地处北暖温带向北亚热带过渡地带；全市平均年日照时数为 1 905.4 小时，年均气温 15.7℃；日均气温稳定在 5℃以上的持续日数为 270 天，积温在 5 200℃以上；无霜期常年平均为 229 天。小麦全生育期大于 0℃积温为 2 220℃；夏玉米全生育期大于 10℃积温为 2 000℃。自然条件基本满足一年两熟或两年三熟的种植制度，因此，邓州市是冬小麦、夏玉米等粮食作物的适生区，主要种植模式有小麦-玉米、小麦-花生、小麦-大豆等。

邓州市现有耕地 16.893 万公顷，是河南省耕地面积最大的县级市之一。土壤类型有砂姜黑土、黄褐土、潮土、粗骨土四大类。其中，黄褐土土类主要分布在西部垄岗状倾斜平原上，占总耕地面积的 48.7%；砂姜黑土土类主要分布在地势比较低洼的湖积平原上，占总耕地面积的 49.03%；潮土占总耕地面积的 2.19%，呈条带状分布在中部湍河两岸；粗骨土占总耕地面积的 0.085 9%，主要分布远山地带。按粮食安全责任制耕地等级评价办法，2020 年邓州市耕地平均等级为 4.363 9，耕地年生产能力为 14 454 千克/公顷[1]。

---

* 通讯作者：李玉兰，E - mail：dengzhouctpp@163.com

冬小麦、夏玉米是邓州市种植的两大优势粮食作物，且以循环轮作为主。其中，冬小麦年种植面积常年稳定在 14.67 万公顷左右，常年产量在 6 750~7 500 千克/公顷之间；夏玉米年种植面积稳定在 6.7 万~8 万公顷，常年产量在 7 125~8 250 千克/公顷之间。邓州市属河南省中低产区，增产潜力较大。

近年来，随着测土配方施肥及化肥减量增效工作的深入开展，笔者在总结小麦、玉米氮肥用量试验、丰缺指标试验及配方校正示范的基础上[2-3]，依托肥料新产品、施肥新装备、施用新技术[4]，结合县域耕地肥力现状、小麦玉米需肥特点及土壤供肥规律，加强技术集成创新，优化施肥结构，统筹肥料周年供应，在确保粮食增产的基础上，适当减少化肥施用。

1 试验示范方法

1.1 示范点基本情况

1.1.1 文渠镇殷洼村基本情况

文渠镇殷洼村位于邓州市湍河沿岸河流冲积平原的稍高地带，土壤类型属于黄褐土，该土种耕层质地较黏，耕性、通透性较差，耕地肥力水平中等偏下。小麦产量 6 900 千克/公顷左右、玉米 7 650 千克/公顷左右，年耕地生产能力 14 550 千克/公顷左右。耕地基础养分状况见表 1。

1.1.2 穰东镇小寨村基本情况

穰东镇小寨村位于邓州市东北部赵河沿岸河流冲积平原的稍高地带，土壤类型属于黄褐土土类。该土种耕层质地为黏壤土，耕性、通透性适中，耕地肥力水平中等偏上；小麦产量 7 275 千克/公顷左右、玉米 8 100 千克/公顷左右，年耕地生产能力 15 375 千克/公顷左右。耕地基础养分状况见表 1。

1.1.3 腰店乡黄营村基本情况

腰店镇黄营村位于邓州市东部地势较洼的湖积平原上，土壤类型属于砂姜黑土。该土种耕层质地为黏壤土，耕性、通透性适中，耕地肥力水平中等偏上；小麦产量 7 575 千克/公顷左右、玉米 8 250 千克/公顷左右，年耕地生产能力 15 825 千克/公顷左右。耕地基础养分状况见表 1。

表 1　示范点基础土壤养分状况

地点	文渠镇殷洼村	穰东镇小寨村	腰店镇黄营村
土类	黄褐土	黄褐土	砂姜黑土
亚类	典型黄褐土	典型黄褐土	典型砂姜黑土
土属	泥沙质黄褐土	泥沙质黄褐土	覆泥黑姜土
土种	浅位黏化洪冲积黄褐土	深位黏化洪冲积黄褐土	壤覆砂姜黑土
有机质（克/千克）	14.7	17.2	18.1

（续）

地点	文渠镇殷洼村	穰东镇小寨村	腰店镇黄营村
全氮（克/千克）	0.848	0.988	1.032
有效磷（毫克/千克）	19.1	21.2	23.4
速效钾（毫克/千克）	131	138	149
pH	6.8	6.8	6.5
有效锌（毫克/千克）	1.2	0.88	0.76
有效铜（毫克/千克）	0.92	1.48	1.61
有效铁（毫克/千克）	39	45	41
有效锰（毫克/千克）	38	38	43

1.2 集成技术模式

1.2.1 品种选择

结合县域气象特点，小麦品种选用半冬性早熟或弱春性中熟大粒、大穗型品种，连续示范五年，指导示范户选用兰考 198 小麦品种；玉米品种选用竖叶型、中大穗、种植密度弹性大（67 500～78 000 株/公顷）、中熟品种。连续多年指导示范户选用丰黎 2008 和伟科 702 等玉米品种。

1.2.2 周年配方推荐及单季运筹

根据土壤特性和肥料中氮、磷、钾养分在土壤中释放速率，在推荐施肥配方中增施一定比例包膜氮肥的基础上，适当减氮（在小麦季节推荐配方中包膜氮占总施氮量的 55%，在玉米季节推荐配方中包膜氮占总施氮量的 45%）、补锌（用在玉米季节）、增施生物有机肥（用在小麦季节），在小麦季节重施磷、钾肥，在玉米季节不施磷肥、轻施钾肥。具体施肥量及施肥品种见表 2[5-6]。

表 2　小麦-玉米轮作周年推荐施肥量（千克/公顷）

季节	养分类型	周年运筹推荐				常规施肥			
		文渠镇殷洼村	穰东镇小寨村	腰店镇黄营村	平均	文渠镇殷洼村	穰东镇小寨村	腰店镇黄营村	平均
小麦季节	生物有机肥	750	750	750	750	0	0	0	0
	中微量元素（硫酸锌）	30	37.5	22.5	30	0	0	0	0
	N（包膜氮占 55%）	165	172.5	172.5	170	180	187.5	187.5	185
	P_2O_5	112.5	112.5	112.5	112.5	75	90	90	85
	K_2O	97.5	97.5	97.5	97.5	75	60	60	65
玉米季节	N（包膜氮占 45%）	202.5	210	210	207.5	217.5	225	225	222.5
	P_2O_5	0	0	0	0	52.5	52.5	52.5	52.5
	K_2O	22.5	37.5	37.5	32.5	52.5	52.5	52.5	52.5

（续）

季节	养分类型	周年运筹推荐				常规施肥			
		文渠镇殷洼村	穰东镇小寨村	腰店镇黄营村	平均	文渠镇殷洼村	穰东镇小寨村	腰店镇黄营村	平均
全年合计	N	367.5	382.5	382.5	377.5	397.5	412.5	412.5	407.5
	P_2O_5	112.5	112.5	112.5	112.5	127.5	142.5	142.5	137.5
	K_2O	120	135	135	130	127.5	112.5	112.5	117.5
	合计	600	630	630	620	652.5	667.5	667.5	662.5

1.2.3　种植模式

小麦种植模式：选用宽幅播种模式。一般选用四行一带的宽幅播种机械，行幅宽 8～10 厘米，幅间宽 23～25 厘米，带宽 124～140 厘米。玉米播种模式：选用一带四行的播种机械，带内行距 65～70 厘米，带间宽 100 厘米，平均行距保持在 70～75 厘米。

1.2.4　施肥模式

小麦施肥：有机肥在犁后耙前均匀撒施，撒后再耙；配方肥采取种肥同播的模式，一次施入。玉米施肥：在整地后播种时，采取种肥同播的模式，一次施入。

1.2.5　播期、播量及种植密度

小麦播期：邓州市弱春性小麦适播期在 10 月 20—25 日，播种量必须确保基本苗达 450 万/公顷左右（一般种子千粒重 42 克、大田种子出苗率达 85% 时播种量为 225 千克/公顷）。夏玉米播期必须保障在 5 月 25 日至 6 月 5 日之间，最迟不能迟于 6 月 10 日，种植密度必须保障在 67 500～78 000 株/公顷。

1.2.6　重点管控

小麦生产：一是根据墒情浇好三水。①播种前后，若土壤墒情较差，即耕层土壤相对含水量低于 65%，黄褐土耕地以造墒播种为主，砂姜黑土耕地可在播后浇好塌墒水，确保一播全苗。若耕层土壤相对含水量高于 65%，可免浇此水。②浇足浇匀越冬水。在 12 月 25 日前后，若土壤耕层相对含水量低于 60%，同时看天气，若近期无 10 毫米以上的降水，可浇足、浇匀越冬水。③三月底根据墒情及天气情况一次浇足丰产水。此时若耕层相对含水量低于 65% 且天气预报近 5～7 天无降雨，可浇一次足墒水。二是看苗情强化五防。①越冬期防冻。越冬前后，根外喷施磷酸二氢钾等叶面肥，补充植株营养，提高麦苗越冬的抗冻性。②返青—起身期防纹枯病。此期若雨水过多、田间湿度过大，可及时预防纹枯病。③抽穗—扬花期防锈病。此期，根据植保预测预报，及时预防、防治锈病。④扬花前后重防赤霉病。⑤灌浆—成熟期做好一喷三防，即防虫、防病、防干热风。

玉米生产：一是因天重浇两水。①播种后，土壤相对含水量低于 65% 且 3 日内天气预报无雨，要及时浇好出苗水，确保一播全苗。②在大喇叭口期，若出现旱情，要浇足、浇匀孕穗—扬花水，严防"卡脖旱"。二是适时强化三防。①苗期，及时化学除草、治虫，严防草荒和虫害。② 5～9 叶期，要适量喷施缩节胺，适当控制株高，预防倒伏。③灌浆

期，若空气湿度持续较大，要及时预防锈病。

1.3 操作程序

开展三结合，强化三落实。一是土肥技术部门与配方肥企业相结合，按推荐配方生产配方肥；二是配方肥生产企业与农业种植合作社及科技示范户相结合，确保配方肥推广到户，落实到田；三是土肥技术部门与农业种植合作社及科技示范户相结合，指导购买、使用配方肥。

1.3.1 合理运筹施肥配方

根据耕层土壤养分化验结果及田间肥效试验结果，有针对性地运筹项目区全年施肥总量及当季施肥配方。在推荐配方中，明确氮、磷、钾原料来源、状态及占比。当季施肥配方制定完成后，及时传送给配方肥生产企业。

1.3.2 按推荐配方要求，严格生产配方肥

配方肥生产企业必须按照土肥技术部门推荐的配方及原料要求，严格生产配方肥；配方肥生产入户进地前，必须留样化验，确保质量。

1.3.3 农机、农艺配套，科学使用配方肥

按照技术规范要求，合理选择农机，并规范播种、施肥，确保农机、农艺配套和生产目标的实现。

1.3.4 严格技术规范，强化全程管控

按照农事进程制定工作日历，指导农户按农事节气、按技术规范落实关键技术，确保技术操作规范、针对性强，做到不漏管、不白管，实现集约管理、高效管理。

2 试验示范设计

2.1 大区对比

在典型示范区内，按照肥力一致的原则，按10∶1的面积比，设置全年统筹推荐施肥示范区与农户习惯施肥区，除施肥及播种模式有差异外，整地、播种、防虫、治病管理等均相同，全程对照效果。

2.2 群众考评

在生产关键季节，组织群众观摩、对比，为引导大面积推广奠定基础。

2.3 专家测产

在两季作物成熟期，邀请省、市、县三级专家测产验收。

3 试验示范结果及分析

3.1 试验示范结果

根据三年三点示范测产对比，小麦季节，全年统筹施肥示范区比农户习惯施肥区，平均

增产 2 449.49 千克/公顷，增产率 32.42%；玉米季节，全年统筹施肥示范区比农户习惯施肥区，平均增产 2 181.66 千克/公顷，增产率 21.35%；全年累计，全年统筹施肥示范区比农户习惯施肥区平均增产粮食 4 631.15 千克/公顷，增产率 26.06%。其中，2018 年小麦季节，全年统筹施肥示范区比农户习惯施肥区，平均增产 3 142.7 千克/公顷，增产率 44.95%；玉米季节，全年统筹施肥示范区比农户习惯施肥区，平均增产 1 766.38 千克/公顷，增产率 17.17%；全年累计，全年统筹施肥示范区比农户习惯施肥区，平均增产粮食 4 909.08 千克/公顷，增产率 28.41%。2019 年小麦季节，全年统筹施肥示范区比农户习惯施肥区，平均增产 2 216.92 千克/公顷，增产率 30.43%；玉米季节，全年统筹施肥示范区比农户习惯施肥区，平均增产 2 157.53 千克/公顷，增产率 21.4%；全年累计，全年统筹施肥示范区比农户习惯施肥区，平均增产粮食 4 374.44 千克/公顷，增产率 25.19%。2020 年小麦季节，全年统筹施肥示范区比农户习惯施肥区，平均增产 1 988.85 千克/公顷，增产率 23.71%；玉米季节，全年统筹施肥示范区比农户习惯施肥区，平均增产 2 621.06 千克/公顷，增产率 25.49%；全年累计，全年统筹施肥示范区比农户习惯施肥区，平均增产粮食 4 609.91 千克/公顷，增产率 24.69%。具体见表 3。其他示范点测产结果具体见表 4 至表 6。

表 3　示范区三年测产汇总（千克/公顷）

年份	对比区	冬小麦				夏玉米				全年合计
		文渠	穰东	腰店	平均	文渠	穰东	腰店	平均	
2018	全年统筹	10 119.7	9 925.3	10 359.5	10 134.9	11 840.1	12 400.6	11 917.9	12 052.8	22 187.7
	农户习惯	7 017.7	6 961.6	6 997.2	6 992.2	10 160.8	10 483.6	10 214.9	10 286.5	17 278.6
2019	全年统筹	9 222.2	9 758.0	9 524.3	9 501.5	12 010.9	12 356.5	12 344.0	12 237.1	21 738.7
	农户习惯	6 782.1	8 128.8	6 943.0	7 284.6	9 801.6	10 068.8	10 368.4	10 079.6	17 364.2
2020	全年统筹	10 429.1	10 675.1	10 028.3	10 377.5	13 322.7	12 705.2	12 687.3	12 905.1	23 282.6
	农户习惯	8 529.0	8 491.4	8 145.6	8 388.7	10 273.4	10 106.4	10 471.9	10 284.0	18 672.7
三年平均	全年统筹	9 923.7	10 119.5	9 970.7	10 004.6	12 391.2	12 487.4	12 316.4	12 398.3	22 403.0
	农户习惯	7 442.9	7 860.6	7 361.9	7 555.1	10 078.7	10 219.6	10 351.7	10 216.7	17 771.8

表 4　文渠镇示范区三年测产汇总

年份	对比区	冬小麦				夏玉米			全年合计（千克/公顷）
		群体（穗/公顷）	单穗粒数（个）	千粒重（克）	八五折实产（千克/公顷）	密度（株/公顷）	平均单穗粒重（克）	九五折实产（千克/公顷）	
2018	全年统筹	652.7	42.3	43.125	10 119.7	71 250	174.923	11 840.1	21 959.8
	农户习惯	562.5	35.8	40.999	7 017.7	71 250	150.114	10 160.8	17 178.6
2019	全年统筹	629.7	40.7	42.334	9 222.2	73 500	172.014	12 010.9	21 233.1
	农户习惯	536.1	36.4	40.888	6 782.1	73 500	140.374	9 801.6	16 583.7

（续）

年份	对比区	冬小麦				夏玉米			全年合计
		群体（穗/公顷）	单穗粒数（个）	千粒重（克）	八五折实产（千克/公顷）	密度（株/公顷）	平均单穗粒重（克）	九五折实产（千克/公顷）	（千克/公顷）
2020	全年统筹	661.8	41.8	44.353	10 429.1	78 000	179.793	13 322.7	23 751.7
	农户习惯	601.2	39.6	42.147	8 529.0	78 000	138.647	10 273.7	18 802.8
三年平均	全年统筹	648.1	41.6	43.271	9 923.7	74 250	175.577	12 391.2	22 314.9
	农户习惯	566.6	37.27	41.345	7 442.9	74 250	143.045	10 078.7	17 521.7

表 5　穰东镇示范区三年测产汇总

年份	对比区	冬小麦				夏玉米			全年合计
		群体（穗/公顷）	单穗粒数（个）	千粒重（克）	八五折实产（千克/公顷）	密度（株/公顷）	平均单穗粒重（克）	九五折实产（千克/公顷）	（千克/公顷）
2018	全年统筹	676.7	40.3	42.821	9 925.3	74 250	175.801	12 400.6	22 325.9
	农户习惯	577.4	34.6	40.999	6 961.6	74 250	148.625	10 483.6	17 445.2
2019	全年统筹	656.9	42.1	41.514	9 758.0	75 750	171.708	12 356.5	22 114.6
	农户习惯	585.3	38.8	42.111	8 128.8	75 750	139.917	10 068.8	18 197.5
2020	全年统筹	674.7	42.5	43.798	10 675.1	76 950	173.8	12 705.2	23 380.3
	农户习惯	599.9	40.1	41.531	8 491.4	76 950	138.249	10 106.3	18 597.7
三年平均	全年统筹	669.4	41.63	42.711	10 119.5	75 650	173.770	12 487.4	22 606.9
	农户习惯	587.5	37.83	41.547	7 860.6	75 650	142.264	10 219.6	18 080.2

表 6　腰店镇示范区三年测产汇总

年份	对比区	冬小麦				夏玉米			全年合计
		群体（穗/公顷）	单穗粒数（个）	千粒重（克）	八五折实产（千克/公顷）	密度（株/公顷）	平均单穗粒重（克）	九五折实产（千克/公顷）	（千克/公顷）
2018	全年统筹	657.3	43.1	43.021	10 359.5	73 500	170.682	11 917.9	22 277.4
	农户习惯	586.7	33.5	41.887	6 997.2	73 500	146.293	10 214.9	17 212.1
2019	全年统筹	630.3	41.2	43.149	9 524.3	76 920	168.924	12 344.0	21 868.3
	农户习惯	554.9	35.9	41.007	6 943.0	76 920	141.889	10 368.4	17 311.4
2020	全年统筹	655.8	40.9	43.986	10 028.3	78 450	170.237	12 687.3	22 715.7
	农户习惯	591.5	38.7	41.867	8 145.5	78 450	140.511	10 471.9	18 617.5

（续）

年份	对比区	冬小麦				夏玉米			全年合计（千克/公顷）
		群体（穗/公顷）	单穗粒数（个）	千粒重（克）	八五折实产（千克/公顷）	密度（株/公顷）	平均单穗粒重（克）	九五折实产（千克/公顷）	
三年平均	全年统筹	647.8	41.7	43.385	9 970.7	76 290	169.948	12 316.4	22 287.1
	农户习惯	577.7	36.03	41.587	7 361.9	76 290	142.898	10 351.7	17 713.6

3.2 试验示范结果分析

一是，在小麦季节增施生物有机肥，活化土壤养分，提高土壤的供肥能力。

二是，在一年两季统筹施肥过程中氮肥用量减少，主要是通过引进包膜氮肥，提高了氮肥利用效率，确保了氮肥用量供应充足。

三是，在小麦季节适当过量增施磷、钾肥，在确保小麦季节显著增产的前提下，充分发挥磷、钾肥的后效作用，进一步保障后季玉米的持续增产。

4 结论与分析

4.1 结论

依托测土配方施肥技术，在单季增施生物有机肥的基础上，结合县域耕地肥力特性，全年统筹调配供肥比例和配肥种类，尤其把包膜氮肥引入配方肥中，在确保增产的基础上，可适当减少氮肥用量，同时一年两季统筹配方施肥，充分挖掘磷、钾肥的后效作用，不仅可以显著节约用肥，还可以极显著提高全年粮食产量，单季小麦增产率达30%以上，单季玉米增产率可达26%以上。

在合理运筹施肥的基础上，必须结合品种特性，合理搭配种植模式，实现农机、农艺结合，在简化技术模式的基础上，降低劳动强度，提高光、温、水、肥等资源的利用效率。

4.2 分析讨论

在小麦季节内增施生物有机肥，不仅可以活化黏质土壤养分，提高当季肥料利用率，还可以前肥后用，奠定增产基础。

在推荐配方中，引入包膜氮肥（以硫包膜尿素为宜），提高氮肥利用率，为减肥提供物质基础。

小麦季节重施磷、钾肥，在最大可能挖掘小麦增产潜力的基础上，提前在土壤中活化磷、钾肥活性，为玉米季节充分利用磷、钾肥打下基础。此外，在玉米季节补施锌肥，进一步挖掘玉米增产潜力。规范化种植、精准化管理，是确保两季增产的保障。

参考文献

[1] 张有成，等．河南省邓州市耕地地力评价．郑州：中原农民出版社，2015：34-59.

[2] 王州，张坤，徐静，等．可生物降解树脂包膜尿素的研制及性能，植物营养与肥料学报，2013，19（6）：1510-1515.

[3] 李玉兰，不同肥力水平下小麦合理配方施肥技术参数变化．安徽农业科学，2013，41（17）：7493-7495.

[4] 张有成．中高产田氮、磷、钾元素合理运用技术探讨．农业科技与信息，2014，18（3）：53-55.

[5] 张福锁，等．测土配方施肥技术要览．北京：中国农业大学出版社，2005：115-123.

[6] 刘立新．科学施肥新思维与实践．北京：中国农业科学技术出版社，2008：104-109.

豫西南中低产田夏玉米高产
高效轻简化集成施肥技术初探

李玉兰　张有成*

河南省邓州市农业技术推广中心

摘　要： 为构建夏玉米高产高效轻简化施肥技术体系，在邓州市砂姜黑土土壤类型上，开展夏玉米不同种类（有机无机配合、生物与无机配合）、不同配比（不同类型氮肥配比）测土、配方、种肥同播试验、示范。试验、示范发现，一是在玉米基础配方不变的基础上，掺入一定比例的包膜氮肥，肥料利用率和产量均有一定程度的提高；二是在玉米基础配方中掺入一定比例的包膜氮肥，适当降低总氮量，对玉米产量不会有影响；三是无机配方肥与有机肥/生物有机肥适当搭配，不仅当季可延长玉米后熟时间，明显提高玉米产量，而且后效作用也十分显著；四是包膜氮肥引入配方肥生产中，不仅可以起到减肥增效的作用，而且还可以明显简化施肥环节，降低劳动强度，节约生产成本。

关键词： 豫西南；中低产田；夏玉米；高产高效；轻简化

邓州市位于北纬 $32°22'—32°59'$、东经 $111°37'—112°20'$，地处北暖温带向北亚热带过渡地带，属于北亚热带大陆型半湿润气候。适宜种植小麦、玉米、花生、大豆、高粱、蔬菜、果树等多种作物，主要种植模式有小麦-玉米、小麦-花生、小麦-大豆等。现有耕地 16.893 万公顷，是河南省耕地面积最大的县级市之一。土壤类型有砂姜黑土、黄褐土、潮土三类。其中，砂姜黑土土类面积占全市耕地面积的 49% 以上，该类土壤容重大、质地黏重、耕层较浅、适耕期短[1]。

夏玉米是邓州市种植的三大优势粮食作物之一，年种植面积稳定在 6.7 万公顷左右，常年产量 6 750～7 500 千克/公顷[1]。邓州市属河南省中低产区，增产潜力较大。

有机肥作为一种传统肥料，具有养分全、养分持效久等特点，可以改良土壤理化性状，提高土壤保肥、供肥性和酸碱缓冲性[2]。生物有机肥是一种以有益微生物为核心的肥料，既有有机肥肥效长久、营养全面、有机质丰富的特点，又因含有功能性有益微生物，具有改善土壤理化性状，调控土壤微生物群落结构，提高或修复土壤缓冲、抗逆能力等作

---

* 通讯作者：张有成，E-mail：dengzhouctpt@163.com

用[3]。缓控释肥料是一种利用物理或化学材料延缓或控制肥料养分溶出速度的新型肥料，具有协调作物养分供给，有效减缓养分释放速度，明显提高肥料利用效率，减少施肥次数的作用[4]。树脂包膜尿素是控释肥料的主要产品之一，生产工艺是以常规尿素为核心，以脂溶性树脂或水基树脂为包膜材料，采用流化包膜技术生产而成，具有显著降低养分释放速率、提高氮肥利用率的作用[5]。

在本区域夏玉米测土配方推荐施肥的实践中，常规配方肥施用采取"一炮轰"全量基肥施肥方法，增产效果不明显，肥料利用率不高[6]。虽然采取"基肥＋追肥"的合理运筹的施肥方法[7]，具有显著提高玉米产量和肥料利用率的作用，但土壤性状、高秆作物的特性限制了该施肥措施的实施，同时采取该类施肥方法，也增加了施肥环节，提高了劳动强度，增加了生产成本。

简化施肥环节，降低劳动强度，达到节本、增产、增效的目标，是实现玉米高产高效亟待解决的问题[8-9]。对此，笔者在试验、示范的基础上，把包膜尿素引入夏玉米配方施肥，并针对当前农机、农艺不配套的问题，开展有机无机分层施肥、种肥同播的一体化机械化施肥技术探索。

1 试验方法

1.1 基本情况（表 1）

文渠镇周家村基本情况：文渠镇周家村位于邓州市西北部 16 公里处。土壤类型为砂姜黑土土类典型砂姜黑土亚类覆泥黑姜土土属黏覆砂姜黑土土种，肥力水平中等。前茬为小麦，耕地为南北走向，长度 133 米。

穰东镇周楼村基本情况：穰东镇周楼村位于邓州市东北部 30 公里处。土壤类型为砂姜黑土土类典型砂姜黑土亚类青黑土土属青黑土土种，肥力水平中等。前茬为小麦，耕地为南北走向，长度 115 米。

腰店乡黄营村基本情况：腰店镇黄营村位于邓州市东部 12 公里处。土壤类型为砂姜黑土土类典型砂姜黑土亚类覆泥黑姜土土属黏覆砂姜黑土土种，肥力水平中等。前茬为小麦，耕地为南北走向，长度 156 米。

表 1　2019 年邓州市玉米体系建设试验示范点土壤养分状况

地点	文渠镇周家村	腰店镇黄营村	穰东镇周楼村
土类	砂姜黑土	砂姜黑土	砂姜黑土
亚类	典型砂姜黑土	典型砂姜黑土	典型砂姜黑土
土属	黏覆泥黑姜土	黏覆泥黑姜土	青黑土
土种	黏覆砂姜黑土	黏覆砂姜黑土	青黑土
有机质（克/千克）	14.7	18.1	17.2
全氮（克/千克）	0.848	1.032	0.988

（续）

地点	文渠镇周家村	腰店镇黄营村	穰东镇周楼村
有效磷（毫克/千克）	19.1	23.4	21.2
速效钾（毫克/千克）	131	149	138
pH	6.8	6.5	6.8
有效锌（毫克/千克）	1.2	0.76	0.88
有效铜（毫克/千克）	0.92	1.61	1.48
有效铁（毫克/千克）	39	41	45
有效锰（毫克/千克）	38	43	38

1.2　肥料品种及价格

树脂包膜尿素（N 44%）2.5 元/千克，常规尿素（N 46.1%）1.9 元/千克，沃夫特复合肥（17 - 17 - 17）3.3 元/千克，氯化钾（K_2O 60%）3 元/千克，过磷酸钙（P_2O_5 12%）0.6 元/千克。亩产值仅计算产品产值，成本仅考虑肥料投入，纯收入＝产值－成本，玉米价格按 2.25 元/千克计算。

1.3　试验设计

文渠镇周家村玉米肥料利用率试验：本试验安排 9 个处理，3 次重复，每个小区面积 50 米²。供试玉米品种为伟科 702。播种机械为种肥一体单粒播种机，一带四行。计划小行距 60 厘米，带与带间隔 100 厘米，平均行距 70 厘米，株距 19 厘米，种植密度 75 195 株/公顷。各个处理设计如表 2 所示。

表 2　文渠镇周家村玉米肥料利用率试验设计

处理编号	总氮（千克/公顷）	酰胺态 N（%）	包膜 N（%）	P_2O_5（千克/公顷）	K_2O（千克/公顷）
处理 1	0	100	0	0	0
处理 2	0	100	0	90	90
处理 3	210	100	0	0	90
处理 4	210	100	0	90	0
处理 5	210	100	0	90	90
处理 6	0	65	35	90	90
处理 7	210	65	35	0	90
处理 8	210	65	35	90	0
处理 9	210	65	35	90	90

穰东镇周楼村夏玉米不同比例包膜配方肥对比试验：本试验安排 6 个处理，重复 3 次，每个处理面积 200 米²。供试玉米品种为伟科 702。播种机械为种肥一体单粒播种

机，一带四行。计划小行距 60 厘米，带与带间隔 100 厘米，平均行距 70 厘米，株距 19 厘米，种植密度 75 195 株/公顷。各个处理设计如表 3 所示。

表3　穰东镇周楼村夏玉米不同配比包膜氮肥对比试验设计

处理	配方及施肥量	树脂包膜 N 占比（%）	肥料价格（元/公顷）
处理 1	基础配方（29-8-10），用量 750 千克/公顷	0	1 847.4
处理 2	基础配方（29-8-10），用量 750 千克/公顷	40	1 989.45
处理 3	基础配方（29-8-10），用量 750 千克/公顷	50	2 025
处理 4	基础配方（29-8-10），用量 750 千克/公顷	60	2 060.4
处理 5	基础配方（29-8-10），用量 750 千克/公顷	30	1 911.45
处理 6	基础配方（26-8-10），用量 750 千克/公顷	40	1 857.85

腰店镇黄营村夏玉米高产高效轻简化集成技术模式大区对比：本示范设计 6 种模式，无重复，采取大区示范对比。其中，每个处理面积 5 亩，供试玉米品种为伟科 702。播种机械为种肥一体单粒播种机，一带三行。等行距播种，行距 65 厘米，株距 20 厘米，种植密度 76 927 株/公顷。各个处理设计如表 4 所示。

表4　腰店镇黄营村夏玉米高产高效轻简化集成技术模式大区对比

处理	配方及施肥量	施肥、播种技术
模式 1	常规配方（29-8-10），用量 750 千克/公顷	
模式 2	常规配方（29-8-10），用量 750 千克/公顷，搭配有机肥 750 千克/公顷	
模式 3	常规配方（29-8-10），用量 750 千克/公顷，搭配生物有机肥 750 千克/公顷	农机农艺配套，有机无机分层施用，种肥同播
模式 4	包膜配方（26-8-10），用量 750 千克/公顷，包膜氮 36%	
模式 5	包膜配方（26-8-10），用量 750 千克/公顷，搭配有机肥 750 千克/公顷，包膜氮 36%	
模式 6	包膜配方（26-8-10），用量 750 千克/公顷，搭配生物有机肥 750 千克/公顷，包膜氮 36%	

2　田间管理

2.1　文渠镇周家村试验地管理

2019 年 6 月 3 日，按照设计方案分区施肥，按同一播种模式（行距 65 厘米，株距 19 厘米）单粒机械化播种；5 叶期，采取机械化喷雾全田统一喷洒除草剂，进行化学除草；大喇叭口期，化学防治玉米螟一次；7 月 28 日全田统一灌溉一次；9 月 10 日收获。

2.2 穰东镇周楼村试验地管理

2019 年 5 月 28 日，按照设计方案分区施肥，按同一播种模式（行距 65 厘米，株距 19 厘米）单粒机械化播种；5 叶期，采取机械化喷雾全田统一喷洒除草剂，进行化学除草；大喇叭口期，化学防治玉米螟一次；7 月 28 日全田统一灌溉一次；9 月 9 日收获。

2.3 腰店镇黄营村试验地管理

2019 年 6 月 1 日，按照设计方案采取种肥同播的方式，播种、施肥同时进行；5 叶期，采取机械化喷雾全田统一喷洒除草剂，进行化学除草；大喇叭口期，化学防治玉米螟一次；7 月 28 日全田统一灌溉一次；9 月 18 日收获。

3 试验结果

3.1 文渠镇周家村肥料利用率试验结果

在常规配方施肥情况下，氮肥利用率为 29.9%，磷肥利用率为 16.4%，钾肥利用率为 51.3%；而掺入 35% 包膜氮肥情况下，氮肥利用率为 34.1%，磷肥利用率为 19.3%，钾肥利用率为 54.7%。与常规施肥相比，包膜配方施肥氮肥利用率提高 4.2 个百分点，磷肥利用率提高 2.9 个百分点，钾肥利用率提高 3.4 个百分点，具体见表 5。

表 5　文渠镇周家村夏玉米肥料利用率试验结果

项目	分类	常规施肥区					包膜配方区			
		处理 1	处理 2	处理 3	处理 4	处理 5	处理 6	处理 7	处理 8	处理 9
		无肥区	缺氮区	缺磷区	缺钾区	全肥区	缺氮区	缺磷区	缺钾区	全肥区
籽粒产量（千克/公顷）		7 026.8	8 384.3	9 551.6	9 166.5	11 018.3	8 342.9	9 710	9 491.9	11 462.9
籽粒养分含量（克/千克）	N	11.58	11.61	11.88	11.37	11.82	11.61	11.88	11.37	11.82
	P	3	3.08	3.09	2.99	3.18	3.08	3.09	2.99	3.18
	K	4.18	4.34	4.29	4.16	4.48	4.34	4.29	4.16	4.48
茎叶产量（千克/公顷）		7 767	7 896	9 363	9 351	10 800	8 015.7	9 517.65	9 683.55	11 235.9
茎叶养分含量（克/千克）	N	8.72	8.96	9.3	9.32	9.32	8.96	9.3	9.32	9.32
	P	0.87	0.94	0.93	0.91	0.89	0.94	0.93	0.91	0.89
	K	16.13	16.7	16.52	16.41	16.72	16.7	16.52	16.41	16.72
施肥量（千克/公顷）	N	0	0	210	210	210	0	210	210	210
	P_2O_5	0	90	0	90	90	90	0	90	90
	K_2O	0	90	90	0	90	90	90	0	90

（续）

项目	分类	常规施肥区					包膜配方区			
		处理 1	处理 2	处理 3	处理 4	处理 5	处理 6	处理 7	处理 8	处理 9
		无肥区	缺氮区	缺磷区	缺钾区	全肥区	缺氮区	缺磷区	缺钾区	全肥区
养分利用率 （%）	N			29.9					34.1	
	P_2O_5			16.4					19.3	
	K_2O			51.3					54.7	

3.2 穰东镇周楼村夏玉米不同比例包膜配方肥对比试验结果

3.2.1 不同处理试验结果对比

从表 6 可以看出，各处理平均产量与处理 1（CK）相比，均表现增产效果，但增产幅度有差异。处理 2 增产幅度最大，增产 1 718.3 千克/公顷，增产率达 17.7%。其他依次为处理 5、处理 3、处理 4、处理 6，增产分别为 1 508.2 千克/公顷、1 393.8 千克/公顷、1 167.7 千克/公顷、795.9 千克/公顷，增幅依次为 15.5%、14.3%、12%、8.2%。值得说明的是处理 6（包膜占 40%，总氮减 10%）与处理 1 比，增产幅度仍达8.2%，增产795.9 千克/公顷。

表 6 穰东镇周楼村夏玉米不同比例包膜配方肥对比试验结果

处理编号	处理设计	重复	密度 （株/公顷）	单穗粒重 （克）	产量 （千克/公顷）	平均产量 （千克/公顷）
处理 1	常规配方 29 - 8 - 10	1	75 195	127.605	9 595.3	9 729.6
		2	75 195	128.653	9 674	
		3	75 195	131.917	9 919.5	
处理 2	RCU40	1	75 195	152.679	11 480.7	11 447.9
		2	75 195	153.801	11 565	
		3	75 195	150.25	11 298	
处理 3	RCU50	1	75 195	147.686	11 105.2	11 123.4
		2	75 195	146.204	10 993.8	
		3	75 195	149.892	11 271.1	
处理 4	RCU60	1	75 195	145.635	10 951	10 897.3
		2	75 195	145.802	10 963.6	
		3	75 195	143.323	10 777.2	
处理 5	RCU30	1	75 195	149.708	11 257.3	11 237.8
		2	75 195	148.859	11 193.5	
		3	75 195	149.778	11 262.5	

（续）

处理编号	处理设计	重复	密度 （株/公顷）	单穗粒重 （克）	产量 （千克/公顷）	平均产量 （千克/公顷）
处理 6	RCU40 （总 N 减 10%）	1	75 195	141.25	10 621.3	10 525.5
		2	75 195	138.52	10 416.1	
		3	75 195	140.16	10 539.1	

3.2.2 最佳包膜氮配比计算

根据配方中包膜氮占比与处理产量的对应关系，建立包膜氮对应效应函数方程：

$$Y = -1.081X_2 + 83.807X + 9\ 729.4(R^2 = 0.989\ 1)$$

在基础配方 29 - 8 - 10（用量 750 千克/公顷）中，按每 1% 包膜氮单价 5.4 元，产品价格按 2.4 元计。

根据边际效应分析原理，当边际产量等于单位比例包膜氮肥价格与产品单价之比时，可得出最佳包膜氮肥占比 $X_{最佳}$ 和最佳产量 $Y_{最佳}$，$X_{最佳}$ 为 37.7%，$Y_{最佳}$ 为 11 352.6 千克/公顷。

3.3 腰店镇黄营村夏玉米高产高效轻简化集成技术模式大区对比结果

通过对表 7 产量结果进行对比可以看出，在基础配方相同情况下，不同的组合模式，如无机与有机搭配、无机与生物有机肥搭配，增产效应均不相同；与模式 1 相比，模式 2、模式 3 分别比模式 1 增产 681.6 千克/公顷、783.9 千克/公顷，增产率分别为 7.08% 和 8.14%；与模式 4 相比，模式 5、模式 6 分别比模式 4 增产 840.9 千克/公顷、850.8 千克/公顷，增产率分别为 8.4% 和 8.5%；模式 4 与模式 1 相比，增产 388.5 千克/公顷，增产率 4%，减肥增效仍较明显。

表 7　腰店镇黄营村夏玉米高产高效轻简化集成技术模式大区对比结果

处理	行距（米）	株距（米）	密度（株/公顷）	单穗粒重（克）	产量（千克/公顷）
模式 1	0.65	0.2	76 927	125.13	9 625.9
模式 2	0.65	0.2	76 927	133.99	10 307.4
模式 3	0.65	0.2	76 927	135.32	10 409.8
模式 4	0.65	0.2	76 927	130.18	10 014.3
模式 5	0.65	0.2	76 927	141.11	10 855.2
模式 6	0.65	0.2	76 927	141.24	10 865.2

4　结论与讨论

4.1　结论

从肥料利用率试验可以看出，把树脂包膜尿素按总氮量 35% 引入配方施肥中，与常规配方施肥对比，包膜配方施肥氮肥利用率提高 4.2 个百分点，磷肥利用率提高 2.9 个百分点，钾肥利用率提高 3.4 个百分点。

利用包膜氮肥缓释、提高肥料利用率的特性，将其引入夏玉米配方施肥中，在确保增产的基础上，不仅可以减少氮肥用量，还可以改多次施肥为一次施肥，减少施肥次数，降低劳动强度，简化新技术推广环节，提高技术普及率。

在夏玉米推荐配方施肥中，在当前玉米、氮肥价格情况下，包膜氮肥占总施氮量的 37.7% 产投比最佳，最佳产量为 11 352.6 千克/公顷。

在豫西南黏质砂姜黑土耕地上夏玉米高产高效生产过程中，可根据肥料供应、农机设备情况，选用模式 4、模式 5、模式 6，均能取得较好的收益。

4.2 讨论

在夏玉米生产过程中，应用包膜配方肥后，磷、钾肥利用率提高的机理可能与包膜氮肥延长玉米有效生长期有关。此外，包膜氮肥在不同季节的释放速率对玉米的肥料利用率及增产效果影响较大，在实际应用中必须重视。

本研究仅针对砂姜黑土土类的两种土壤类型，且仅开展 2 年，其增产节肥效果有待进一步验证。

参考文献

[1] 张有成，等. 河南省邓州市耕地地力评价. 郑州：中原农民出版社，2015：34 - 59.

[2] 丁思年. 有机肥对土壤的改良作用及其发展前景. 现代农业科技，2000 (1)：125 - 127.

[3] 付丽军，张爱敏，等. 生物有机肥改良设施蔬菜土壤的研究进展. 中国土壤与肥料，2017 (3)：1 - 5.

[4] 姚光荣. 缓/控释肥料的研究进展及发展趋势. 现代农业科技，2019 (2)：133 - 135.

[5] 王州，张坤，徐静，等. 可生物降解树脂包膜尿素的研制及性能. 植物营养与肥料学报，2013，19 (6)：1510 - 1515.

[6] 李玉兰. 不同肥力水平下小麦合理配方施肥技术参数变化. 安徽农业科学，2013，41 (17)：7493 -7495.

[7] 张有成. 中高产田氮、磷、钾元素合理运用技术探讨. 农业科技与信息，2014，18 (3)：53 - 55.

[8] 张福锁，等. 测土配方施肥技术要览. 北京：中国农业大学出版社，2005：115 - 123.

[9] 刘立新. 科学施肥新思维与实践，北京：中国农业科学技术出版社，2008：104 - 109.

对南方柑橘园绿肥新品种种植减肥效果的评估

纪海石[1]　谢灵先[1]　贾振刚[2]　谭碧潜[3]　梁文彬[1]
黄展育[1]　张房坚[1]　麦远愉[4]

1. 龙门县农业农村综合服务中心；2. 龙华镇农林水综合服务中心；
3. 永汉镇乡村振兴服务中心；4. 龙城街道办事处综合行政执法队

摘　要：为了分析绿肥新品种在柑橘行间种植表现情况及减肥效果，选取了 4 个豆科品种进行春播田间试验，观测出苗情况、生育时期、长势、生物量、刈割后再生和养分归还量等指标。热研 2 号柱花草有第二高的鲜草产量和最高的干草产量，高度合适，非常耐旱，较耐冻，整体性状表现良好；崖州硬皮豆的优点是结种成熟快，落地易发芽；黄花决明产量居中，较耐旱；小叶猪屎豆鲜草产量最高，干草产量居中；后两者花色较好，可以美化果园。从地上部刈割回田养分估算，除崖州硬皮豆外，热研 2 号柱花草、黄花决明和猪屎豆能满足并且超过贡柑对氮、磷、钙和微量元素铜、锌、铁、锰的需求，但钾和镁还需要另外补充。

关键词：绿肥；柱花草；硬皮豆；黄花决明；猪屎豆；果园；化肥减量

绿肥种植在我国传统农业中有着悠久的历史，人们在长期的农业生产中总结出绿肥可以提高土壤肥力，并将绿肥压青还田作为一种施肥技术应用于作物栽培当中[1,2]。随着近年来化肥在农业上的大量使用，绿肥种植面积大量缩减，化肥的过度使用造成了耕地土壤生产力逐年下降[3]。例如，南方柑橘园由于化肥使用量大且比例偏重造成了土壤呈现酸化和盐渍化，进而造成土壤板结、容重大、过紧实、透水性差等问题。再者，果园长期清耕管理带来的果园生态退化、地力下降等共同造成了成龄树抗逆性差、稳产期缩短，柑橘产量不稳定和品质下降，进而造成了品牌认可度下降、售价较低，严重影响了经济效益和果农种植积极性。

果园种植绿肥是一种"以园养园""以地养树"的重要模式。研究表明，果园种植绿肥一是可以改良土壤结构，降低土壤容重，增加土壤团聚体及孔隙度[4]，促进雨水入渗，防止水土流失[5-7]。二是提高土壤有机质和肥料利用效率[8-11]。三是可以富集多种营养元素，刈割还田后，可补充土壤养分[12]，保持土壤养分平衡。四是绿肥刈割覆盖果园后，能改善其微生物生长环境[12]，例如固氮菌数量显著增加，进而提高土壤物质循环和土壤肥力[13-14]。五是可以改变小范围的生态环境，有利于增加害虫的天敌数量[15-17]，减少螨虫危害[18]，同时可以控制杂草生长[19]，节省除草劳动力和减少除草剂的使用量。六是绿肥压青还田可以增加叶片厚度、叶绿素含量，提高光合效率[20,21]，例如，秦景逸等发现果园间作绿肥能增加果树新梢的发芽数量，增大叶面积，增强树势[22]。

"果园绿肥种植示范项目"于 2020 年在广东省惠州市龙门县执行，其间开展了田间试验，探索南方地区果园春种绿肥的可行性途径，提高果农对果园绿肥种植重要性的认识。以期通过改良果园土壤，培肥地力，进一步提升果品的质量效益和竞争力，加快推进农村生产生活方式绿色转型，助力农业朝着"资源更节约、环境更友好、土壤更健康、食品更安全"方向发展。

1 材料与方法

1.1 试验地概况

试验地位于广东省惠州市龙门县，地处广东省中部略偏北地区，属南亚热带季风气候，并且具有明显山区气候特点。全县平均温度为 21.8℃，全年极端最高气温为 37.8℃，最低为－5.0℃。降水时间分布不均匀，主要集中在汛期，全年降水总量为 2 687 毫米，全年日照时数为 1 722.0 小时，全年霜冻天数为 5 天。

1.2 试验设计

试验柑橘园位于广东省惠州市龙门县龙田镇 S244（龙新路）旁，海拔 86.8 米。柑橘树为 2 年生幼年果树，品种为贡柑，每亩种植 70 株，宽行距 4.8 米，窄行距 3.2 米，株距 2.8 米。

试验田布置如下：在柑橘树下铺左右宽各 1.0 米的黑色地膜防止杂草生长，地膜外留 0.2 米供作业通行。两通行道间种植绿肥，相邻宽行加窄行为横向、三个株距为纵向构成一个小区。

每小区绿肥种植面积为 32.64 米^2（3.2 米×10.2 米），每小区覆盖面积 81.6 米^2（8 米×10.2 米），共 16 个小区。整个区域（含隔离带）宽 32 米、长 51 米，总面积 1 632 米^2。

1.3 参试品种

试验共 5 个处理，包括对照清园处理和 4 种绿肥种植处理。种子由广东省良种引进服务公司提供，品种如下：

（1）热研 2 号柱花草（*Stylosanthes* spp.），蔷薇目豆科蝶形花亚科笔花豆属，是热带和亚热带地区重要的放牧和刈割兼用型豆科牧草之一，具有抗旱、保持水土、耐高温、耐酸瘠土壤、适应性强等优点，被广泛用于饲草料、林下覆盖、水土保持、天然草地改良等[23-25]。

（2）崖州硬皮豆（*Macrotyloma uniflorum* Yazhou），豆科硬皮豆属，一年生乡土草，

具有抗旱、抗病虫害、耐贫瘠、生长势强、粗放管理等优点，被认为是一种优良的绿肥和饲料作物[26]。

（3）黄花决明（*Cassia alata* L.）是豆科决明属植物，属常绿大灌木，耐旱、耐瘠，原产地作为水土保持植物。

（4）小叶猪屎豆（*Crotalaria pallida* Ait.）为豆科蝶形花亚科猪屎豆属植物，一年生饲用豆科植物，叶片富含高蛋白成分，是优质的畜禽饲料；同时，株体不同部位富含氨基酸等有效成分，拥有良好的饲用和药用价值；此外，还可用作纤维原料，有固氮肥土作用，可作绿肥[27]。

1.4 播种与管理

（1）种前平整土地，包括打除草剂、浅耕翻，同时施底肥，促苗早生快发。播种时土壤要湿润，有条件可拌根瘤菌。播种后，要浅土覆盖保证出苗率。

（2）温汤浸种催芽，撒播，同时育苗供空缺补苗。其中，黄花决明种子要专门进行硬实处理，即用粗砂擦伤种皮，以利吸水发芽。

（3）播种：雨后土壤湿润时进行播种，于 2020 年 3 月 18 日进行，将种子与粗砂混合摩擦撒播在行间畦面上（果树树荫处不宜播种，距根部 120 厘米外播种），然后浅土覆盖。播种后 1 周如发芽不齐，分别进行补种。

（4）田间管理：苗期遇干旱时及时浇水灌溉。绿肥苗期生长缓慢，采用人工除草，配合喷施防禾本科类杂草的除草剂（精喹禾灵），除禾本科杂草不建议使用烯草酮，试验发现烯草酮对绿肥的伤害大，不利于其恢复，除草后适当追肥（总共 2 次）促进绿肥快速生长覆盖地面抑制杂草；夏季黄花决明易受梨花迁粉蝶幼虫为害，建议结合柑橘喷杀虫剂（高效氯氟菊酯）的同时，给黄花决明喷施。秋冬季猪屎豆有感染枯萎病的现象，建议尽快收割还田。

（5）压青方法：割鲜草至离地面 20～40 厘米，将割出鲜草覆盖在一边的果树根部周围，对照区采用当地农民传统做法，喷洒草铵膦灭生。此试验在一个生育周年共割 4 次，分别为 2020 年 7 月 1—3 日、8 月 28—30 日、10 月 6 日和 2021 年 2 月 6—7 日。

（6）割完鲜草后保留绿肥剩余部分，在空地处进行适当补种，全生育周年收割 4 次，最后一次结合冬施有机肥一起埋入土中。

2 结果与分析

2.1 农艺性状的比较

绿肥种子经破皮处理后播种，由于温度低，出芽状况不理想，3 月下旬补种，柱花草出芽较早，其他不理想。供应商建议 6 月播种，能很快发芽，覆盖土地，抑制杂草。但果农希望在春天农闲时种植绿肥。此处建议 4 月中下旬为好，如图 1 所示，绿肥在 4 月生长缓慢，尤其柱花草在 4 月下旬之前一周只生长 1 厘米左右（层高指匍匐茎的田间高度），为保证其正常生长，苗期要人工除草 1～2 次，防止被杂草覆盖。

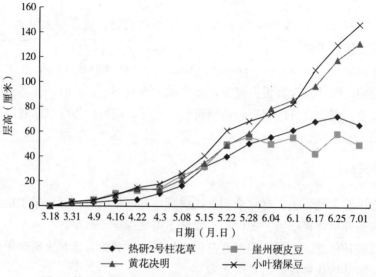

图 1　第 1 次收割前 4 种绿肥品种层高随时间的变化曲线

　　7 月 1 日绿肥收割后遇到夏旱。柱花草表现为最耐旱，如图 2 所示，7 月数据显示，柱花草层高从 27.1 厘米、33.4 厘米长至 41.6 厘米。而黄花决明和猪屎豆 7 月分别只长到 34.3 厘米和 36.6 厘米。因此，第二次收割时柱花草鲜草产量跃升到第一（表 1）。黄花决明表现为第二耐旱。然后是猪屎豆，其第一次株高和鲜草产量都是最高，但耗水量

表 1　4 种绿肥 4 次刈割时性状统计

	刈割次数	热研 2 号柱花草	崖州硬皮豆	黄花决明	小叶猪屎豆
层高 （厘米）	1	66.2	50.3	131.9	147.1
	2	83.2	52.8	118.8	102.9
	3	80.5	71.7	122.8	91.1
	4	89.0	75.2	168.9	171.3
	平均值	79.7	62.5	135.6	128.1
茎粗 （厘米）	1	0.37	0.27	0.99	1.03
	2	0.33	0.41	1.37	1.32
	3	0.44	0.20	1.71	1.22
	4	0.54	0.39	1.63	1.27
	平均值	0.42	0.32	1.43	1.21
鲜重产量 （千克/亩）	1	857	891	591	1 968
	2	1 145	3.57	741	576
	3	144	84	183	78
	4	589	136	514	358
	总和	2 735	1 115	2 030	2 980

（续）

干重产量 （千克/亩）	刈割次数	热研 2 号柱花草	崖州硬皮豆	黄花决明	小叶猪屎豆
	1	185	134	117	343
	2	247	1	146	100
	3	31	13	36	14
	4	547	130	514	334
总和		1 010	277	813	791

大、不耐旱、死亡较多，之后产量下降。崖州硬皮豆最不耐旱，主茎被割的几乎完全死亡。对 7 月初鲜草进行烘干得实重率，柱花草最高（21.6%），其后依次为黄花决明（19.7%）、猪屎豆（17.4%）、硬皮豆（15.1%），顺序与耐旱情况相同。建议在 6 月上中旬早收割为好，以免绿肥长得过高，也可以避开夏旱，提高再生能力。

收割后，不同绿肥再生类型不同，黄花决明和柱花草是在老枝上长新芽，而猪屎豆是在老根上生新枝，所以在后期层高快速增加，甚至超过前面的柱花草（图 2）。

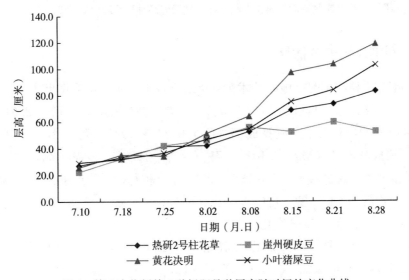

图 2　第 2 次收割前 4 种绿肥品种层高随时间的变化曲线

鉴于第 1 次刈割至 20 厘米时绿肥再生状况不好，因此第 2 次刈割至 40 厘米高。硬皮豆没有收割。硬皮豆属爬藤类型，它的层高是爬在其他杂草或杆子上的高度，9 月 6—27 日层高降低的原因是其攀附的杂草被割去了。因此，秋季在田里树立了木杆供其攀爬，可以提高产量。

10 月初贡柑开始逐渐成熟，由于绿肥逐渐向果树附近生长，对贡柑生长产生一定影响。所以采取灵活措施对靠近果树的绿肥进行刈割并测产。这样既不影响果树光合作用和人员进园采摘果实，也可以使剩下的绿肥开花结籽，延续繁殖。进入冬季后，11 月底出现轻微冻害，崖州硬皮豆先受冻。在翌年 1 月出现较严重的冻害，所有绿肥都受害严重，所以植株变矮（图3）。

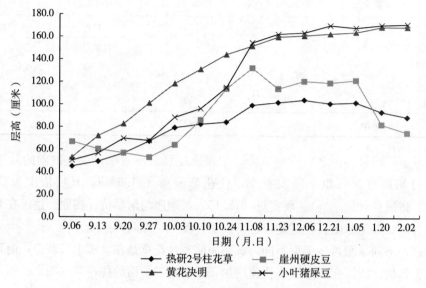

图3 第2次收割后至第4次收割前4种绿肥品种层高随时间的变化曲线

2.2 绿肥刈割还田养分估算

根据《南方果树测土配方施肥技术》[28]介绍，每生产1 000千克果实，需要氮（N）1.18～1.85千克、磷（P_2O_5）0.17～0.27千克、钾（K_2O）1.70～2.61千克、钙（CaO）0.36～1.04千克［换成算成钙（Ca）0.26～0.74千克］、镁（MgO）0.17～1.19千克［换成算成镁（Mg）0.10～0.71千克］，铜（Cu）、锌（Zn）、铁（Fe）、锰（Mn）等微量元素的含量为10～100毫克。2020年贡柑每株平均产量为45千克，根据上述标准，则平均需N 68.18克、P_2O_5 9.9克、K_2O 96.98克、Ca 22.5克、Mg 18.23克、Cu、Zn、Fe、Mn分别为2.48毫克。

由试验设计可知，种植1亩绿肥，刈割后覆盖面积为2.5亩，总共种植175株贡柑树。按上面标准，175株需N 11.93千克、P_2O_5 1.73千克、K_2O 16.97千克、Ca 3.94千克、Mg 3.19千克，Cu、Zn、Fe、Mn分别为433.13毫克。

焦彬主编的《中国绿肥》[29]指出，猪屎豆单位干物重中含N 2.71%、P_2O_5 0.31%、K_2O 0.82%、Ca 3.10%、Mg 0.28%、Cu 10毫克/千克、Zn 37毫克/千克、Fe 283毫克/千克、Mn 46毫克/千克，其他豆科绿肥干物质中营养元素含量相近。根据这个标准，结合表1干草产量，计算4种绿肥刈割还田营养元素含量如表2所示。

只从地上部刈割还田养分估算，柱花草能满足并且超过贡柑对氮、磷、钙和微量元素铜、锌、铁、锰的需求；钾、镁分别能满足49%和89%的需求。崖州硬皮豆能满足并且超过贡柑对钙和微量元素铜、锌、铁、锰的需求；氮、磷、钾、镁分别能满足63%、50%、13%、24%的需求。黄花决明能满足并且超过贡柑对氮、磷、钙和微量元素铜、锌、铁、锰的需求；钾、镁分别能满足 39% 和 71% 的需求。猪屎豆能满足并且超过贡柑对氮、磷、钙和微量元素铜、锌、铁、锰的需求；钾、镁分别能满足 38% 和 69% 的需求。由此可见，结合绿肥管理措施，可以起到"施小肥撬动大肥"的效果。

表 2　4 种绿肥刈割还田的营养元素含量

	氮 (N) (千克/亩)	磷 (P_2O_5) (千克/亩)	钾 (K_2O) (千克/亩)	钙 (Ca) (千克/亩)	镁 (Mg) (千克/亩)	铜 (Cu) (克/亩)	锌 (Zn) (克/亩)	铁 (Fe) (克/亩)	锰 (Mn) (克/亩)
热研 2 号柱花草	27.37	3.13	8.28	31.31	2.83	10.10	37.37	285.80	46.45
崖州硬皮豆	7.51	0.86	2.27	8.59	0.78	2.77	10.26	78.44	12.75
黄花决明	22.03	2.52	6.67	25.20	2.28	8.13	30.08	230.04	37.39
小叶猪屎豆	21.43	2.45	6.49	24.52	2.21	7.91	29.27	223.84	36.38

3　结论

截至第 4 次收割结束后，热研 2 号柱花草的鲜草总产量处于第二位，干草总产量居第一位，并且高度合适，不会对果树产生遮光影响，非常耐旱、较耐冻，整体性状表现良好；缺点为在 11 月上旬开花至受冻死亡时几乎未结籽成熟，只有少量植株未被冻死，因此春季需要适当补种才能保持群体优势。崖州硬皮豆产量最低，不耐旱，割后不易再生，最不耐冻，还有爬树的现象；优点是结种成熟快，第二年春天大量发芽。黄花决明产量居中，较耐旱，花色较好，植物可分泌出蜜糖类物质，易于引导害虫寄居，从而减少了果树的虫害；霜冻前种子成熟并自动炸开，第二年春天种子正常发芽，老枝也可长出新枝，无须补种。缺点是高度较高，要适当控制，也要防止茎秆过粗。小叶猪屎豆鲜草产量处于第一位，干草产量居第三位。缺点是不耐旱，生长过程中水分蒸发量很大，种子发芽需水量也较大；植株高，注意适时收割；试验中枯萎病发生较严重，要注意预防；冻害前种子部分成熟，少量炸开落地；第二年由于出现春旱，发芽不理想，为保持群体优势，需要补种。另外，后两种花色较好，能起到美化果园的作用。

从地上部刈割还田养分估算，除崖州硬皮豆外，柱花草、黄花决明和猪屎豆能满足并且超过贡柑对氮、磷、钙和微量元素铜、锌、铁、锰的需求，但钾和镁还需要另外补充。

参考文献

[1] 翁伯琦，黄毅斌. 经济绿肥在现代生态农业中作用及其发展对策. 中国农业科技导报，2002，4：44-49.

[2] 黄益余，冯余炜. 实现可持续农业发展要注重合理施肥. 中国人口资源与环境，1999，9（1）：

80 - 83.

[3] 陶峰，张龙华. 保护耕地扩大绿肥生产. 江西农业，2016 (4)：58 - 59.

[4] 李会科，张广军，赵政阳，等. 渭北黄土高原旱地果园生草对土壤物理性质的影响. 中国农业科学，2008，41 (7)：2070 - 2076.

[5] Espejo-Pérez A J, Rodríguez-Lizana A, Ordóñez, Rafaela, et al. Soil loss and runoff reduction in olive-tree dry-farming with cover crops. Soil Science Society of America Journal, 2013, 77 (6): 2140 - 2148.

[6] Jesús Rodrigo-Comino, Encarnación V. Taguas, Seeger M, et al. Quantification of soil and water losses in an extensive olive orchard catchment in Southern Spain. Journal of Hydrology, 2018, 556: 749 - 758.

[7] Gómez J A, Llewellyn C, Basch G, et al. The effects of cover crops and conventional tillage on soil and runoff loss in vine yard and olive groves in several Mediterranean countries. Soil Use and Management, 2011, 27 (4): 502 - 514.

[8] Panigrahi P, Srivastava A K, Panda D K, et al. Rainwater, soil and nutrients conservation for improving productivity of citrus orchards in a drought prone region. Agricultural Water Management, 2017, 185: 65 - 77.

[9] Wei H, Xiang Y, Liu Y, et al. Effects of sod cultivation on soil nutrients in orchards across China: A meta-analysis. Soil & Tillage Research, 2017, 169: 16 - 24.

[10] Zhu L, Dong S K, Wen L, et al. Effect of cultivated pasture on recovering soil nutrient of "Black-beach" in the alpine region of headwater areas of Qinghai-Tibetan Plateau, China. Procedia Environmental Sciences, 2010, 2: 1355 - 1360.

[11] Rodrigues M Â, Correia C M, Claro A M, et al. Soil nitrogen availability in olive orchards after mulching legume cover crop residues. Scientia Horticulturae, 2013, 158 (4): 45 - 51.

[12] 郝保平，张鑫，张延芳，等. 对山西省发展果园绿肥的思考与建议. 山西农业科学，2017，45 (7)：1193 - 1196.

[13] 左华清，王子顺. 柑橘根际土壤微生物种群动态及根际效应的研究. 生态农业研究，1995，3 (1)：39 - 47.

[14] 高美英，乔永胜. 秸秆覆盖对苹果园土壤固氮菌数量年变化的影响. 果树科学，2000，17 (3)：185 - 187.

[15] 严毓骅，段建军. 苹果园种植覆盖作物对于树上捕食性天敌群落的影响. 植物保护学报，1988，15 (1)：23 - 26.

[16] 杜相革，严毓骅. 苹果园混合覆盖植物对害螨和东亚小花蝽的影响. 生物防治通报，1994，10 (3)：114 - 117.

[17] 于毅，张安盛. 东亚小花蝽的发生和扩散与苹果园和邻近农田植被的关系. 中国生物防治，1998，14 (4)：148 - 151.

[18] 李国怀，章文才. 果园生草栽培应注意的若干问题. 浙江柑橘，1997，14 (4)：5 - 6.

[19] 傅海平. 茶园绿肥品种——茶肥1号. 湖南农业，2017 (1)：25.

[20] 解思敏. 果园生草对苹果树光合特性影响的研究. 山西农业大学学报，2000，20 (4)：353 - 355.

[21] 李国怀，章文才，胡德文，等. 生草栽培对橘园环境和柑橘产量品质的影响. 中国农业气象，

1997，18（4）：18-21.

[22] 秦景逸，张云，王秀梅，等．绿肥间作对果园产量及经济收益的影响．广东农业科学，2017，44
　　　（1）：43-48.

[23] 唐燕琼，吴紫云，刘国道，等．柱花草种质资源研究进展．植物学报，2009（6）：752-762.

[24] 任莉，易克贤，陈河龙，等．热带豆科牧草柱花草对泌乳奶牛产奶性能的影响．饲料工业，2011
　　　（13）：54-57.

[25] 赵钢，陈嘉辉，余晓华，等．不同品种柱花草营养价值的动态变化．仲恺农业工程学院学报，2012
　　　（3）：15-18.

[26] 林位夫，蒋菊生，李维国，等．崖州扁豆的生物学特性．热带作物学报，1999（1）：59-65.

[27] 穆尼热·买买提，祖日古丽，田聪，等．适宜在北疆平原生长的饲用豆科植物猪屎豆引种研究．
　　　草业科学，2015，32（11）：1902-1906.

[28] 全国农业技术推广服务中心．南方果树测土配方施肥技术．北京：中国农业出版社，2011：40.

[29] 焦彬．中国绿肥．北京：农业出版社，1985.

水稻化肥减量推广应用助力
农业面源污染治理

雷竹光

广东省台山市农业农村局

摘　要：华南双季稻生产集中区域化肥和农药依赖性强，不合理使用导致面源污染问题日益严重。2014—2020 年世界银行贷款广东农业面源污染治理项目环境友好型种植业示范工程在台山市所辖 5 镇 16 个村实施，累计治理农业面源污染面积 24 839.7公顷，主推测土配方施肥技术、增施缓释肥技术、水稻"三控"施肥技术、水稻侧深施肥技术、有机无机肥配施技术等模式。项目农户化肥使用量较项目实施前减少 16.2%，比非项目农户减少 11.7%，2014—2020 年项目累计减施化肥 1 735.8 吨。

关键词：农业面源污染治理；创新模式；推广应用模式；化肥减量

　　台山市位于广东省珠江三角洲西南部，毗邻港澳，南临南海，东邻珠海特区，北靠江门新会区，西连开平、恩平、阳江三市，陆地总面积 3 286 千米^2。台山市介于北纬 $22°34'—22°27'$、东经 $112°18'—113°03'$ 之间，是广东省重要的水稻生产基地，现有耕地 53 000公顷、山地 160 000 公顷、滩涂 26 700 公顷，已初步形成了水稻、水产、果蔬、畜牧四大支柱产业。

　　近年来，随着农村经济转型发展，土地逐步流转到合作社、家庭农场和农业公司经营。由于农村人力资源减少，农业机械化进程不断加快。同时，化肥、农药的不合理使用导致农业面源污染问题日益严重。广东省农业面源污染防治前期已做了大量工作[1-4]。根据广东省"十二五"节能减排任务，广东省农业农村厅组织相关科研院所开展世界银行贷款广东农业面源污染治理项目工作，该项目不仅是国内首个利用世界银行贷款实施的农业面源污染治理项目，也是广东省农业史上利用世界银行贷款金额最大的项目。项目计划总投资 2.51 亿美元，其中世界银行贷款 1 亿美元，地方政府和项目实施单位配套 1 亿美元，全球环境基金赠款 0.51 亿美元。项目重点集中于农药、化肥污染治理以及养殖场废弃物污染治理三方面[5]，取得了显著的社会、生态和经济效益[6]。本文对 2014—2020 年台山项目区水稻化肥减量推广模式和经验进行总结。

1 化肥施用现状分析

1.1 使用强度

导致化肥使用强度过高的原因是多方面的。缺乏有机肥施用、施肥不科学、化肥利用率低是直接原因，农户经营规模小是间接原因[7]。据项目实施前调查，项目镇水稻每年氮肥（折纯氮）施用量平均217.5千克/公顷、最高达284.3千克/公顷，五氧化二磷施用量平均78千克/公顷、最高达154.5千克/公顷，氧化钾施用量平均133.5千克/公顷、最高达154.5千克/公顷，90％以上稻田没有施用有机肥。

1.2 化肥用量

化肥要素市场扭曲对农业面源污染有显著的正向激发作用，即价格扭曲程度越高，则面源污染程度相应就越高[8]。当地农资店主通常推荐销售利润大的肥料给农户，造成农户被动盲目施肥现象严重，施肥不合理造成面源污染。台山市2013—2020年统计数据表明，台山市农作物（粮食作物、经济作物、果、茶等）年平均使用化肥（折纯）46 835.4吨。其中，氮肥（折纯）年平均用量24 400.2吨，氮肥使用量在2018年达到最高峰，之后回落到2013年水平；磷肥（折纯）年平均用量10 298.6吨，磷肥使用量在2017年达到最高峰，之后回落到低于2013年水平；钾肥（折纯）年平均用量19 828.3吨，钾肥使用量在2017年达到最高峰，之后回落到2013年水平。

1.3 养分结构

2013年项目实施前早稻化肥投入比例为$N : P_2O_5 : K_2O = 13.2 : 7.8 : 9.8$，晚稻化肥投入比例为$N : P_2O_5 : K_2O = 14.8 : 2.6 : 7.9$，全年水稻化肥投入比例为$N : P_2O_5 : K_2O = 14 : 5.2 : 8.9$；2014—2020年项目实施后水稻早稻平均化肥投入比例为$N : P_2O_5 : K_2O = 11.2 : 3.7 : 9.6$，水稻晚稻平均化肥投入比例为$N : P_2O_5 : K_2O = 11.2 : 3.4 : 9$，全年水稻化肥投入比例为$N : P_2O_5 : K_2O = 11.2 : 3.6 : 9.3$，趋于合理水平。实施农业面源污染治理项目后，化肥中氮肥和磷肥的用量呈下降趋势，特别是项目实施前尿素使用较普遍，项目实施后尿素施用比例大幅下降。2014—2019年项目区农户施用配方肥技术比例达100％，推荐施用养分总量40％（20-6-14）、45％（22-7-16）、50％（24-7-19）三种配方肥。2020年项目区控释肥推广面积进一步扩大，原因是通过机械同步施肥耙田，操作简单，减少了劳动力，约占项目区配方肥施用面积的36.35％。同时，继续推广生物有机肥（600～750千克/公顷）＋一次性控释肥（300～375千克/公顷）技术，配套侧深施肥技术，项目区化肥减量效果明显。据调查，2014—2020年项目区累计减施氮肥（折纯）745.19吨、减施磷肥（折纯）1 564.9吨，平均减少化肥施用量129千克/公顷，化肥减量16.2％，项目区减少不合理施用的化肥总量3 471.6吨。

项目实施前后氮肥、磷肥、钾肥平均（折纯）施用量比较如图1至图3所示。

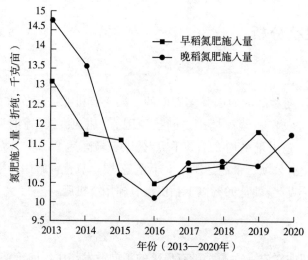

图 1 项目实施后氮肥施用量

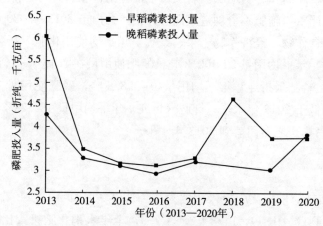

图 2 项目实施后磷肥施用量

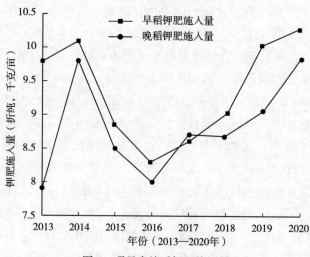

图 3 项目实施后钾肥施用量

2 创建环境友好型种植模式

2.1 建立以 IC 卡为载体的补偿机制

建立 IC 卡信息管理系统，对项目农户（种植面积＜3.3 公顷，不含参加统防统治农户）购买农资进行信息化管理。农户通过自愿申请参加项目并获取 IC 卡，卡内无现金只有补贴额度（配方肥补贴 15％～25％）且不能兑现。每个镇、村项目定点农资店安装 POS 机，农户到店购买农资刷卡消费获得相应补贴，项目管理者可以追溯监管农户交易信息。

2.2 形成县、镇、村级技术监督推广体系

台山市设立镇级技术指导员、村级技术助理，项目区镇级技术指导员 10 人（每个项目镇 2 人）、村级技术助理 72 人（每个项目村 2 人）。在水稻生长中后期，组织农户观摩交流学习。县项目办下乡监督检查指导，聘请省、市、县级专家，通过培训和观摩等形式开展宣传和技术指导，共同完成农业面源污染治理化肥减量目标。省项目办每年组织市、县、镇、村考核，对考核合格的镇级技术指导员给予资金激励。县项目办完成年度目标任务，经省项目办考核合格的安排管理补助经费。

2.3 测土配方施肥

自 2005 年至今，台山市作为广东省首批测土配方施肥技术试点县，在水稻测土配方施肥方面做了大量的基础性工作，取得显著成绩[9-10]。结合多年来测土配方施肥的田间试验和产量情况，在综合土壤氮磷钾养分水平、产量目标、品种性能等因素的基础上确定施肥指标，建立了台山市主要作物施肥指标体系，摸索出适合全市水稻栽培的施肥模式。通过科学合理施用化肥保证水稻产量稳定的前提下，实现减少化肥施用、降低面源污染的效果[11]。

2.4 缓控释肥施用

推广水稻控释肥一次性施肥技术是有效控制化肥面源污染的技术手段，能在整个生育期内满足水稻的养分供应，在不降低千粒重及结实率的基础上提高或保持水稻的有效穗数及穗粒数[12]。2017 年广东省农业面源污染治理项目办公室推荐一次性施用水稻控释肥，由于施用简便，受到农户的欢迎。项目区普及率从 2017 年的 15.12％升至 2020 年的 36.35％。主要做法是采用机械耙田，在第三次打田时一次性施用控释肥 375～600 千克/公顷。截至 2020 年，项目区约有 55.8％的农户采取一次性施用控释肥，实现了省工省时省肥增产的目的。

2.5 水稻"三控"施肥

水稻"三控"施肥技术是广东省农业面源污染治理的主推技术，其核心内容是控肥、

控苗、控病虫，简称"三控"。该技术中的"控肥"是通过控制总施氮量及前期施氮量的比例，提高氮肥利用率。控肥的目的有两个：一是减少无效分蘖，提高成穗率。二是减少氮肥损失，提高氮肥利用率，减少环境污染[13]。安排项目区村级技术助理带头在自己的承包田内实施这项新技术，2014—2020年项目区农户使用水稻"三控"技术的种植面积160.7公顷，占项目区水稻面积的3.7%。

2.6 水稻侧深施肥

水稻侧深施肥技术是在水稻插秧同时将肥料施于秧苗一侧3～5厘米土壤中的施肥方法，并与培肥地力、培育壮秧、肥料类型、水层管理、栽培密度、病虫防治、农业机械、气象等因素相结合，成为一项可促进水稻生育、增强抗性、省工、省肥、减轻面源污染、低成本的稳产高产技术[14]。

在水稻插秧同时，一次性施用总养分含量50%的控释肥（25-6-19）450千克/公顷。2021年台山市已累计推广面积130公顷。

2.7 有机无机肥配施

水稻有机无机肥配施技术，即施有机肥600～975千克/公顷作基肥，插秧同时一次性将总养分含量50%的控释肥（25-6-19）300～375千克/公顷施于秧苗一侧3～5厘米的土壤中。2017—2021年试验示范表明：水稻增产、抗病、抑制重金属吸收效果明显，得到广大农户的认可。全市累计推广25 833.3公顷，为有机肥替代化肥、化肥减量做出较好的示范。

3 开展科学施肥技术培训

3.1 培训内容及数量

项目以县级为基本单元，按当地的种植情况对各级项目管理者、定点农资店主和农户进行培训。包括镇、村级技术助理培训、IC卡补贴管理使用培训、科学施肥用药技术观摩培训、定点农资店IC卡使用和操作培训。引导农户在不减产的前提下，降低农业面源污染。2014—2020年通过宣传、举办技术培训班、发放技术资料等方式，举办农户培训430期，累计培训农户25 300人次，发放宣传资料5万余份。

3.2 培训效果

经过7年农户施肥技术培训，全项目区98%以上的农户施用水稻配方肥或缓控释肥。2014—2020年项目区农户调查水稻平均化肥施用量比世界银行项目推荐用量减少9千克/公顷，已达到农业面源治理的目的。全市普遍施用一次性缓控释肥，化肥施用量进一步降低。

4 促进化肥减量对策与建议

4.1 加大生产主体技术培训力度

对从事农业生产的主体继续进行培训、宣传和技术指导，提高农户的科技文化水平，重点普及有机肥与化肥合理施用等专业知识，制定肥料配方，通过发放明白纸、电视、农村广播等方式将适用技术普及推广，提高化肥合理使用水平。同时，重点扶植一批统配施肥社会化服务组织，根据作物生长周期，应用先进施肥装备集中统一配施有机肥和化肥，有效减少化肥使用量，提高利用率和作业效率，同时降低劳动强度，进一步推动化肥减量增效技术的推广。

4.2 提高生产主体对面源污染的认知程度

经过连续多年测土配方施肥项目的实施，台山市农业技术推广部门在宣传、培训、示范、技术推广等方面做了大量工作。目前有机肥资源利用率低，施肥结构不合理，施肥不均衡现象仍然突出，生产主体对化肥引起的面源污染的认知程度不高。今后继续加大化肥面源污染治理力度，做到以点带面，构建有机无机相结合的农业生产体系[15]，创建资源节约型、环境友好型社会，实现农业可持续发展。

4.3 建立科学施肥奖补政策

台山市实施商品有机肥补助政策，已累计实施面积30 203公顷。健全完善科学施肥奖补政策，进一步调动和提高种植户施用商品有机肥的积极性，减少化肥的不合理使用，提高农产品品质，促进耕地质量保护提升与农业绿色可持续发展。

4.4 发挥农业生产的规模化效应

近年来，我国大力发展农业适度规模经营，推进农村土地流转。台山市水稻种植50公顷以上有1 800户、新型农业社会化服务组织有670个。在稳步推进农村土地制度改革、培育壮大新型经营主体基础上，不断创新化肥减量机制，加快推进施肥方式创新，实践探索"市场牵龙头、龙头带基地、基地连农户"的模式。通过订单农户及专业合作社社员的示范和带动，在优质优价的市场环境下，带动农民增收，提高农民种粮积极性。

参考文献

［1］叶芳，黄玩群，涂纯浩. 广东省农业面源污染防治措施成效和制约因素分析. 广东农业科学，2016，43（4）：98 - 103.

［2］孙大元，杨祁云，张景欣，等. 广东省农业面源污染与农业经济发展的关系. 中国人口资源与环境，2016（S1）：102 - 105.

[3] 叶延琼，章家恩，李逸勉，等．基于 GIS 的广东省农业面源污染的时空分异研究．农业环境科学学报，2013，32（2）：369-377.

[4] 谭绮球，苏柱华，郑业鲁．国外治理农业面源污染的成功经验及对广东的启示．广东农业科学，2008（4）：67-71.

[5] 粤最大农业世行贷款项目前期工作驶上快车道．http：//www.moa.gov.cn/fwllm/qgxxlb/gd/201205/t20120524_2635653.htm，2012-05-24.

[6] 林壁润，杨少海，杨祁云，等．世界银行贷款广东农业面源污染治理项目的成效与启示．广东农业科学，2020，47（12）：158-165.

[7] 刘钦普．河南省化肥使用环境风险时空特征分析．生态经济，2014（10）：175-178.

[8] 葛继红，周曙东．要素市场扭曲是否激发了农业面源污染——以化肥为例．农业经济问题，2012（3）：92-98.

[9] 梁友强，张育灿，张桥．广东省测土配方施肥的实践与展望．广东农业科学，2008（12）：74-76.

[10] 梁友强，张桥，张育灿，等．广东省配方肥推广现状与发展对策．广东农业科学，2009（4）：81-83.

[11] 林志强，张春龙，汤久红，等．农业面源污染治理研究——惠州市实践经验及启示．黑龙江科学，2016，7（18）：144-146.

[12] 张木，唐拴虎，黄旭，等．一次性施肥对水稻产量及养分吸收的影响．中国农学通报，2016（3）：1-7.

[13] 钟旭华，黄农荣，胡学应．水稻"三控"施肥技术．北京：中国农业出版社，2012：6-14.

[14] 解保胜．水稻侧深施肥技术．北方水稻，2000（1）：18-20.

[15] 俞金洲．论有机无机农业相结合的农业生产体系．土壤，1982，14（3）：21-26.

有机肥替代部分化肥对重庆
城口马铃薯产量的影响

宁 红[1]　颜德青[1]　张 波[1]　袁 红[1]　卢 明[2*]　赵敬坤[2]

1. 城口县农业技术推广中心；2. 重庆市农业技术推广总站

摘 要：为明确不同肥源有机肥与化肥配施的合理替代率对马铃薯产量的影响，以鸡、猪、牛、羊粪4种肥源有机肥为材料，研究马铃薯产量对不同肥源有机肥及有机肥替代化肥施肥处理的响应。结果表明：①相比于不施肥处理，有机肥替代化肥试验各处理能显著提高马铃薯产量30%～58%。②相比于纯化肥施肥处理，有机肥替代部分化肥（25%～35%）能明显提高马铃薯产量3.4%～15%，而30%替代率处理的增产率最高，为15%；但纯有机肥施肥处理表现为明显减产。③不同有机肥替代率水平下，鸡粪和猪粪有机肥投入均能较牛、羊粪处理显著提高马铃薯产量。④鸡、猪粪有机肥在替代30%化肥时的马铃薯产量最高，羊粪有机肥替代30%～35%化肥时较高，而牛粪有机肥则表现为替代35%化肥时最高。纯有机肥投入无法满足马铃薯高产高效生产需求，有机无机合理配施，尤其是鸡、猪粪有机肥替代30%化肥施肥策略是保障马铃薯产业健康可持续发展的重要举措。

关键词：有机替代；养分管理；产量；马铃薯

马铃薯作为重要的粮食作物之一，产量高、适种区域广，是国家粮食安全的重要保障，我国对马铃薯的主粮化日益重视[1]。城口县为重庆市马铃薯主产区之一，生产水平的提高对马铃薯产业具有较强的支撑作用。然而，据城口县最新耕地质量评价结果显示，酸性和弱酸性土壤面积约占县总耕地面积的40%，土壤酸化已成为该区域马铃薯高产高效生产的限制因子之一。大量研究表明，采用有机肥替代部分化肥可以降低化肥用量、改善土壤物理结构和提高耕地质量及其肥力，是提高耕地土壤生产力和减肥增效的重要措施[2-3]。但是，有关有机肥替代化肥在重庆市高山地带性土壤马铃薯产区的研究较少。结合城口县养殖业初具规模、有机（类）肥源量大这一基础，大面积示范推广有机肥替代部分化肥对于加强畜禽粪污资源化利用及降低生态环境面源污染、宣传化肥科学减施和促进农业绿色可持续发展具有重要的实践意义。因此，本研究采用经充分腐熟后的畜禽粪污农

---

* 通讯作者：卢明，E-mail：xiaomeinv0324@163.com

家肥，先后于 2018—2021 年在坪坝镇光明村、北屏乡松柏村和高观镇高观村的马铃薯上开展有机肥替代化肥试验示范研究，以期确定城口县不同肥源有机肥与化肥配施的合理替代率。

1 材料与方法

1.1 试验地概况

田间试验主要开展于城口县的高观镇高观村和坪坝镇光明村，两个试验点的土壤类型均为黄壤土（土种）属黄壤亚类。其中，高观镇高观村（31.845 6°N，108.909 4°E）位于城口县偏东方向，海拔高度 830 米，土壤肥力中等，中壤质地。坪坝镇光明村（32.15°N，108.505 8°E）位于城口县偏南方向，海拔高度 566 米，土壤肥力中等偏上，中壤质地。

1.2 供试品种

青薯 9 号和冀张 12 号，两品种产量水平相近。

1.3 试验设计

双因素田间试验，自变量为化肥被替代量和有机肥源。分 4 个田块开展有机肥替代化肥主因素试验，单个共设置 6 个处理：CK（不施肥处理）、CF（纯化肥处理）、75%CF+OF（有机肥替代 25%化肥）、70%CF+OF（有机肥替代 30%化肥）、65%CF+OF（有机肥替代 35%化肥）、OF（纯有机肥施用处理）。其中纯化肥处理的施肥量为 36 千克/亩的总养分 40%（15-10-15）马铃薯配方肥，其他处理的化肥施用则按化肥的被替代率减量供应；有机肥源分别包含鸡粪（1 250 千克/亩）、猪粪（1 500 千克/亩）、羊粪（1 250 千克/亩）和牛粪（1 500 千克/亩），其中鸡粪和猪粪有机肥替代化肥试验开展于坪坝镇光明村，而羊粪和牛粪替代化肥试验开展于高观镇高观村。每个处理 3 次重复，合计 72 个小区，单个小区面积为 4 米×5 米＝20 米²；马铃薯的种植密度为 3 200 穴/亩。

依据城口当地的耕作习惯，高观村试验地马铃薯的播种时期为 2 月下旬，光明村为 1 月下旬；而收获时期则相继于 5 月下旬至 7 月先后完成。田间管理上，马铃薯播前需耕地松土并结合除草，生长期间适时进行中耕除草，全生长过程注意晚疫病的统防统治，4 个试验地块（即所有小区）的农事管理一致。

1.4 测产

于收获期对试验小区内所有马铃薯进行全收测产，据此由种植面积换算亩产。

1.5 数据分析

采用 Microsoft Excel 2019 软件处理数据并作图，采用 SPSS 26.0 软件的双因素方差分析（Two-way ANOVA）来分析化肥被替代率和有机肥源对马铃薯产量的影响。当方差分析达到显著水平时（$P<0.05$），采用Duncan多重比较方法比较不同处理间的差异。

2 结果与分析

2.1 有机肥替代部分化肥对马铃薯产量的影响

有机肥替代部分化肥对城口县马铃薯产量的影响如图1所示，相比于不施肥处理（1 373千克/亩），有机肥替代化肥试验各处理能显著提高马铃薯产量，且增产幅度在419～801千克/亩范围，增产率为31%～58%，其中有机肥替代30%化肥产量最高（2 174千克/亩）。相比于纯化肥施用处理，有机肥替代部分化肥（替代率25%～35%）处理能明显提高马铃薯产量64～277千克/亩，其增产率可达3.4%～15%；但纯有机肥施肥处理则表现出明显的减产效应，平均减产106千克/亩。此外，双因素方差分析结果表明，不同肥源的有机肥处理对马铃薯产量的影响表现为极显著，但有机肥替代化肥处理与有机肥源处理的交互作用对马铃薯产量的影响并不显著。

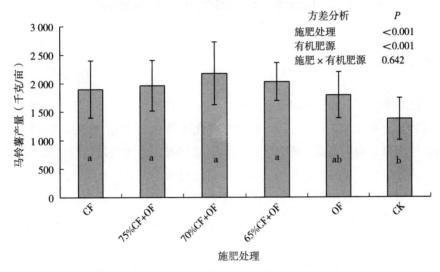

图1 有机肥替代部分化肥对城口县马铃薯产量的影响

2.2 有机肥源对马铃薯产量的影响

不同肥源有机肥对城口县马铃薯产量的影响如图2所示，结果表明不同有机肥替代率水平下，鸡粪和猪粪有机肥投入均能较牛、羊粪显著提高马铃薯产量，但鸡粪与猪粪有机肥处理间无显著性差异。另外，相比于羊粪有机肥处理，施用牛粪能显著提高马铃薯产量11%～35%，即增产187～476千克/亩。此外，鸡、猪粪有机肥均在替代30%化肥时的产量最高，羊粪有机肥替代30%～35%化肥时产量较高，牛粪有机肥表现为替代35%化肥时最高。平均而言，相比于羊粪有机肥处理，施用鸡、猪、牛粪肥分别能显著提高马铃薯产量 59%（866 千克/亩）、58%（851 千克/亩）、24%（348 千克/亩）。

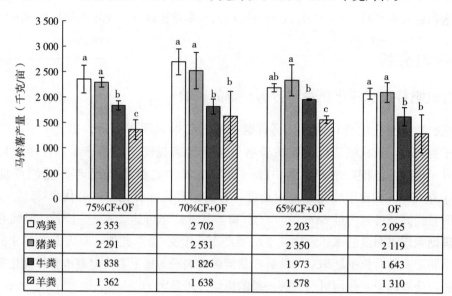

	75%CF+OF	70%CF+OF	65%CF+OF	OF
□ 鸡粪	2 353	2 702	2 203	2 095
▨ 猪粪	2 291	2 531	2 350	2 119
■ 牛粪	1 838	1 826	1 973	1 643
▨ 羊粪	1 362	1 638	1 578	1 310

图 2　不同肥源有机肥对城口县马铃薯产量的影响

3　结论与讨论

（1）本试验条件下，相比于纯化肥施肥处理，有机肥替代部分化肥（25%～35%）能明显提高马铃薯产量 3.4%～15%，当有机肥替代率为 30% 时增产率最高（15%）；但施用纯有机肥处理则表现明显减产态势，说明纯有机肥投入无法满足城口马铃薯高产高效生产需求，有机无机合理配施是保障马铃薯产业健康可持续发展的重要施肥举措。

（2）就不同肥源有机肥投入而言，相比于羊粪有机肥，牛粪、鸡粪和猪粪有机肥能显著提高马铃薯产量，且施用鸡、猪粪有机肥的增产比率最高，平均居于 60% 左右。另外，本研究还表明，鸡、猪粪有机肥处理均在替代 30% 化肥时的产量最高，羊粪有机肥替代 30%～35% 化肥时产量较高，而牛粪有机肥则表现为替代 35% 化肥时最高。

（3）若依据城口县马铃薯常年种植面积为 13 万亩计算，在县域尺度上推行马铃薯有机无机配施策略能有效消纳 18 万吨畜禽粪便；同时，如果依据有机肥 30%～35% 替代率替代化肥全域践行，每亩马铃薯生产系统则可减少化肥纯量（$N+P_2O_5+K_2O$）投入 4.3～5.0 千克/亩，全县在马铃薯生产上可科学减施化肥使用量 559 吨以上。

参考文献

[1] 王西亚，赵士诚，仇少君，等．有机肥部分替代化肥对马铃薯生长和土壤肥力的影响//马铃薯产业与绿色发展（2021），2021：443－444.

［2］Liu B，Wang X，Ma L，et al. Combined applications of organic and synthetic nitrogen fertilizers for improving crop yield and reducing reactive nitrogen losses from China's vegetable systems：A meta-analysis. Environmental Pollution，2021，269：116－143.

［3］刘丽媛，徐艳，朱书豪，等．有机肥配施对中国农田土壤容重影响的整合分析．农业资源与环境学报，2021，38（5）：867－873.

古蔺县化肥减量增效技术研究与推广

胡 伟 杨力瑶 李 平 赵 强

古蔺县农业农村局

摘 要: 2020年,古蔺县为切实落实化肥减量增效行动,结合当地实际情况,因地制宜综合施策,开展化肥减量增效示范推广。通过增施有机肥、施用新型高效配方肥料、推广测土配方施肥技术等方式,提升核心示范区土壤质量,土壤各项理化指标均有所改善,其中:土壤有机质含量平均提升2.9克/千克,有效氮平均提升16.4毫克/千克,有效磷平均提升21.3毫克/千克,速效钾平均提升96毫克/千克。核心示范区化肥施用量(折纯量)减少20%,作物产量明显提高,实现了化肥减量增效。

关键词: 化肥减量增效;智能堆肥;有机肥;新型肥料;耕地改良

肥料是我国重要的农业生产资料,是粮食的"粮食"[1],在促进粮食生产和农业发展上起着重要作用[2]。但是,肥料的不合理使用也带来了一系列问题,例如施肥结构不平衡导致作物肥料利用率低下、土壤肥力下降,过量施用化肥造成土壤结构破坏、水体富营养化,对生态环境带来不利影响。

为解决肥料不合理施用问题,实现农业增产增收与生态环境之间的平衡[3],古蔺县围绕实施乡村振兴战略总体要求,以环境承载能力为基础,根据古蔺县土壤分布,主导产业、特色产业现状,以粮油作物为重点,因地制宜综合施策,坚持绿色引领,转变发展方式,巩固测土配方施肥,积极探索化肥减量增效的技术途径与推广模式,减少化肥施用量,平衡施肥结构,有效提高肥料利用率及土壤肥力,为保障重要农产品有效供给和保护农业生态环境提供支撑。

1 古蔺县基本情况

1.1 农业生产情况

古蔺县是典型农业县,粮食作物以水稻、玉米、小麦、甘薯、马铃薯为主,经济作物有甜橙、茶叶、高粱和蔬菜等。古蔺县畜禽品种资源丰富,以猪、牛、羊为主,丫杈猪、古蔺马羊和川南黄牛被列入《四川畜禽品种志》。古蔺县是全国肉牛养殖和商品猪养殖优势区域布局规划基地县、国家生猪调出大县和四川省第二轮现代畜牧业重点县。

2019 年末，古蔺县粮食产量 34.7 万吨。其中，大春粮食产量 31.8 万吨，小春粮食产量 2.9 万吨；谷物产量 29.3 万吨，豆类产量 0.6 万吨，薯类产量 4.8 万吨。全县生猪出栏 48.7 万头，生猪存栏 31.1 万头，能繁殖母猪存栏 3.2 万头；牛出栏 3.2 万头，牛存栏 8.8 万头；羊出栏 14.5 万头，羊存栏 10.3 万头；家禽出栏 115.2 万只。全年实现肉类总产量 4.3 万吨，其中猪肉产量 3.5 万吨、禽蛋产量 0.6 万吨。

1.2 土壤情况

1.2.1 成土母质

古蔺县内土壤成土母质主要有砂岩类残积物、黏质黄土、磷灰岩残积物、石灰性泥岩类残积物、中性砂岩残积物（紫色砂砾岩）。

1.2.2 土壤类型

在复杂的地质、地貌条件和生物、气候因素的综合影响下，古蔺县的土壤类型较多，包括水稻土、紫色土、黄壤、黄棕壤 4 个土类，潴育水稻土、淹育水稻土、渗育水稻土、潜育水稻土、黄壤性土、酸性紫色土、中性紫色土、石灰性紫色土、黄壤和黄棕壤等 10 个亚类[4]。

1.2.3 耕地基本情况

古蔺县耕地类型包括旱地和水田。全县耕地共 109.8 万亩，其中旱地76.6 万亩、水田 33.2 万亩。旱地占全县耕地比例较大，约 69.8%；水田占比较小，约 30.2%。

1.3 肥料使用现状

2019 年，全县化肥使用量 13 728 吨（折纯量），较上年有所下降，测土配方施肥技术推广面积达到 127 万亩次，配方肥施用面积 58 万亩。但由于全县肥料用量基数大，施用方法有待改进，有机肥施用比重有待提高，化肥减量增效工作仍然任重道远。

2 化肥减量增效技术推广

2020 年，古蔺县作为化肥减量增效示范县，以专业合作社、种植大户为主要对象，重点针对全县范围内省"10＋3"产业园区和农业两区开展化肥减量增效技术示范推广。

2.1 示范区设置

结合古蔺农业产业发展状况，经实地调查布设核心示范面积 5 000 亩，示范片个数 5～10 个，每个示范片面积不低于 500 亩，主要涉及水稻、甜橙、脆红李、中药材等作物。每个示范片可只采用一种技术模式，也可以同时采用两种或两种以上模式进行对比示范（表1）。

表1　古蔺县 2019 年化肥减量增效项目核心示范区布置（亩）

乡镇	实施地点	技术模式			核心示范面积
		A 堆腐有机肥	B 生物有机肥	C 有机-无机复混肥	
古蔺镇	金山、青羊、北朝甜橙基地	700		500	1 200
	小水村优质水稻及脆红李基地		300	300	600
箭竹乡	箭竹、大寨特色农业产业带		400	200	600
东新镇	优质水稻、甜橙农业产业园区	300		200	500
土城镇	大山村优质水稻及水果生产基地	300		200	500
二郎镇	龙滩村、铁桥农业产业园区	300	200	400	1 000
水口镇	青龙村甜橙基地	400		200	600
德跃镇	凤凰村水稻基地		100		
合计		2 000	1 000	2000	5 000

注：堆腐有机肥按照 100 千克/亩，生物有机肥按照 75 千克/亩，有机-无机复混肥按照 50 千克/亩施用。

2.2　化肥减量增效技术模式

2.2.1　增施堆腐有机肥

示范面积 2 000 亩，亩施用堆腐有机肥 100 千克。除水分含量外，堆腐有机肥其他技术指标须符合 NY/T 525—2021 标准，每个堆腐有机肥施用示范片配备两台智能堆肥系统，堆肥原料主要来源于示范区秸秆、杂草、家禽家畜粪便等有机废弃物。

2.2.2　施用生物有机肥

示范面积 1 000 亩，亩施用生物有机肥 75 千克。生物有机肥养分含量 $N+P_2O_5+K_2O \geqslant 5\%$，有机质的质量分数（以烘干基计，%）$\geqslant 40$，符合 NY 884—2012 标准，有效菌以农业农村部微生物肥料登记证标明的有效菌种名称及有效菌种数量为准。

2.2.3　施用有机-无机复混肥

示范面积 2 000 亩，亩施用有机-无机复混肥 50 千克。有机-无机复混肥养分含量 $N+P_2O_5+K_2O \geqslant 30\%$，低氯或无氯，钾含量 $\geqslant 5\%$，有机质的质量分数（以烘干基计，%）$\geqslant 20$，符合 GB 18877—2020 标准。

2.3　土壤养分含量跟踪检测

核心示范片在示范开展前和示范开展后分别按 100 亩/个采集土样化验，检测土壤 pH、有机质、全氮、水解性氮、有效磷、缓效钾、速效钾等项目，跟踪土壤养分含量变化。

3 示范效果

3.1 土壤肥力提升

通过对项目实施前后土壤样品检测数据统计分析，土壤检测各项理化指标均有明显改善，其中：50个效果监测点土壤有机质含量平均提升了2.9克/千克，速效氮含量平均提升了16.4毫克/千克，有效磷含量平均提升了21.3毫克/千克，速效钾含量平均提升了96毫克/千克。通过项目实施，特别是有机肥和配方肥的施用，取得了良好的改良效果，示范核心区耕地土壤质量得到明显的改善。

3.2 化肥用量减少

据对示范核心区肥料施用调查，实施前示范区亩均施用化肥20千克（折纯量），即养分含量为40%的化肥50千克，除了个别园区施用有机肥外，大部分示范区都没有施用有机肥的习惯。实施后，按照示范技术模式，核心示范区亩施用有机肥75~100千克，施用养分含量为30%的化肥50千克，示范核心区化肥施用量（拆纯量）减少了20%，达到了化肥减量的目的。

3.3 作物产量提高

通过对核心示范区示范作物产量调查，农户普遍反映在采用了示范推荐的施肥技术措施后，作物长势良好，产量有很大的提高；实地对彰德街道小水村水稻示范区进行抽样测产，在水稻品种、田块等条件相同的情况下，采用了示范施肥技术模式的水稻较常规施肥方式，水稻长势改善，产量大幅提升（表2）。

表2 彰德街道小水村水稻示范测产统计

示范农户	株高（厘米）		穗长（厘米）		有效穗（株）		重量（克）		备注
	对照	处理	对照	处理	对照	处理	对照	处理	
何彬	103	115	23	28	158	164	1 100	1 550	
何英仪	102	110	23	27	134	151	1 100	1 400	
陈余强	105	130	26	30	135	160	1 600	1 700	
胡武	105	110	26	26	162	163	900	950	
赵大举	120	130	27	27	220	198	1 400	1 500	
杨贤杰	103	116	24	26	142	172	900	1 200	每个调查点调查样本数为10穴
杨贤军	110	125	26	27	193	198	1 000	1 150	
王登俊	110	116	25	27	123	155	1 000	1 100	
王登国	115	117	25	26	96	106	1 250	1 200	
胡在红	110	120	25	28	138	129	1 100	1 600	
平均	108.3	118.9	25	27.2	150.1	159.6	1 135	1 335	

4　结语

示范结果表明，通过增施有机肥、施用有机-无机复混肥，土壤有机质、有效氮、有效磷、速效钾等指标均得到了提升，土壤肥力明显提升；示范区化肥亩均施用量减少到15千克/亩（折纯量），减少了20％，作物产量提升。化肥减量增效示范取得了良好的经济效益、生态效益；同时，通过示范展示、技术培训、发放宣传资料等措施，示范区农户逐步改变习惯施肥方式，重新重视有机肥施用，接受新型高效配方肥施用，示范区测土配方施肥技术覆盖率达到了100％，为农业可持续发展打下良好基础。

参考文献

［1］栾江，仇焕广，井月何，等 . 我国化肥施用量持续增长的原因分解及趋势预测 . 自然资源学报，2013，26（11）：1869-1878.

［2］苏彦平，石军 . 化肥减量增效技术研究 . 农艺农技，2019（10）：34-35.

［3］黄铁平 . 湖南农业可持续发展中的肥料问题 . 农业现代化研究，2014，35（5）：578-582.

［4］王文强，王永平，程志强，等 . 古蔺土壤 . 四川省古蔺县土壤普查办公室，1984.

猕猴桃化肥减量稳产提质
增效技术模式研究

朱岁层　黄晓静　杜建平

眉县农业技术推广服务中心

摘　要： 猕猴桃是眉县种植业的主导产业，为了提高猕猴桃品质，减少化肥用量，探索适宜眉县猕猴桃减肥增效技术措施，采用"有机肥＋化肥减量"配合施肥技术模式。增施有机肥料，化肥用量可以较当地农民习惯施肥减少 20％～30％，猕猴桃增产 6.16％～8.84％。同时，果品品质大幅度提高，维生素 C 含量提高 5.93％～20.88％，蛋白质含量提高 70.84％～77.99％，总酚含量增加 5.30％～12.82％；商品果率提高 2.8～5.5 个百分点，产值增加 10.63％～12.85％。

关键词： 猕猴桃；化肥减量；有机肥；稳产优质增效

猕猴桃产业是眉县的主导产业，猕猴桃种植是农民的主要经济来源。通过有机肥替代化肥项目的实施，结合眉县农业种植结构特点，在猕猴桃主产区进行增施生物有机肥料、减少化肥用量的施肥技术模式肥效试验，为探索适宜眉县猕猴桃化肥减量增效提质技术措施提供科学依据。

1　材料与方法

1.1　试验时间与地点

本试验于 2019—2020 年在眉县 4 个村 4 户猕猴桃种植大户连续两年实施。

1.2　试验地基本情况

试验地土壤为褐土，黄土母质。耕作层厚度为 16.89～18.65 厘米，平均为 17.77 厘米，土壤质地壤质黏土，团粒至团块状结构。耕作层土壤容重为 1.308～1.426 克/厘米³，平均为 1.367 克/厘米³；总孔隙度为 48.79％～50.61％，平均为 49.70％；土壤阳离子代换量每百克土为 16.27～18.35 毫克当量，平均为 17.31 毫克当量。土壤保水保肥与供水供肥性能较好，通气透水性较好。各试验地能代表当地气候、水文、土壤肥力和栽培管理水平等基本特点。试验田地力均匀一致，地势平坦，排灌水状况较一致，试验田面积大小和形状合适。试验前采集大田 0～40 厘米土层土样分析化验，土壤养分基本情况如表 1 所示。

表 1　试验田块土壤养分现状

地块	有机质（克/千克）	全氮（克/千克）	有效磷（毫克/千克）	速效钾（毫克/千克）	pH	有效微量元素（毫克/千克）			
						Fe	Zn	B	Mn
1	15.33	0.844	24.9	189.5	7.79	7.4	0.36	0.20	9.6
2	16.39	0.895	29.1	207.7	7.85	8.7	0.36	0.24	10.9
3	15.76	0.886	25.8	190.7	7.88	9.0	0.26	0.27	9.4
4	15.19	0.794	21.6	180.3	7.90	6.4	0.24	0.23	7.4
平均	15.66	0.855	25.3	192.0	7.85	7.9	0.30	0.23	9.3

1.3　试验方案

供试验猕猴桃品种为本地主栽品种徐香，树龄 10～15 年，结果盛期。试验小区面积 1 亩，猕猴桃行距 3 米、株距 2 米，栽植密度 1 650 株/公顷，其中：授粉树为 270 株/公顷，结果树为 1 380 株/公顷。试验设 3 个处理，随机排列，不设重复。试验处理如下：

处理 1（CK）：常规施肥。

处理 2（K2）：1 份生物有机肥＋0.8 份配方肥。

处理 3（K3）：2 份生物有机肥＋0.7 份配方肥。

施肥量及施肥方法如下：

（1）处理 1（常规施肥）　N 为 675 千克/公顷，P_2O_5 为 450 千克/公顷，K_2O 为 525 千克/公顷，基肥施生物有机肥 3 000 千克/公顷。

（2）处理 2　N 为 540 千克/公顷，P_2O_5 为 360 千克/公顷，K_2O 为 420 千克/公顷，基肥施生物有机肥 3 000 千克/公顷，萌芽期施生物有机肥 1 500 千克/公顷，膨大期施生物有机肥 1 500 千克/公顷。

（3）处理 3　N 为 472.5 千克/公顷，P_2O_5 为 315 千克/公顷，K_2O 为 367.5 千克/公顷，基肥施生物有机肥 6 000 千克/公顷，萌芽期施生物有机肥 3 000 千克/公顷，膨大期施生物有机肥 3 000 千克/公顷。

（4）生物有机肥有效活菌数≥0.2 亿/克，有机质含量≥40%。

（5）施肥时期及方法　猕猴桃全年施肥分为基肥、萌芽肥、膨大肥和壮果肥 4 次，其中：基肥氮肥用量占全年氮肥用量的 27%、磷肥占 51%、钾肥占 16%；萌芽肥氮肥用量占全年氮肥用量的 31%、磷肥占 17%、钾肥占 10%；膨大肥氮肥用量占全年氮肥用量的 33%、磷肥占 27%、钾肥占 47%；壮果肥氮肥用量占全年氮肥用量的 9%、磷肥占 5%、钾肥占 27%。肥料在距树主干 80 厘米以外处撒施，施肥深度 15～20 厘米。

2 结果与分析

2.1 不同处理对猕猴桃生物学性状的影响

由表2调查结果分析可知，处理2较处理1叶片面积增加16.8厘米²，增加率为11.5%；百叶厚度增加4.11毫米，增厚率为7.59%；百叶鲜重增加81.3克，增重率为14.16%。处理3较处理1叶片面积增加10.77厘米²，增加率为7.37%；百叶厚度增加4.03毫米，增厚率为7.45%；百叶鲜重增加68.8克，增重率为11.98%。处理2较处理3叶片面积增加6.03厘米²，增加率为3.84%；百叶厚度增加0.08毫米，增厚率为0.14%；百叶鲜重增加12.5克，增重率为1.94%。说明增施生物有机肥可使猕猴桃叶片面积、厚度和鲜重增加。从单位叶片面积重量分析，处理3单位叶片重量最重，处理2次之，处理1最轻。说明增施生物有机肥可以改良土壤，提高根际微生物活性，从而使猕猴桃能获得较为全面的营养，促进猕猴桃生长。单位叶片重量增加，有利于光合作用，为猕猴桃高产稳产优质奠定了基础。

由表2猕猴桃产量构成因子分析可知，处理2单果重较处理1增加5.85克，增重率为5.82%；平均单株产量增加2.47千克，增产率为9.14%。处理3单果重较处理1增加3.37克，增重率为3.35%；单株产量增加1.68千克，增产率为6.22%。说明在增施生物有机肥的基础上，化肥用量减少20%~30%，猕猴桃单果重和单株产量均增加。处理2单果重较处理3增加2.48克，增重率为2.39%；平均单株产量增加0.79千克，增产率为2.75%。说明生物有机肥料用量的增加，对猕猴桃单果重和单株产量影响不大。从产量因素分析可知，增施生物有机肥，可以促进猕猴桃对营养物质的吸收利用，同时促进光合产物的合成、分配和积累，从而提高猕猴桃的单果重量，为猕猴桃的高产、稳产、优质奠定基础。

表2 各处理对猕猴桃生物学性状及产量构成因素的影响

处理	叶片面积（厘米²）	百叶厚度（毫米）	百叶鲜重（克）	单位叶片重量（克/厘米²）	单果重（克）	单株产量（千克）
处理1	146.09	54.13	574.34	3.931 4	100.59	27.02
处理2	162.89	58.24	655.64	4.025 0	106.44	29.49
处理3	156.86	58.16	643.14	4.100 1	103.96	28.70

注：每个处理调查果实30个。

2.2 不同处理对猕猴桃产量的影响

分析表3可知，处理2平均产量为40 277.3千克/公顷，较处理1（常规施肥）增产3 272.7千克/公顷，增产率为8.84%；处理3较处理1增产2 278.7千克/公顷，增产率为 6.16％。说明在增施生物有机肥基础上，化肥用量减少 20％～30％，产量较常规施肥增产 6.16％～8.84％。处理 2 较处理 3 增产 993.9 千克/公顷，增产率为 2.53％，说明加倍施用生物有机肥，化肥用量减少 30％，对猕猴桃产量影响不大，但可以大大减少化肥用量，改善果品品质。这可能与有机肥料与化肥配合施用有关，在增加速效养分的同时，有机肥料不仅改善了土壤物理性状，还可以刺激土壤微生物的活性，提高土壤肥力。施用生物有机肥对土壤肥力特性的影响，主要反映在猕猴桃产量的提升上，王芳等[1]的田间试验也反映了这一特性。

表 3 不同处理猕猴桃产量调查

地块	单株产量（千克/株）			平均产量（千克/公顷）		
	处理 1	处理 2	处理 3	处理 1	处理 2	处理 3
1	28.01	29.58	29.02	38 654.3	40 821.0	40 041.0
2	26.35	29.72	28.37	36 356.3	41 013.8	39 144.0
3	27.09	29.11	28.22	37 383.8	40 164.8	38 936.3
4	25.82	28.34	28.27	35 624.3	39 109.5	39 012.0
平均	26.82	29.19	28.47	37 004.6	40 277.3	39 283.3

以每一户试验田为一个重复，对 4 户试验田试验结果进行方差分析，结果详见表 4。通过方差分析可知，处理间 F 值为 25.620＞$F_{0.01}$，说明处理间差异达极显著水平；区组间 F 值为 4.214＜$F_{0.05}$，说明重复间差异不显著。该试验说明猕猴桃增施生物有机肥，可以减少化肥用量，为猕猴桃化肥减量增效技术模式提供了实践依据。

表 4 不同处理猕猴桃产量方差分析

变因	平方和	自由度	均方	F 值	$F_{0.05}$	$F_{0.01}$
处理间	22 520 537.16	2	11 260 268.578	25.620	5.14	10.92
区组间	5 555 696.016	3	1 851 898.672	4.214	4.76	9.78
误差	2 637 081.47	6	439 513.578			
总变异	30 713 314.64	11				

2.3 不同处理对猕猴桃果品营养价值的影响

猕猴桃具有较高的营养价值和药用价值，含有丰富的维生素 C、蛋白质、酸、糖和酚类物质等重要的营养成分和功能性成分，对人体健康具有重要作用[2]。从表 5 检测结果分析可知，不同处理对猕猴桃果品中维生素 C 和总酚含量影响较大。处理 2 维生素 C 和总酚含量分别较处理 1 增加 6.9 毫克（每 100 克果肉）、0.347 毫克（GAE）/克，增加率分别为 5.93％、5.30％；处理 3 维生素 C 和总酚含量分别较处理 1 增加 24.3 毫克（每 100 克果肉）、0.84 毫克（GAE）/克，增加率分别为 20.88％、12.82％；处理 3 维生素 C 和总酚含量分别较处理 2 增加 17.4 毫克（每 100 克果肉）、0.493 毫克（GAE）/克，增加率分别为 14.11%、7.14%。大量研究证明，水果中含有的天然抗氧化物质如维生素 C、多酚类物质等能够有效地清除人体多余的自由基，起到保护细胞和组织的作用，避免人体正常功能遭到自由基的破坏，延缓衰老，增强机体免疫功能[3]。总酚是猕猴桃抗氧化过程中的一个非常重要的物质[4]。增施生物有机肥，可显著提升猕猴桃果品维生素 C 和总酚含量，生物有机肥使用量越大，对果品品质提升效果越显著。

分析表 5 中蛋白质含量和 16 种氨基酸总量可知，处理 2 蛋白质含量和 16 种氨基酸总量较处理 1 分别增加 0.763 克（每 100 克果肉）、0.013 克（每 100 克果肉），增加率为 70.84%、1.72%；处理 3 蛋白质含量和 16 种氨基酸总量较处理 1 分别增加 0.84 克（每 100 克果肉）、0.036 克（每 100 克果肉），增加率为 77.99%、4.76%；处理 3 蛋白质含量和 16 种氨基酸总量较处理 2 分别增加 0.077 克（每 100 克果肉）、0.023 克（每 100 克果肉），增加率为 4.18%、2.99%。说明增施生物有机肥对猕猴桃果品蛋白质含量提高效果显著，可大幅度提高猕猴桃果品营养价值。

分析表 5 中可溶性固形物及总酸含量可知，处理 2 可溶性固形物含量较处理 1 增加 0.66 个百分点，总酸减少了 0.013 个百分点；处理 3 可溶性固形物含量较处理 1 增加 1.0 个百分点，总酸减少了 0.003 个百分点；处理 3 可溶性固形物含量较处理 2 增加 0.34 个百分点，总酸增加 0.01 个百分点。说明增施生物有机肥可以提高猕猴桃果品甜度、风味，从而提高果品商品性。

表 5　不同处理对猕猴桃果品品质的影响

处理	维生素 C（毫克，每 100 克果肉）	蛋白质（克，每 100 克果肉）	总酸（克，每 100 克果肉）	16 种氨基酸总量（克，每 100 克果肉）	可溶性固形物（%，20℃）	总酚（毫克/克，GAE）
处理 3	140.7Aa	1.917Aa	0.287a	0.793a	14.67a	7.393
处理 2	123.3Bb	1.840Ab	0.277a	0.770a	14.33a	6.900
处理 1	116.4Cc	1.077Bc	0.290a	0.757a	13.67a	6.553

2.4　不同处理对猕猴桃经济效益的影响

由表 6 分析可知，处理 3 商品果率最高，较处理 1 增加 5.5 个百分点，较处理 2 增加 2.8 个百分点；处理 3 产值为 191 113.25 元/公顷，较处理 1 增加 21 262.14 元/公顷、增值率为 12.52%，较处理 2 增加 803.01 元/公顷，增值率为 0.42%。从肥料投入成本分析，处理 3 肥料投入为 18 734.85 元/公顷，其中化肥投入减少 3 400.65 元/公顷、生物有机肥增加 8 100 元/公顷；处理 2 肥料投入为 14 468.40 元/公顷，其中化肥投入减少 2 267.10 元/公顷、生物有机肥增加 2 700 元/公顷。从肥料投入总金额分析，处理 3 肥料投入为 18 734.85 元/公顷，较处理 1 多投入 4 699.35 元/公顷；较处理 2 多投入 4 266.45

元/公顷。分析投入产出比可知，处理 1 产投比为 11.10、处理 2 为 12.15、处理 3 为 9.20，处理 2 最高。总之，处理 3 肥料投入多主要是因为增施生物有机肥料量较多，生物有机肥价格较高，增加生产成本。由此可见，广开有机肥源，降低有机肥料成本是促进化肥减量增效的有效措施。

分析各处理净收入可知，处理 2 净收入为 175 841.84 元/公顷，较处理 1 净收入多 20 026.23 元/公顷，净增收率为 12.85%；处理 3 净收入为 172 378.40 元/公顷，较处理 1 多 16 562.79 元/公顷，净增收率为 10.63%。说明增施生物有机肥可显著提高猕猴桃经济效益。处理 2 较处理 3 多收入 3 463.44 元/公顷，净增收率为 2.01%，差异不显著。

表 6 不同处理对猕猴桃经济效益的影响

处理	产量 （千克/公顷）	商品果率 （%）	产值 （元/公顷）	肥料投入 （元/公顷）	纯收益 （元/公顷）	产投比
处理 1	37 004.6	91.8	169 851.11	14 035.50	155 815.61	11.10
处理 2	40 277.3	94.5	190 310.24	14 468.40	175 841.84	12.15
处理 3	39 283.3	97.3	191 113.25	18 734.85	172 378.40	9.20

注：①化肥平均价格为 6.87 元/千克；②生物有机肥平均价格为 0.90 元/千克；③猕猴桃平均收购价格为 5.00 元/千克。

3 结论

（1）猕猴桃增施生物有机肥料，减少化肥用量 20%～30%，对猕猴桃生物学性状影响较大，可使叶片面积增大、叶片厚度增厚、单位叶片鲜重增加，从而有利于叶片光合效率提高，为猕猴桃高产稳产优质奠定基础。

（2）增施生物有机肥料，对提高猕猴桃产量构成因素影响效果显著，可使猕猴桃单果重量增加、果形增大，从而使猕猴桃增产 6.16%～8.84%。对不同田块产量进行方差分析，增产效果达极显著水平。说明有机肥和化肥配合施用的技术模式，不仅可以减少化肥用量，而且对猕猴桃增产效果非常显著。

（3）增施生物有机肥料，对改善品质效果非常显著。增施生物有机肥料可提高猕猴桃果实维生素 C 含量 5.93%～20.88%、总酚含量 5.30%～12.82%、蛋白质含量 70.84%～77.99%，并使可溶性固形物含量提高 0.66～1.0 个百分点，商品果率提高 2.8～5.5 个百分点，净收入增加 16 562.79～20 026.23 元/公顷。因此，广开有机肥源、降低有机肥料成本，增加有机肥料施用量、减少化肥用量，是猕猴桃高产稳产优质、提高果农经济效益的有效途径。

参考文献

[1] 王芳，张金水，高鹏程，等. 不同有机物料培肥对渭北旱塬土壤微生物学特性及土壤肥力的影响.

植物营养与肥料学报，2011，17（3）：702-709.

[2] 赵金梅，高贵田，薛敏，等．不同品种猕猴桃果实的品质及抗氧化活性．食品科学，2014，35（9）：118-122.

[3] 杨艳杰，白新鹏，裘爱泳．猕猴桃属植物的研究进展．安徽农业科学，2007，35（35）：11454-11457.

[4] 任晓婷，张生万，李美萍，等．不同品种猕猴桃总酚含量与清除自由基能力相关性研究．山西农业大学学报（自然科学版），2016，36（5）：341-344.

湟中区化肥减量增效技术模式及工作成效

李文玲

青海省西宁市湟中区农业技术推广中心

摘　要： 我国农业用肥数量占据世界农业用肥总量的 30％以上，过量施肥导致了一系列问题，同时还造成了大量的浪费。湟中区作为农业大区，坚持绿色发展理念，自 2007 年开始实施国家测土配方施肥、耕地质量提升、化肥减量增效等项目，年推广配方施肥技术 75 万亩、配方肥 45 万亩、有机肥 20 万亩，有效提高了肥料利用率、减少了化肥施用量。本文总结了湟中区化肥减量增效工作成效，归纳了推广的四种科学施肥技术模式，可供其他地区化肥减量增效工作参考。

关键词： 化肥；减量增效；技术模式；工作成效

近年来，青海省积极响应农业农村部化肥农药使用量零增长行动号召，采取各种有效措施，化肥、农药使用总量均已呈现下降趋势[1]。湟中区 2018—2021 年 4 年累计投入财政资金 1.22 亿元，建设化肥减量增效示范区。在粮油作物上累计推广化肥减量增效技术 51.7 万亩，建设减量增效技术服务示范片 6 个，每个示范片面积 1 万亩，大力推广有机肥替代化肥技术模式。累计推广测土配方施肥技术 537 万亩、各类作物配方肥 305.5 万亩。建设配方肥核心示范区 6 万亩，其中马铃薯 3 万亩，小麦、油菜、蚕豆 3 万亩。累计推广新型肥料 0.28 万亩，开展掺混肥料、微生物菌剂、有机无机复合肥等新型肥料产品试验与示范。

1　主要技术模式

1.1　有机肥全替代化肥技术模式

1.1.1　商品有机肥技术参数

商品有机肥总养分含量（$N+P_2O_5+K_2O$）$\geqslant 5\%$，有机质$\geqslant 45\%$，水分的质量分数$\leqslant 30\%$，pH $5.5\sim 8.5$。可以改良土壤，增加土壤有机质含量，提高土壤肥力，提升农产品品质，实现用地与养地相结合，是减少化学肥料用量、发展绿色有机农业的主要投入品之一。

1.1.2 施肥方法

有机肥料养分释放慢、肥效长，最适宜作基肥施用。一般在作物栽种前，结合深耕均匀撒施，耕深20～25厘米，在根系集中分布的区域和经常保持湿润的土壤中，做到土肥融合，要注意防止肥料集中施用发生烧苗现象。

1.1.3 施肥建议

根据不同生态区、不同产量水平施用基肥。商品有机肥或农家肥替代化肥的施用量见表1。

表1 湟中区有机肥全替代化肥技术模式施肥建议

作物	生态区	目标产量（千克/亩）	商品有机肥（千克/亩）	农家肥（千克/亩）
马铃薯	川水地区	2 300～2 500	500～550	3 500～4 000
	浅山地区	2 000～2 300	450～500	3 000～3 500
	脑山地区	1 800～2 000	400～450	2 500～3 000
小麦	川水地区	400～500	450～500	3 000～3 500
	浅山地区	250～350	400～450	2 500～3 000
	脑山地区	200～250	350～400	2000～2 500
油菜	川水地区	250～300	450～500	3 000～3 500
	浅山地区	200～250	400～450	2 500～3 000
	脑山地区	200～220	350～400	2 000～2 500
蚕豆	川水地区	300～400	350～400	2 000～2 500
	浅山地区	250～350	300～350	1 500～2 000

1.2 "有机肥＋配方肥"技术模式

1.2.1 各类作物配方肥技术参数

马铃薯配方肥，总养分含量≥40％，$N：P_2O_5：K_2O＝16：14：10$，能有效抑制晚疫病和植株早衰病、增强地力、促进光合作用、使薯块充分膨大，对马铃薯产量和品质的改善效果显著。小麦配方肥，总养分含量≥35％，$N：P_2O_5：K_2O＝16：14：5$，能够增加小麦千粒重，提高产量，对小麦品质的提高有显著的效果。油菜配方肥，总养分含量≥35％，$N：P_2O_5：K_2O＝15：15：5$，对油菜的增产和油菜籽粒的品质有显著改善作用。蚕豆配方肥，总养分含量≥35％，$N：P_2O_5：K_2O＝14：16：5$，对豆类作物的增产和作物品质的提高有显著的效果。

1.2.2 施肥方法

有机肥料养分释放慢、肥效长，最适宜作基肥施用，在播种前翻地时用撒肥机撒施。配方肥常采取撒施和分层施肥的方式作基肥施用。

全耕层施肥法：指将肥料和耕作层土壤混合的施肥方法，施肥深度0～10厘米。多利用机械耕耙作业进行，一般是在完成耕作作业后，将肥料撒施在耕翻过的土面上，然后用旋耕机或耙进行碎土整地作业，使肥料混于耕作层土壤中。这种施肥方式的优点是有利于作物在一段时间内根系的伸展和对养分的吸收，作物长势均匀。这种施肥方法适合于小麦、油菜、蚕豆作物。

分层施肥法：将施肥总量中一定比例的肥料，利用机械翻耕或人工的方法翻入耕作层下部，施肥深度 10～20 厘米，然后将其余肥料再施于翻转的土面上，在耙碎土时混入耕作层上面土中，深度 0～10 厘米。这种施肥方法适合地膜栽培的马铃薯、油菜、蚕豆作物。

1.2.3　施肥建议（表 2）

表 2　湟中区"有机肥＋配方肥"技术模式施肥建议

作物	生态区	目标产量（千克/亩）	施肥量（纯量）（千克/亩）			肥料使用量（千克/亩）	
			氮	磷	钾	有机肥	配方肥
马铃薯	川水地区	2 300～2 500	9.2	5.64	4.9	350～385	12
	浅山地区	2 000～2 300	8.28	5.04	4.9	245～350	10.8
	脑山地区	1 800～2 000	9.2	4.8	2.5	280～245	10.2
小麦	川水地区	400～500	8.28	7.32	2.5	315～350	15.6
	浅山地区	250～350	6.67	6.36	1.5	280～315	13.5
	脑山地区	200～250	5.75	5.64	1.5	245～280	12
油菜	川水地区	250～300	8.28	7.32	2.5	315～350	15.6
	浅山地区	200～250	6.67	6.36	1.5	280～315	13.5
	脑山地区	200～220	5.75	5.64	1.5	245～280	12
蚕豆	川水地区	300～400	2.53	6.12	1.5	245～280	11.4
	浅山地区	250～350	2.76	6.36	1.5	210～245	12

1.3　"有机肥＋叶面肥"技术模式

1.3.1　各类叶面肥技术参数

含有机质叶面肥，有机质的质量分数≥100 克/升，总养分（$N+P_2O_5+K_2O$）含量≥80 克/升，微量元素含量≥20 克/升，水不溶物含量≤20 克/升，pH（1∶250 倍稀释）2.0～9.0。作用：能促进作物体内酶的活性，提高叶绿素含量，延长功能叶寿命，增加光能利用率，提高结实率和籽粒饱满度。含腐植酸水溶肥，腐植酸含量≥30 克/升，大量元素含量≥200 克/升，水不溶物含量≤50 克/升，pH（1∶250 倍稀释）4.0～10.0。作用：能够促进植物根系生长，增强叶片光合作用，通过调节植株新陈代谢功能，提高作物的产量及抗病抗旱能力[2]。

1.3.2　技术要点

有机肥用量同 1.2.3。有机叶面肥施用时期：油菜在蕾薹-初花期，马铃薯在块茎膨大期，小麦、青稞在分蘖-拔节期、孕穗-抽穗期，蚕豆在开花-结荚期等关键生育期进行喷施。施用方法：稀释 800～1 000 倍均匀喷施于叶片正反面，1～2 次，时间间隔 7 天左右，补充养分[3]。注意事项：叶面肥应在晴天上午 10 点之前、下午 4 点以后或者阴天喷施，因为叶片背面气孔较多，吸肥能力比叶片正面强，所以要特别注意喷施叶片背面。

1.4　新型肥料施用技术模式

在粮油作物上重点开展缓控释肥料、水溶肥料、微量元素肥料、微生物菌剂等新型肥料产品的试验与示范。以缓控释肥为例，介绍新型肥料施用技术模式。

1.4.1　缓控释肥概念

缓控释肥是肥料施用后养分缓慢释放[4]的一种新型肥料。

1.4.2　施用技术要点

对一般作物如马铃薯、油菜、小麦、蚕豆等，可在播种前一次施入，也可在秋翻时施入；如作追肥，一定要提前施用，以免作物贪青晚熟[5-6]。肥料施用深度为 10～15 厘米，施于种子斜下方或两穴种子之间，与土壤充分混合，既可防止烧种烧苗，又可防止肥料损失。

1.4.3　施用缓控释肥的注意事项

一次性施肥或少次施肥虽然省工，但对根系扩展范围较大的作物而言，养分的时空有效性会明显地影响作物吸收整体效率。在施用缓控释肥时，应将缓控释肥施于作物根系附近。

2　工作成效

2.1　化肥用量逐年降低

湟中区累计推广有机肥替代化肥技术 51.7 万亩，投入各类有机肥 6.48 万吨、配方肥 1 170 吨、有机叶面肥 291.2 吨、各类新型肥料 151 吨，有效减少了化学肥料的使用量。2019 年、2020 年全区化肥使用量（实物量）分别是 21 104.3 吨、15 755.0 吨，较 2018 年的 26 613.2 吨分别减少 20.7%、40.8%，单位面积化肥使用量（实物量）分别是 24.8 千克/亩、18.0 千克/亩，较 2018 年的 31.5 千克/亩分别减少 21.3%、42.9%，化肥减量行动效果已经初步显现（表 3）。

表 3　湟中区 2018—2020 年化肥使用情况

年份	农作物总播种面积（公顷）	化肥施用量（吨）		单位面积化肥施用量（千克/亩）	
		实物量	较 2018 年（%）	实物量	较 2018 年（%）
2018	844 881	26 613.2	—	31.5	—
2019	852 098	21 104.3	−20.7%	24.8	−21.4%
2020	873 548	15 755.0	−40.8%	18.0	−42.7%

2.2 耕地质量明显提升

有机肥的大量施用，增加了土壤有机质含量，改善了土壤性状，提高了耕地质量。2012年，湟中区土壤有机质含量测定数据为20.16克/千克，2018年为20.20克/千克，含量几乎没有变化。自化肥农药减量增效行动实施后，2019年、2020年土壤有机质含量分别增长到23.43克/千克、23.86克/千克，随着有机肥施用量的大幅增加，有机质含量较行动实施前提高了3.7克/千克。2019年、2020年湟中区耕地质量平均等级分别为6.3等、6.27等，较行动实施前提升了0.13个质量等级。

2.3 技术参数逐渐清晰

通过多年的试验示范，湟中区总结了小麦、油菜、马铃薯、蚕豆等作物化肥减量增效技术模式，测定了常规施肥条件下肥料的利用率；探索出了能够满足小麦、油菜、马铃薯、蚕豆作物营养需求的有机肥亩施用量，及有机肥替代常规化肥的比例；筛选出了适合湟中地区不同作物使用的叶面肥、新型肥料。这些技术参数的探索为湟中区化肥减量增效工作更大范围、更大面积的开展提供了技术支撑。

2.4 本土品牌逐步壮大

积极鼓励专业合作社、家庭农场等新型经营主体及种植大户参与化肥减量增效行动，建设马铃薯、油菜、蚕豆等绿色农产品基地，引导新型经营主体按照"增产施肥、经济施肥、环保施肥"的要求，带头增施有机肥，减少使用化肥，已经逐步扭转了过量、不合理施肥的状况，改善了产地环境。集中力量打造了"圣域""圣地田园"区域公用品牌，品牌效应逐步形成，实现了农产品的优质优价。

3 展望

为进一步推进高原生态农业建设，优化和保护农业生态环境，今后湟中区将继续认真贯彻落实各级各项农业发展措施，坚持"一优两高"战略部署，牢固树立质量兴农、绿色兴农、品牌强农理念，积极加强化肥减量增效示范县建设，大力推广化肥减量增效、测土配方施肥等技术，引进、示范和推广各类新型肥料，打造绿色有机农畜产品输出基地。通过整合项目资金，加大化肥减量增效示范田补助力度，增加种植户参与积极性。引导新型经营主体积极参与绿色基地、知名品牌建设，提高化肥减量增效示范田农产品知名度，促进农产品优质优价。

参考文献

[1] 王生. 青海省化肥农药减量增效发展现状及对策. 中国农技推广，2020，36（2）：47-48.

［2］翟大丽，魏春霞．怎样施用叶面肥．河南农业，2020（5）：15.

［3］郑龙．叶面肥施用技术．现代农业研究，2017（3）：79.

［4］史万杰，熊海蓉，文祝友，等．缓/控释肥研究现状及发展趋势．河南化工，2020，37（8）：8-11.

［5］徐立洋．高效缓控释肥技术示范试验．农民致富之友，2020（14）：108.

［6］刘晓成．不同缓控释肥在小麦上的应用效果研究．现代农业科技，2021（1）：15-18.

新疆塔城地区滴灌
玉米肥料利用率研究

李亚莉[1] 杨芳永[1] 汤明尧[2] 吴正虎[1] 耿青云[1]

1. 伊犁哈萨克自治州塔城地区农业技术推广中心；
2. 新疆维吾尔自治区土壤肥料工作站

摘 要： 为了摸清新疆塔城地区滴灌玉米肥料利用率状况，在塔城地区沙湾市开展田间试验。试验设 6 个处理，3 次重复，即：农户习惯施肥处理（FP）、配方施肥处理（OPT）、配方施肥无氮处理（OPT－N）、配方施肥无磷处理（OPT－P）、配方施肥无钾处理（OPT－K）、不施肥处理（CK）。FP 的氮、磷、钾肥利用率分别为 46.2%、21.4%、46.7%，OPT 的氮、磷、钾肥利用率分别为 54.9%、26.5%、44.1%。与农民习惯施肥相比，配方施肥在减少化肥施用量的同时，提高了氮、磷肥利用率，且没有降低玉米产量；缺素处理都不同程度地降低了玉米产量，其中缺氮影响最大，其次是缺磷，缺钾影响最小；耕地地力对玉米产量的贡献为 53.5%。

关键词： 玉米；产量；氮磷钾肥；利用率

保障耕地质量安全是保障粮食安全的重要途径，也是国家治理安全体系的重要战略。玉米作为我国的高产粮食作物，是畜牧养殖业的重要饲料来源，也是新疆塔城地区农民的主要种植作物和收入来源[1-3]。但由于盲目追求高产和高利润，过量施肥和连作现象比较普遍，且存在肥料施用时期与玉米生长发育阶段需求不匹配的现象，由此导致肥料利用率低、肥料效益下降、环境污染等诸多问题，已经成为制约新疆玉米可持续发展的重要限制因素[4-6]。耕地质量安全是粮食安全的命根子，是稳住粮食安全的压舱石[7]。刘大宝[8]等以玉米为研究对象，研究表明施用氮肥对玉米的生长发育、品质与产量形成有着重要的作用。还有不少研究者得出在滴灌条件下，氮、钾肥的施用对玉米均有显著增产作用，但钾肥的增产作用不如氮肥显著[9-12]的结论。虽然研究者对玉米施肥已开展过深入的研究，但针对塔城地区玉米化肥减施的研究还不够深入。本研究通过在塔城地区布设玉米肥料利用率田间试验，分析不同处理条件下玉米氮、磷、钾肥利用效率，为解决塔城地区玉米单位面积化肥用量偏高、施肥结构不合理、化肥利用效率低等问题提供数据基础及技术支持。

1 材料和方法

1.1 试验概况

试验安排在 2020 年，地点位于新疆塔城地区沙湾市，该地气候类型属大陆性中温带干旱气候，平均气温为 6.3～6.9℃，全年太阳实照时数为 2 800～2 870 小时，≥10℃积温 3 400～3 600℃，无霜期 170～190 天，年降水量 140～350 毫米，年蒸发量为 1 500～2 000毫米。玉米供试品种为新玉 31 号，一膜四行种植，行距配置 30 厘米＋50 厘米＋30厘米＋60 厘米，株距 25 厘米，小区面积 90 米^2。4 月 20 日播种，4 月 27 日出苗。灌溉方式为滴灌。土壤类型为棕漠土，播种前土壤养分状况见表1。

表 1　耕层 0～20 厘米土壤养分状况

pH	有机质（克/千克）	速效氮（毫克/千克）	有效磷（毫克/千克）	速效钾（毫克/千克）
8.23	13.3	52.7	13.2	157

1.2 试验设计

试验设 6 个处理，3 次重复，随机区组分布。①当地农户习惯施肥（FP）；②配方施肥处理（OPT）；③配方施肥无氮处理（OPT‐N）；④配方施肥无磷处理（OPT‐P）；⑤配方施肥无钾处理（OPT‐K）；⑥不施肥（CK）。

供试肥料：尿素（N≥46％）、三料磷肥（P_2O_5≥46％）、硫酸钾（K_2O≥50％）。各处理区氮肥的 30％、磷肥的全部、钾肥的 50％做底肥，在玉米播种前结合犁地过程施入，氮肥剩余 70％和钾肥剩余 50％在玉米大喇叭口期追施。各处理施肥量见表2。

表 2　各处理施肥量（千克/亩）

处理	N	P_2O_5	K_2O
FP	16	13.5	4
OPT	15	11.5	6
OPT‐N	0	11.5	6
OPT‐P	15	0	6
OPT‐K	15	11.5	0
CK	0	0	0

1.3 测定方法

1.3.1 干物质与养分测定

玉米生育性状：成熟期在每个小区采集 9 株具有代表性的玉米，测定株高、穗位高、穗长、穗粗、秃尖长。

生物量和养分测定：成熟期在每个小区采集 3 株具有代表性的玉米，将采集的植株按秸秆和籽粒分开，烘干、称重、记录玉米生物量，之后粉碎，分析植株不同部位 N、P、K 养分含量。

$$养分利用率（\%）＝（施肥区养分吸收量－缺肥区吸收量）\times 100/施肥量$$

1.3.2 产量测定

玉米产量测定：每个小区在远离边际的位置选取 17 米², 收获全部果穗，计算果穗数目，称取所有果穗鲜重，并计算果穗平均鲜重。按平均穗重法选取 20 个果穗作为标准样本测定鲜穗出籽率和含水率，并以米² 为单位准确丈量收获样点实际面积。

$$产量（千克/亩）＝收获鲜穗重\times 鲜穗出籽率\div 收获样点实际面积\times 666.7\times（1－籽粒含水率）\div（1－14\%）$$

1.3.3 样品测定

在试验区域按 S 形多点采集耕层（0～20 厘米）土壤混合样，测定 pH、有机质、速效氮、有效磷和速效钾含量等土壤基础理化性状。植株全氮、全磷、全钾含量分别采用凯氏定氮法、钼锑抗比色法、火焰光度计法测定。

1.4 数据分析

数据采用 Microsoft Excel 2016 和 SPSS17.0 进行处理和统计分析。

2 结果与分析

2.1 不同施肥处理对玉米生育性状的影响

由表 3 可知，农户习惯施肥处理（FP）与配方施肥处理（OPT）在玉米生育性状方面没有显著性差异。农户习惯施肥处理（FP）与配方施肥处理（OPT）的玉米株高大于其他处理，缺素处理（OPT－N、OPT－P、OPT－K）的株高均有不同程度的降低，而不施肥处理（CK）的株高最矮。缺素明显降低了玉米穗位高，其中 OPT－N 和 CK 降低最明显。缺素处理和不施肥处理都减少了玉米穗长，其中 OPT－N 和 CK 减少最多。缺素和不施肥都不同程度降低了玉米穗粗，其中 CK 降低最多。缺素处理和不施肥处理的玉米秃尖长均有不同程度的增加，其中 CK 增加最多，其次是 OPT－N、OPT－P、OPT－K。

表 3 不同施肥处理的玉米生物性状

处理	株高（厘米）	穗位高（厘米）	穗长（厘米）	穗粗（厘米）	秃尖长（厘米）
FP	361.2a	145.6a	22.5a	5.9a	3.2b
OPT	354.1a	149.0a	23.0a	5.4ab	2.9b
OPT－N	253.2c	93.9c	15.3c	5.2b	3.9a

(续)

处理	株高 (厘米)	穗位高 (厘米)	穗长 (厘米)	穗粗 (厘米)	秃尖长 (厘米)
OPT－P	295.8b	130.5b	19.6b	5.3b	3.8a
OPT－K	334.6a	137.5ab	19.6b	5.1b	3.3b
CK	257.4c	104.0c	15.8c	4.9b	4.2a

2.2 不同施肥处理对玉米生物量的影响

由表4可知，缺素处理玉米生物量都显著降低，与OPT相比，OPT－N的相对生物量为76.4%，OPT－P的相对生物量为87.7%，OPT－K的相对生物量为96.6%，CK的相对生物量为73.3%，表明不施肥对玉米生物量影响最大，其次是不施氮肥，再次是不施磷肥，不施钾肥影响较小，而农民习惯施肥与推荐施肥几乎相同。从收获指数来看，FP和OPT最高为0.50，其次是OPT－K与OPT－P，而OPT－N和CK最低，都是0.37。

表4　不同施肥处理的玉米生物量

处理	籽粒 (千克/亩)	秸秆 (千克/亩)	总计 (千克/亩)	相对生物量 (%)	收获指数
FP	984.7a	1 114.1b	2 099.9a	100.0	0.50a
OPT	989.0a	1 121.5b	2 109.4a	100.5	0.50a
OPT－N	555.4d	1 049.4c	1 604.8d	76.4	0.37c
OPT－P	701.7c	1 140.6ab	1 842.3c	87.7	0.40bc
OPT－K	833.2b	1 195.7a	2 028.8b	96.6	0.43b
CK	544.8d	994.3c	1 540.2e	73.3	0.37c

2.3 不同施肥处理对玉米养分吸收的影响

由表5可知，不施氮肥显著降低了玉米的氮素吸收量，同时也降低了玉米的磷、钾吸收量。不施磷肥显著降低了玉米的氮、磷吸收量，钾吸收量略有减少。不施钾肥明显降低了玉米的钾吸收量，同时也降低了玉米的氮、磷吸收量。CK的氮、磷、钾吸收量均为最小，表明不施肥明显限制了玉米的养分吸收。

表5　不同施肥处理的养分吸收量

处理	N (千克/亩)	P_2O_5 (千克/亩)	K_2O (千克/亩)
FP	19.1a	10.1a	23.1a
OPT	19.9a	10.3a	23.5a
OPT－N	11.3d	6.5c	17.8c

（续）

处理	N （千克/亩）	P_2O_5 （千克/亩）	K_2O （千克/亩）
OPT-P	14.7c	7.2c	21.6ab
OPT-K	16.7b	9.1b	19.4bc
CK	11.0d	5.7d	14.8d

2.4 不同施肥处理对玉米产量的影响

由表 6 可知，在不同施肥处理下产量大小依次为 OPT（981 千克/亩）＞FP（968 千克/亩）＞OPT-K（837 千克/亩）＞OPT-P（701 千克/亩）＞OPT-N（540 千克/亩）＞CK（518 千克/亩），FP 处理产量与 OPT 处理差异不显著、与其他处理均表现出显著性差异。其中 OPT 的产量相比于 FP 增加 1.3%，大体相同；OPT-K 的产量明显减少，相当于 FP 的 86.5%；OPT-P 产量进一步降低，相当于 FP 的 72.4%；OPT-N 的产量更低，相当于 OPT 的 55.8%；CK 的产量最少，仅为 518 千克/亩，相当于 OPT 的 53.5%，即耕地地力对玉米产量的贡献为 53.5%。

表 6 不同施肥处理的玉米产量

处理	鲜穗重 （克）	鲜穗出籽率 （%）	籽粒含水率 （%）	产量 （千克/亩）	相对产量 （%）
FP	332.1a	86.9a	23.5a	968a	100.0
OPT	333.6a	87.1a	23.0a	981a	101.3
OPT-N	186.9d	85.5a	23.0a	540d	55.8
OPT-P	239.6c	86.7a	23.0a	701c	72.4
OPT-K	287.3b	86.9a	23.3a	837b	86.5
CK	180.9d	85.3a	23.3a	518d	53.5

2.5 不同施肥处理对玉米肥料利用率的影响

由表 7 可知，在 FP 处理条件下氮、磷、钾肥的利用率分别为 46.2%、21.4%、46.7%，OPT 处理条件下的氮、磷、钾肥的利用率分别为 54.9%、26.5%、44.1%；OPT 的氮、磷肥利用率都大于 FP，但钾肥利用率小于 FP，这与农民习惯施肥的钾肥用量较小有关。

表 7 不同施肥处理的肥料利用率

处理	氮肥（%）	磷肥（%）	钾肥（%）
FP	46.2	21.4	46.7
OPT	54.9	26.5	44.1

3 结论

（1）在本试验条件下，与农民习惯施肥相比，配方施肥减少了化肥用量，但没有降低玉米产量。

（2）在本试验条件下，与农民习惯施肥相比，配方施肥提高了氮、磷肥的利用率，但没有增加钾肥利用率，这与农民习惯施肥的钾肥用量较小有关。

（3）在本试验条件下，缺素处理都不同程度地降低了玉米产量，其中缺氮影响最大，其次是缺磷，缺钾影响最小。

（4）在本试验条件下，耕地地力对玉米产量的贡献为 53.5%。

参考文献

[1] 田树云，文仁来，何雪银，等．玉米杂交种桂单0811干物质积累与养分吸收、分配规律．耕作与栽培，2021（1）：32 - 37．

[2] 郑文魁，卢永健，邓晓阳，等．控释氮肥对玉米秸秆腐解及潮土有机碳组分的影响．水土保持学报，2020（5）：292 - 298．

[3] 程效义，张伟明，孟军．玉米秸秆炭对玉米物质生产及产量形成特性的影响．玉米科学，2016（1）：117 - 122．

[4] 邓森林，于庆，王家生．玉米施长效碳酸氢铵效果的研究．杂粮作物，2003（4）：242 - 247．

[5] 肖世盛．玉米施用多元长效复混肥效果研究．现代农业科技，2009（22）：34．

[6] 石琳，金梦灿，单旭东，等．不同形态氮素对玉米秸秆腐解与养分释放的影响．农业资源与环境学报，2021（2）：277 - 285．

[7] 张斌，尹昌斌，杨鹏．实施"藏粮于地、藏粮于技"战略 必须守住耕地红线 持续保育耕地和土壤质量．中国农业综合开发，2021（3）：17 - 22．

[8] 刘大宝．施氮对玉米生长、品质及产量形成研究的综述．商业文化（上半月），2011（8）：135．

[9] 崔明，赵立欣，田宜水，等．中国主要农作物秸秆资源能源化利用分析评价．农业工程学报，2008（12）：291 - 296．

[10] 钟华平，岳燕珍，樊江文．中国作物秸秆资源及其利用．资源科学，2003（4）：62 - 67．

[11] 王宁，闫洪奎，王君，等．不同量秸秆还田对玉米生长发育及产量影响的研究．玉米科学，2007（5）：272．

[12] 马赞花，薛吉全，张仁和，等．不同高产玉米品种干物质积累转运与产量形成的研究．广东农业科学，2010（3）：36 - 40．

不同有机肥对英红九号
一芽二叶产量和品质的影响

李志坚[1]　俞露婷[2]　李燕青[3*]　李　壮[3]

1. 广东康土康田农业科技有限公司；2. 中国农业科学院茶叶研究所；
3. 中国农业科学院果树研究所

摘　要：以英红九号为试验材料，研究分析了生物有机肥"田绅士康田"和以牛粪、羊粪及花生麸混合发酵的有机肥对春茶茶叶发芽密度、百芽质量、鲜叶产量、氨基酸、茶多酚、咖啡碱和水浸出物含量的影响，探索高品质茶树绿色有机栽培的施肥方式。结果表明，施用生物有机肥"田绅士康田"能提高英红九号新梢（一芽二叶）发芽密度、百芽质量和鲜叶产量，与施用以牛粪、羊粪及花生麸混合发酵的有机肥相比较，施用生物有机肥"田绅士康田"的发芽密度、百芽质量和鲜叶产量分别增加16.32％、6.69％和24.23％；施用生物有机肥"田绅士康田"能改善英红九号品质，与施用以牛粪、羊粪及花生麸混合发酵的有机肥相比较，施用生物有机肥"田绅士康田"的氨基酸、茶多酚、咖啡碱和水浸出物的含量分别提高了1.94％、17.0％、2.04％和11.38％。

关键词：生物有机肥；英红九号；产量；品质

英红九号是由广东省农业科学院茶叶研究所在英德选育的无性系优良大叶红茶品种[1]，被评定为广东省茶树良种，同时被列为广东省重点推广茶树良种[2]。英红九号红茶是广东英德红茶的代表，具有"外形条索肥壮圆紧，色泽乌润显毫，汤色红浓明亮、香纯高长，滋味特浓强，鲜爽甘醇，叶底嫩软红亮"的特点[3]。历经70多年的发展，英红九号目前已经成为广东省乃至华南地区最著名的大叶种名优红茶品种。2018年，英德市以英红九号名茶良种为主的茶园面积9万亩、年产商品茶5 300吨，茶叶一二三产业增加值约22.5亿元[4]。国际公认的化肥施用量的安全上限为225千克/公顷，但目前我国茶园化肥平均施用量约1吨/公顷，施用量远高于国际安全上限[5]。化肥的多用与滥用，导致茶园土壤酸化加重、理化性质变差，土壤有机质含量降低，茶树生长不良，抵抗病虫害和逆境能力降低，茶叶品质降低，茶叶农药残留和重金属污染等质量安全问题时有发生[6-7]。

---

　　* 通讯作者：李燕青，E-mail：liyanqing@caas.cn

针对这些问题，以施用有机肥、生物有机肥为主的科学施肥受到关注并得以倡导[8-13]。目前，关于菜子饼、绿肥、鸡粪、牛粪、羊粪、花生麸等有机肥在茶园施用的研究比较多，而关于有机肥创新产品，如以海藻等植物源为原料的生物有机肥对英红九号茶叶产量和品质影响差异的研究鲜有报道。鉴于此，在已有的技术和理论基础上，采用田间小区试验方法，研究生物有机肥"田绅士康田"和以牛粪、羊粪、花生麸混合发酵的有机肥对英红九号春茶产量和品质的影响，以期为提高英红九号茶叶产量和品质提供有效途径，并为高品质茶树绿色、有机栽培的培肥方式提供依据。

1 材料与方法

1.1 试验地基本情况

试验地位于广东省英德市横石塘镇下巫村茶园试验区，供试茶园树龄9年，每亩种植1 800株，土壤pH为6，茶园土壤为红壤。

1.2 供试材料

1.2.1 供试茶树

品种为英红九号，树龄9年，茶园管理一致。

1.2.2 肥料

肥料品种为以牛粪、羊粪、花生麸混合发酵的有机肥和以海藻等植物源为原料的生物有机肥"田绅士康田"，其中生物有机肥"田绅士康田"由广东康土康田农业科技有限公司提供，生物有机肥"田绅士康田"中有效菌种为枯草芽孢杆菌，有效活菌数≥0.20亿/克，有机质含量≥40％。

1.3 试验设计

试验设2个处理，即处理1（对照，CK）：施用以牛粪、羊粪、花生麸混合发酵的有机肥1吨/亩；处理2（KT）：施用生物有机肥"田绅士康田"240千克/亩。每个处理重复3次，随机区组排列，小区面积18米^2，肥料于2021年7月9日作基肥一次性施入。茶园采用常规管理技术。

1.4 测定项目及方法

于2022年3月18日开展调查，每小区随机取3个点，每点取0.16米^{2}采摘面，采摘一芽二叶，调查新梢（一芽二叶）发芽密度和鲜叶产量，测量新梢（一芽二叶）百芽质量；测定茶叶的品质指标，茶多酚含量参照GB/T 8313—2018测定，水浸出物含量参照GB/T 8305—2013测定，咖啡碱含量参照GB/T 8312—2013测定，游离氨基酸总量采用茚三酮比色法测定[14]。

1.5 数据处理

使用 Statistical Analysis System 9.1 和 Excel 2007 软件对试验数据进行分析统计。

2 结果与分析

2.1 不同施肥处理对英红九号新梢（一芽二叶）发芽密度、百芽质量和鲜叶产量的影响

茶树的发芽密度和百芽质量是构成茶叶产量的基本因素。由表1可知，施用生物有机肥"田绅士康田"的茶树发芽密度较 CK 增加了 16.32%，百芽质量增加了 6.69%，鲜叶产量增加了 24.23%。可见，施用生物有机肥"田绅士康田"能促进英红九号茶芽萌发，增加发芽密度、百芽质量和鲜叶产量。

表 1 不同施肥处理对英红九号新梢（一芽二叶）发芽密度、百芽质量和鲜叶产量的影响

	发芽密度（个/米²）	百芽质量（克）	鲜叶产量（克/米²）
CK	340.28a	39.29a	133.33a
KT	395.83a	41.92a	165.64a

注：表中数值为各处理3次重复平均值，同列不同小写字母代表0.05水平差异显著性。下同。

2.2 不同施肥处理对英红九号品质的影响

氨基酸是茶汤鲜爽味的主体成分，其含量与红茶品质呈显著正相关。茶叶中氨基酸能改善茶汤鲜爽度，并且对 EGCG 的苦涩味、咖啡碱的苦味有明显的削弱作用[15]。由表2可知，施用生物有机肥"田绅士康田"有助于提高茶叶氨基酸含量，相比 CK 处理的氨基酸含量提高了 1.94%。

茶叶中多酚类物质含量较高，是茶汤滋味浓度和强度的主体成分，是决定茶汤浓度的主要物质。由表2可知，施用生物有机肥"田绅士康田"有助于提高茶叶茶多酚含量，相比 CK 处理的茶多酚含量提高了 17.0%。

咖啡碱是茶叶中含量最多的生物碱，易溶于水，阈值较低，是单纯的苦味物质[16]，能兴奋中枢神经，增强大脑皮质的兴奋过程，从而振奋精神、增进思维，提高效率。咖啡碱与茶多酚、氨基酸等形成络合物，随着其含量的增加，茶叶品质也随之上升[17]。由表2可知，施用生物有机肥"田绅士康田"有助于提高茶叶咖啡碱含量，相比 CK 处理的咖啡碱含量提高了 2.04%。

表 2 不同施肥处理英红九号茶叶内含物的影响

	氨基酸（%）	茶多酚（%）	咖啡碱（%）	水浸出物（%）
CK	3.61a	19.65b	4.42a	42.19b
KT	3.68a	22.99a	4.51a	46.99a

水浸出物是指茶叶中能被热水浸出的物质，影响茶汤滋味厚薄程度，其含量与香气及汤色呈显著正相关，对茶叶品质的影响与各成分间比例的协调性有关。由表2可知，施用生物有机肥"田绅士康田"有助于提高茶叶水浸出物含量，相比CK处理的水浸出物含量提高了11.38%。

3 结论与讨论

施肥是提高作物产量与品质、促进土壤可持续利用的关键农业措施之一，肥料对茶叶的提质增效效果十分显著。科学施用有机肥可以确保作物产量与品质，保持土壤良好的生态环境，是农业绿色转型的关键，是推动农业可持续发展的必然趋势。根据已有研究报道，有机肥利于茶树生长、茶叶产量、品质及土壤质量。李静等研究表明[18]，茶园施用有机肥与施用化肥相比，可显著提高茶叶中水浸出物、茶多酚、儿茶素等的含量[19-20]。

本试验结果表明，施用生物有机肥"田绅士康田"比施用以牛粪、羊粪、花生麸混合发酵的有机肥能更好地提高英红九号新梢（一芽二叶）发芽密度、百芽质量和鲜叶产量，分别增加了16.32%、6.69%和24.23%。不同施肥处理英红九号茶叶主要品质成分含量的测定结果表明，与施用以牛粪、羊粪、花生麸混合发酵的有机肥相比较，施用生物有机肥"田绅士康田"能提高英红九号茶叶中氨基酸、茶多酚、咖啡碱和水浸出物含量，分别提高了1.94%、17.0%、2.04%和11.38%。可见，施用生物有机肥"田绅士康田"能改善茶叶品质，提高其产量和营养价值。

参考文献

[1] 王领昌，陈栋，周原也，等. 创新红茶英红九号研究进展. 园艺与种苗，2017（2）：51-53.

[2] 陈海强，黄华林，方华春，等. 英红九号红茶产业化开发的实践与认识. 广东茶业，2015（6）：11-13.

[3] 孙世利，操君喜，赖幸菲，等. 英红九号红茶保健功效研究进展. 广东茶业，2015（6）：18-20.

[4] 范捷. 英德茶文化与英德红茶品质特征研究. 长沙：湖南农业大学，2019.

[5] 尚杰，尹晓宇. 中国化肥面源污染现状及其减量化研究. 生态经济，2016（5）：196-199.

[6] 陈秋金. 不同调理剂对茶园土壤理化性状及茶叶产量、品质的影响. 福建农业学报，2014，29（10）：1015-1020.

[7] 黄东风，李卫华，范平，等. 低碳经济与中国茶业可持续发展对策研究. 中国生态农业学报，2010，18（5）：1110-1115.

[8] 王校常. 当前茶园肥培管理中的几个问题探讨. 贵州科学，2008，26（2）：44-47.

[9] 朱毅，董玥. 有机茶园以草代肥技术与效果分析. 中国茶叶，2008（7）：31-32.

[10] 唐劲驰，唐颢，冯平万. 不同有机肥在茶园的施用效果比较研究. 广东农业科学，2006（7）：46-48.

[11] 池玉洲，袁弟顺. 有机肥料在茶园中的应用研究. 福建茶叶，2003（2）：25-27.

[12] 徐福乐，李丹楠. 茶树施用生物有机肥及专用肥效应研究. 江西农业学报，2006，18（5）：39-41，45.

[13] 王辉，龚淑英，陈美丽，等. 茶园施用有机肥研究进展. 茶业通报，2012，34（1）：23-26.

[14] 张正竹. 茶叶生物化学实验教程. 北京：中国农业出版社，2009.

[15] Yu P，Yeo A S，Low M，et al. Identifying key non-volatile compounds in ready-to-drink green tea and their impact on taste profile. Food Chemistry，2014，155：9-16.

[16] Susanne H，Thomas H. Molecular definition of black tea taste by means of Quantitative studies，taste reconstitution，and omission experiments. J Agric Food Chem，2005，53（13）：5377-5384.

[17] 殷根华，刘永红. 不同有机肥对茶叶产量和品质的效应研究. 农业科技通讯，2013，7：93-95.

[18] 李静，夏建国. 氮磷钾与茶叶品质关系的研究综述. 中国农学通报，2005（1）：62-65.

[19] 张亚莲，罗淑华，曾跃辉，等. 茶园平衡施肥技术的研究与应用. 福建茶叶，2003（4）：15-16.

[20] 付乃峰. 肥料对茶园土壤微生物种群，养分变化规律及茶叶品质的影响. 青岛：青岛农业大学，2010.

钙、镁中量元素肥料对黄瓜产量、品质的影响

姜 姗 于 洋

大连亚农农业科技有限公司

摘 要： 针对蔬菜种植目前存在的施肥量大、肥料利用率低、果实品质差、土壤环境劣质等问题，采用田间试验法，研究了底肥增施中量元素肥料对黄瓜产量、品质、生长势的影响，为实现蔬菜安全生产和保护土壤环境质量提供科学依据。试验结果显示：施用中量元素肥料比常规施肥每亩增产171.0千克，增幅8.0%；比施用等量细沙每亩增收178.4千克，增幅8.4%；从经济效益角度分析，施用中量元素肥料比常规施肥每亩净增收513.0元，产投比7.60∶1；通过对黄瓜株高、茎基粗、瓜长、瓜重的观察，施用中量元素肥料比常规施肥生长势强，黄瓜品质提升，商品性提高。说明中量元素肥料对提高作物产量、提升作物品质有积极影响，值得在生产中推广应用。

关键词： 黄瓜；中量元素；肥料；增产；稳产提质

我国是世界蔬菜生产和消费第一大国，蔬菜生产规模和消费量、种植业总产值、蔬菜出口量均位居全球第一。黄瓜作为我国主要种植蔬菜之一，具有良好的经济效益。随着农业产业结构的调整和经济的快速发展，我国黄瓜种植面积快速扩张，市场对黄瓜的需求不断扩大。肥料是蔬菜生产中影响产量和质量的重要因素之一，在经济利益的驱动下，农户盲目"大水大肥"的施肥管理习惯普遍存在，从而造成水肥利用率低、土壤结构被破坏、重金属超标、土壤养分缺失严重，尤其是中微量元素的缺失，进而导致蔬菜产量和品质下降、病虫害加重等一系列问题[1-3]。

钙、镁是植物生长所必需的营养元素，在植物生长过程中有着十分重要的地位，钙对植物细胞壁的形成具有重要作用[4]，镁是植物叶绿体形成需要的重要元素，钙、镁缺乏会影响叶绿素的形成，进而影响光合作用[5-6]。有研究表明，增施中微量元素肥料显著增加蔬菜植株干物质积累量，促进植株对养分的吸收，提高蔬菜产量及经济效益[7]；中微量元素与化肥配施对黄瓜产量、单株总果重和生长性状有显著增长作用[8-10]。

目前，部分地区黄瓜种植中存在施肥量大、肥料利用率低、植株长势弱、品质逐年下降、产量降低等问题，本试验在种植户常规施肥的基础上，研究增施中量元素肥料后对黄瓜的生育性状、黄瓜产量、经济效益的影响，在补充土壤养分的同时，改善土壤质量，提高作物生长势，提高黄瓜产量及品质，实现蔬菜的高产高效高质量生长。

1 材料与方法

1.1 供试材料

试验地点为凤城市白旗镇黄旗村，该区域地处黄海北岸，介于东经 123°32′—124°32′、北纬 40°02′—41°06′，处于中温带亚湿润区，以大陆性季风气候为主，年平均气温 7.7℃。该地土壤类型为沙壤土，前茬作物为小油菜；土壤养分为有机质 17.9 克/千克，碱解氮 122.5 毫克/千克，有效磷 89.4 毫克/千克，速效钾 122.5 毫克/千克，pH6.2。

供试肥料：中量元素肥料（颗粒），大连亚农农业科技有限公司提供，Ca＋Mg ≥20.0%。

供试作物及品种：黄瓜，品种为津研四号。

1.2 试验设计

试验共设 3 个处理，重复 3 次，共 9 个小区，小区面积 36 米², 随机区组排列。

处理 1：常规施肥，按当地习惯进行；

处理 2：常规施肥＋底施中量元素肥料 45 千克/亩；

处理 3：常规施肥＋底施细沙 45 千克/亩。

试验区四周及试验小区间均设置保护行。

1.3 田间管理

试验于 2022 年 1 月 20 日播种，播前对种子进行消毒催芽处理。2 月 15 日试验田翻耕，划分小区，施底肥。底肥为每亩施商品有机肥 1 500 千克和三元复合肥（15－15－15）50 千克。中量元素肥料和细沙分别与处理 2 和处理 3 的复合肥混拌后同施。2 月 17 日移栽定植，行距 50 厘米，株距 30 厘米，每亩约栽植 4 000 株。定植活棵后（约 7 天）追施尿素 5 千克/亩。黄瓜膨果期追施复合肥（15－15－15）10 千克/亩。其他管理措施同当地生产田。3 月 25 日始收黄瓜，5 月 6 日收获结束并拉秧。

1.4 性状调查

采收前，每小区选择连续种植的黄瓜 10 株，测量株高、茎基粗；采收盛期，每小区选择 20 根具有代表性黄瓜测量瓜长和单瓜重。

2 结果与分析

2.1 不同处理对黄瓜生育性状的影响

由表 1 可知，处理 2 的各项性状均优于其他处理，其中株高比其他处理增加 2.4～2.5 厘米，茎基粗增加 0.054～0.082 厘米，瓜长增加 1.1～1.2 厘米，单瓜重增加 16.3～

18.3 克。

此外，田间观察表明，施用中量元素肥料的黄瓜植株长势好，叶片深绿，黄瓜瓜条直。

表 1　黄瓜生长性状调查

处理	株高（厘米）	茎基粗（厘米）	瓜长（厘米）	单瓜重（克）
处理 1	180.0	0.881	33.9	208.1
处理 2	182.5	0.963	35.0	224.4
处理 3	180.1	0.909	33.8	206.1

2.2　中量元素肥料对黄瓜产量的影响

由表 2 可知，处理 2 的黄瓜产量最高，分别比处理 1、处理 3 增产 171.0 千克/亩、178.4 千克/亩，增幅分别为 8.0%、8.4%。方差分析表明，区组间差异不明显（F 值＝1.35＜$F_{0.05}$），处理间差异极显著（F 值＝37.48＞$F_{0.05}$），说明试验田肥力较均匀，试验结果可以衡量中量元素肥料的肥效（表 3）。多重比较表明，处理 2 显著高于其他处理，处理 1 与处理 3 差异不显著，说明在同等常规施肥的基础上施用中量元素肥料，黄瓜增产显著（表 4）。

表 2　黄瓜增产调查

处理	重复（n）			平均（千克/区）	亩产（千克）	处理 2 比处理 1		处理 2 比处理 3	
	1	2	3			亩增产（千克）	增幅（%）	亩增产（千克）	增幅（%）
1	115.4	113.6	116.5	115.2	2 132.8	—	—	—	—
2	125.3	124.2	123.7	124.4	2 303.8	171.0	8.0	178.4	8.4
3	117.2	114.4	112.7	114.8	2 125.4	—	—	—	—

表 3　产量方差分析

变异来源	自由度	平方和	均方值	F 值	$F_{0.05}$	$F_{0.01}$
区组间	2	6.44	3.22	1.35	6.94	18.00
处理间	2	178.22	89.11	37.48 **	6.94	18.00
误差	4	9.51	2.38			
总变异	8	194.17	24.27			

注：** 表示差异极显著。

表 4 产量多重比较

处理	小区平均产量（千克）	5%显著性	1%显著性
处理 1	115.2	b	B
处理 2	124.4	a	A
处理 3	114.8	b	B

2.3 经济效益分析

以常规施肥为对照，分析在同等条件下不同处理的经济收益差别，由表 5 可知，处理 2 收益最好，每亩净增收 513.0 元，产投比 7.60：1。

表 5 经济效益分析结果

处理	肥料成本（元/亩）	产量（千克/亩）	产值（元/亩）	较处理 1 净增收（元/亩）	产投比
处理 1	0	2 132.8	6 398.4	—	—
处理 2	67.5	2 303.8	6 911.4	513.0	7.60：1
处理 3	0	2 125.4	6 376.2	—22.2	—0.33：1

注：黄瓜市场价 3 元/千克，中量元素肥料 1.5 元/千克。

3 结论

本试验研究表明施用中量元素肥料的黄瓜，株高、茎基粗、瓜长和瓜重均有明显的提升，黄瓜瓜条直、商品性好。产量分析表明，施用中量元素肥料的黄瓜比其他处理增产效果明显，比常规施肥每亩可增收 171.0 千克，增幅 8.0%；比施用等量细沙每亩增收 178.4 千克，增幅 8.4%。经济收益分析可看出，不同处理中施用中量元素肥料处理的收益最好，比常规施肥平均每亩净增收 513.0 元，产投比 7.60：1。

钙、镁是植物生长发育所必需的中量元素，缺乏钙镁使植物对养分的吸收、运输和分配受阻[11]。近年来，由于作物高产品种的推广和复种指数的提高，作物从土壤中带走的养分不断增加，致使土壤养分失调、作物营养障碍等现象日益普遍[12]。同时，在施肥技术上存在偏施钾肥以及施用石灰调节土壤酸度的现象，进一步加剧了土壤和植株钾、钙、镁间的养分不平衡状况[13]。因此，对于部分地区果菜类作物出现严重的缺钙、缺镁的情况，提出钙镁肥施用的适当比例，为合理施肥提供依据。

参考文献

[1] 王亚玲，王赫，彭正萍，等．设施黄瓜产量、品质及养分利用对不同土壤调理措施的响应．水土保

持学报，2020，12：278-279.

[2] Marie S T，Alicia S，Frederic B，et al. Crop residue management and soil health：A systems analysis. Agricultural Systems，2015，1134：6-16.

[3] Vhal S，Prasad V M，Saurabh K，et al. Infiuence of different organic andinorganic fertilizer combinations on growth，yield and quality of cucumber（*Cucumins sativus* L.）under protected cultivation. Journal of Pharmcongnosy and Phytochemistry，2017，6（4）：1079-1082.

[4] 谢小玉，刘海涛，程志伟. 镁对温室黄光光和特性的影响. 中国蔬菜，2009（6）：36-40.

[5] 郑茂钟，李国平，张剑. 外源钙对花粉管胞吞/胞吐速率和细胞壁成分的影响. 电子显微学报，2014，33（6）：550-557.

[6] Hermans C，Varbauggen N. Physiological characterization of Mg deficiency in Arabidopsis thaliana. Journal of Experimental Botany，2005，418（56）：2153-2161.

[7] Hortensteiner S. Stay-green regulates chlorophyll and chlorophyll－binding protein degradation during senescence. Trendsin Plant Science，2009，14（3）：155-162.

[8] 王秀娟，娄春荣，解占军，等. 中微量元素对辣椒养分吸收和产量的影响. 北方园艺，2011（1）：174-176.

[9] Kamil S S，Sarkawt A A，Ismael A H，et al. Effect of bio－fertilizers and chemical fertilizer on growth and yield in cucumber（*Cucumins sativus* L.）in green house condition. Pakiatan Journal of Biological，2015，18（3）：129-134.

[10] Mukesh K，Kuldeep K. Role of bio-fertilizers in vegetables productiona review. Journal of Pharmacognosy and Phytochemistry，2019，8（1）：328-334.

[11] 杨竹青. 钙镁肥对番茄根茎叶解剖结构的影响. 华中农业大学学报，1994，13（1）：51-54.

[12] 张彦才，李巧云，翟彩霞，等. 河北省大棚蔬菜施肥状况分析与评价. 河北农业科学，2005，9（3）：61-67.

[13] 詹长庚. 配方施肥对改善番茄、西瓜、榨菜和红麻产品质量的影响. 浙江农业科学，1990（2）：86-88.

含菌复合肥的生产与应用

张晓丽[1]　陈晓忍[2]

1. 山东省临沂市罗庄区农业农村局；2. 金正大生态工程集团股份有限公司

摘　要： 土壤微生态环境对作物生长有重要影响。本文介绍了一种含有解淀粉芽孢杆菌 JZ3 的含菌复合肥。通过试验 JZ3 发酵液芽孢数可达 120×10^8 CFU/毫升。通过菌粉造粒与菌液造粒车间试生产，发现菌粉造粒更适合生产含菌复合肥，存活率为 70.4%。将含菌复合肥料与普通复合肥进行田间试验分析，发现试验田每亩玉米鲜穗可增产 71.835 千克，相比对照田增长 6.31%。结果表明，含菌复合肥具有良好的生产可操作性且具很强的市场推广潜力。

关键词： 解淀粉芽孢杆菌 JZ3；含菌复合肥；田间试验

　　无机肥料与化学农药的施用使作物产量大幅提升，一定程度上保障了我国的粮食生产，但是无机肥料与化学农药的长期过度使用、有机肥施用过少、土壤中有机质含量的偏低等，造成土壤结构破坏、土壤菌群失调、土壤微生态环境被破坏、植物病害发生呈现上升趋势、增加施肥量后作物产量与经济收益不成正比等问题，说明需要调节土壤微生态，增加土壤中有益微生物，降低土壤中植物病害的比例，减少植物病害发生，增强植物抗病性。

　　目前，研究发现多种微生物都有较好的生物防治效果，主要为真菌和细菌，如枯草芽孢杆菌、哈茨木霉、解淀粉芽孢杆菌等都要较好的防病效果[1-3]，放线菌对植物病害也有一定的效果[4-6]；同时部分微生物代谢产物也可以提高植物本身的抗病性，以从极细链格孢菌株中分离出来的高活性热稳定蛋白为主要成分的"阿泰灵"，可以激活植物的免疫系统，增强植物的抗病性，从而减少病害的发生，生产应用中反响较好，防病效果明显[7]。植物内生细菌是指整个生活史的一定阶段或全部阶段生活于健康植物组织中，并在植物组织内不引起明显组织变化的细菌[8]。部分植物内生细菌也具有良好的生防效果，在植物病害防治中发挥重要作用。

　　前期试验中在番茄中筛选出了一株内生解淀粉芽孢杆菌 JZ3，对番茄灰霉病具有较好的预防效果，JZ3 在高盐环境中的存活率可达 70%，105℃高温高盐条件下处理 15 分钟存活率仍可达 56%。室温环境下储存 12 个月，有效活菌数基本保持不变。此解淀粉芽孢杆菌 JZ3 具有良好的生防和加工储藏性能[9]。传统复合肥料成分较为单一，不能补充土壤中有益微生物，不利于土壤微生态的发展，将耐高温高盐 JZ3 菌株与传统复合肥料进行混合，既可以补充土壤营养，又可以补充土壤中有益微生物，具有广阔应用前景与市场价值。

1 材料和方法

1.1 JZ3 菌株发酵

对探究解淀粉芽孢杆菌 JZ3 的最优发酵条件进行初步试验，通过调节培养基不同碳源、氮源、无机盐、pH、装液量，来确定 JZ3 菌株的最优发酵条件。

1.2 含菌复合肥的制作

在 17-17-17 复合肥生产中分别添加 JZ3 菌粉和 JZ3 发酵液，检测 JZ3 存活率。

1.2.1 复合肥中添加菌粉

以菌粉 202 千克（1 000 亿/克）在车间投料口处按照 0.9‰的比例将解淀粉芽孢杆菌菌粉与增效包一起加入 225 吨 17-17-17 复合肥原料中，后续烘干、冷却、各级筛分按照正常工艺进行。加入菌粉后待系统各工艺段中都带有含菌粉的复合肥后开始取样，标记各处取样，分别检测存活率。

1.2.2 复合肥中添加发酵菌液

在 A 车间 17-17-17 复合肥生产过程中将发酵菌液（2 000 升）按照 1‰比例通过喷枪喷出在造粒机与复合肥原料进行造粒，在 B 车间复合肥生产过程中将发酵菌液（2 000升）按照 1‰比例通过计量泵喷出在造粒机与 17-17-17 复合肥原料进行造粒。在加入发酵菌液生产，待系统各工艺段中的复合肥都带有含菌粉后进行取样，标记各处取样，进行 JZ3 存活率检测。

1.3 含菌复合肥田间试验效果

在临沭县大兴镇选取上一茬作物施肥田间管理相同的地块，进行玉米种植田间试验。玉米品种为东科 301，试验田施用含菌复合肥 25-7-8 颗粒型 40 千克/亩，对照田施用普通复合肥 25-7-8 颗粒型 40 千克/亩，种肥同播，种子和肥料间隔 10 厘米。试验田与对照田田间管理完全一致，喷施一次除草剂、两次病虫防治药剂。

2 结果与分析

2.1 JZ3 菌株发酵

经调整试验，初步确定解淀粉芽孢杆菌的最佳培养基配方为玉米粉 3 克/升、玉米淀粉 15 克/升、豆粕粉 2 克/升、KCl 1 克/升、蛋白胨 5 克/升、棉籽饼粉 3 克/升、$(NH_4)_2HPO_4$ 0.44 克/升、酵母粉 2 克/升、葡萄糖 1 克/升、轻质碳酸钙 2 克/升，发酵最佳初始 pH 为 7.2，装液量 10%（500 毫升三角瓶装液 50 毫升）。发酵芽孢数可达$120×10^8$CFU/毫升。

2.2 含菌复合肥的制作

2.2.1 添加菌粉造粒

分别在造粒与烘干阶段取样检测存活率。造粒机中活菌的损失情况如表1所示：投料环节活菌损失情况为 $(1-0.64)/1\times100\%=36\%$。造粒机中新原料添加量占造粒总量60%、返料量占40%，由此可算出造粒机出口处样品的有效活菌数理论值为 $1\times0.6+0.63\times0.4=0.852\times10^8$ CFU/克，即造粒机中活菌的损失率为 $(0.852-0.67)/0.852\times100\%=21.4\%$。烘干筛分环节活菌数的损失情况为 $(0.67-0.60)/0.852\times100\%=8.2\%$。

活菌存活率为 $100\%-21.4\%-8.2\%=70.4\%$。

表1 添加菌粉造粒菌株存活情况

取样时间	破碎出口	造粒出口	一级烘干	二级烘干	返料	包装
15：40	0.62	0.78	0.66	0.60	0.69	0.62
16：00	0.59	0.69	0.65	0.66	0.54	0.58
16：20	0.58	0.70	0.76	0.60	0.63	0.60
16：40	0.74	0.66	0.63	0.62	0.68	0.61
17：00	0.62	0.62	0.63	0.60	0.60	0.56
17：20	0.59	0.65	0.65	0.76	0.61	0.63
17：40	0.75	0.62	—	—	0.66	0.60
平均值	0.64	0.67	0.66	0.64	0.63	0.60

注：单位为 10^8 CFU/克。

2.2.2 添加发酵液造粒

A车间发酵菌液活菌数检测值为 120×10^8 CFU/毫升，实际添加量为0.8%；B车间发酵菌液活菌数检测值为 113×10^8 CFU/毫升实际添加量为1%。

喷枪喷出发酵液造粒机中活菌的损失情况如表2所示：造粒机中新原料添加量占造粒总量1/3、返料量占2/3，由此可算出造粒机出口处样品的有效活菌数理论值为 $0.96\times1/3+0.05\times2/3=0.35\times10^8$ CFU/克，即造粒机中活菌的损失率为 $(0.35-0.15)/0.35\times100\%=57.1\%$，烘干筛分环节活菌数的损失情况为 $(0.15-0.1)/0.35\times100\%=14.3\%$。

活菌存活率为 $100\%-57.1\%-14.3\%=28.6\%$。

表2 A车间发酵液造粒菌株存活情况

取样时间	造粒出口	一级烘干	一级冷却	二级烘干	二级冷却	包装
16：00	0.17	0.09	0.10	0.11	0.08	—
16：30	0.15	0.08	0.10	0.08	0.07	0.08
17：00	0.13	0.07	0.06	0.07	0.06	—

（续）

取样时间	造粒出口	一级烘干	一级冷却	二级烘干	二级冷却	包装
17：30	0.15	0.08	0.07	0.10	0.08	0.08
18：00	0.16	0.12	0.10	0.14	0.11	0.11
18：30	0.15	0.10	0.10	0.12	0.13	0.12
19：00	0.14	0.09	0.11	0.10	0.13	0.11
平均值	0.15	0.09	0.091	0.10	0.094	0.10

注：单位为 10^8 CFU/克。

计量泵喷出发酵液造粒机中活菌的损失情况如表 3 所示：造粒机中新原料添加量占造粒总量 60%、返料量占 40%，由此可算出造粒机出口处样品的有效活菌数理论值为 $1.13 \times 0.6 + 0.595 \times 0.4 = 0.916 \times 10^8$ CFU/克，即造粒机中活菌的损失率为 $(0.916 - 0.688)/0.916 \times 100\% = 24.9\%$，烘干筛分环节活菌数的损失情况为 $(0.688 - 0.52)/0.916 \times 100\% = 18.3\%$。

活菌存活率为 $100\% - 24.9\% - 18.3\% = 56.8\%$。

表 3　B 车间发酵液造粒菌株存活情况

取样时间	造粒出口	一级烘干	返料	二级烘干	包装
10：40	0.81	0.64	0.6	0.52	0.54
11：00	0.62	0.53	0.59	0.50	0.45
11：20	0.54	0.55	0.49	0.53	0.6
11：40	0.65	0.62	0.53	0.50	0.43
12：00	0.75	0.62	0.63	0.60	0.51
12：20	0.74	0.62	0.64	0.66	0.5
12：40	—	0.78	0.62	0.72	0.56
13：00	0.71	0.66	0.66	0.70	0.58
平均值	0.688	0.627 5	0.595	0.59	0.52

注：单位为 10^8 CFU/克。

结果表明，将发酵液制成菌粉之后再添加到复合肥造粒生产中，菌株存活率较高，达到 70.4%，比菌液造粒中喷枪喷出造粒和计量泵喷出造粒存活率 28.6%、56.8% 都高，说明添加菌粉造粒是一种好的方式。

2.3　含菌复合肥田间试验效果

在玉米生产前期进行田间观察，试验田植株秸秆比对照田植株秸秆粗壮、色泽黑绿。生长后期，两处理对比，试验田植株茎秆青绿，无倒伏，对照田处理叶片色泽浅、茎秆干枯无色泽。结果表明（表 4），含菌复合肥每亩鲜穗可增产 71.83 千克，相比对照田增长

6.31%，可显著提高玉米产量。按鲜穗收购价 1.4 元/千克计算，每亩收益可提高 100.56 元，具有良好市场前景，可示范推广。

表 4　玉米产量分析

处理	亩株数	20 穗穗重（克）	单穗重（克）	亩产量（穗重，千克）
试验田	4 200	5 764	288.2	1 210.44
对照田	3 900	5 839	292.0	1 138.61

3　讨论

目前，市场上有多种微生物种质资源开发的产品，主要有生物农药、生物有机肥、微生物代谢产物制剂等，如井岗霉素·枯草芽孢杆菌复配剂对青枯病、根腐病都有较好的防治效果，哈茨木霉菌剂对枯萎病、黄萎病、茎基腐病等都有较好的效果，放线菌次生代谢产物春雷霉素可以有效抑制水稻稻瘟病。

本研究将有抑菌效果并耐高温高盐的解淀粉芽孢杆菌 JZ3 与无机肥料进行造粒生产，添加菌粉可进行造粒生产含菌复合肥，实现了含菌复合肥的工业化生产。在无机肥料中添加抗病微生物，可以增加土壤中有益微生物比例，并且含菌复合肥的应用减少了人工成本，在机械施用化肥的同时，还添加了有益微生物，省工省力。

本研究中含菌复合肥可以提高玉米产量，制作工艺简单，具有很强市场推广潜力。

参考文献

[1] 程洪斌，刘晓桥，陈红漫．枯草芽孢杆菌防治植物真菌病害研究进展．上海农业学报，2006，22 （1）：109-112.

[2] Verma M，Brar S K，Tyagi R D，et al. Antagonistic fungi，*Trichoderma* spp.：Panoply of biological control. Biochemical Engineering Journal，2007，37 （1）：1-20.

[3] 陆燕，李澄，陈志德，等．解淀粉芽孢杆菌 41B-1 对花生白绢病的生防效果．中国油料作物学报，2016，38 （4）：487-494.

[4] 胡俊，刘正坪，周洪友，等．向日葵菌核病生防放线菌的分离筛选及拮抗作用的初探．华北农学报，2006，21 （1）：0-103.

[5] 郭景旭，李子钦，张辉，等．胡麻枯萎病生防放线菌的抗菌活性研究．华北农学报，2011，26 （4）：141-146.

[6] 单丽萍，王昌禄，李贞景，等．链霉菌 TD-1 对番茄灰霉病菌的抑制及防御酶活性的影响．华北农学报，2015，30 （2）：100-103.

[7] 李双海，郑诚乐，侯毛毛，等．生物农药阿泰灵及其减药组合对巨峰葡萄感病率及果实品质的影响．中国南方果树．2022，51 （5）：158-160.

［8］ Wilson D. Endophyte：the volution of term，and clarification of its use and definition. Oikos，1995，73（2）：267-274.

［9］ 张晓丽，赵建宇，孟祥坤，等. 番茄生防内生细菌的分离鉴定及耐高温高盐特性研究，华北农学报，2017，32（增刊）：1-8.

减氮及配施镁肥对水稻产量、品质的影响

于 洋 姜 姗

大连亚农农业科技有限公司

摘 要：本研究旨在验证减氮及配施镁肥对水稻产量、品质的影响。本试验设 3 个处理，分别为常规施肥处理（T1），常规施肥＋镁肥处理（T2），氮肥减施 15％＋镁肥处理（T3）。施用镁肥能够显著提高水稻产量，增产率达到 12.8％；减氮 15％处理水稻增产 32.6 千克，增产率为 6.8％。减氮增施镁肥提高稻米碱消值，降低垩白粒率，改善稻米营养品质。同时，施用镁肥有效提高稻田交换性钙、镁含量。建议亩施 10 千克镁肥，可有效提高水稻产量且配合氮肥减施，能兼顾提高水稻产量和稻米营养品质。

关键词：镁肥；减氮；产量；品质

水稻是我国最重要的粮食作物之一，也是全世界 2/3 的人口的主食作物，在粮食生产中占有重要的地位[1-3]。随着我国经济的快速发展，人们对稻米产量、品质的要求日益提高[4-5]，研究优质稻米的栽培技术已经迫在眉睫。

近年来，随着复种指数不断提高，土壤养分平衡状况日趋恶化，配施中微量元素肥料已日益受到重视[6-7]。镁是作物生长发育所必需的营养元素之一，既是作物体内某些有机物质的组成成分，又参与许多酶的合成，对水稻生长具有重要意义[8-10]。因缺镁而出现的"黄化病"水稻面积越来越大。其原因：一是土壤耕作层浅、质地粗、淋溶性强，易使水稻供镁不足；二是长期未施含镁的肥料，土壤有效镁含量降低、易形成缺镁；三是大量施用氮、磷、钾肥使水稻对镁的吸收产生拮抗作用，导致水稻体内缺镁。水稻缺镁之后，植株中下部叶片黄化，叶脉绿色，叶肉和叶脉界线分明，缺镁严重时，下位叶常于叶枕处折垂，塌沾水面，叶缘微卷；穗枝梗基部不实粒增加，影响稻米品质，同时导致减产。缺镁已经成为限制我国农作物进一步增产和农业可持续发展的主要因素之一[11-12]。

在水稻主产区，氮肥的使用量较大，肥料利用率低，不仅浪费资源，而且会增加种植成本，同时易使稻米在生长时期发生倒伏，后期贪青晚熟，加重病虫害发生，严重影响品质[13-15]。

本试验在大田环境下，研究镁肥对水稻产量和品质的影响，同时对氮肥减量条件下增施镁肥的效果进行研究，以期为水稻高产优质栽培管理提供理论依据和参考。

1 材料及方法

1.1 试验地基本情况

试验地点为浙江省杭州市富阳区中国水稻研究所富阳试验基地，试验地土壤类型为青紫泥，土壤的基本理化性状为pH6.9，有机质36.8克/千克，全氮2.65克/千克，碱解氮142.0毫克/千克，有效磷17.0毫克/千克，速效钾54.1毫克/千克。

1.2 供试材料

供试肥料为大连亚农农业科技有限公司生产的功能型中量元素肥料——四灵美（$MgO \geqslant 40\%$，$CaO + SiO_2 \geqslant 15\%$）；供试普通化肥为尿素（N 46%）、氯化钾（$K_2O$ 60%）和过磷酸钙（P_2O_5 12%）。

试验品种为当地主栽水稻品种中浙优8号。

1.3 试验设计

试验设3个处理，具体如下：

常规施肥（T1）：当地水稻常规施肥方式，氮肥（尿素）纯量12千克/亩，按照基肥：蘖肥：穗肥＝5：2.5：2.5分三次施入；磷肥（P_2O_5）纯量6千克/亩，一次性基施；钾肥（K_2O）纯量8千克/亩，按基肥和保花肥＝5：5分两次施入。

常规施肥＋镁肥（T2）：在当地水稻常规施肥基础上，配施亚农镁肥。即：氮肥（尿素）纯量12千克/亩、亚农镁肥10千克/亩，均一次性基施；钾肥（K_2O）纯量8千克/亩，按基肥和保花肥＝5：5分两次施入。

氮肥减施15%＋镁肥（T3）：常规施氮减施15%的基础上，配施亚农镁肥。即氮肥（尿素）纯量10.2千克/亩，按照基肥：蘖肥：穗肥＝5：2.5：2.5分三次施入、磷肥（P_2O_5）纯量6千克/亩、亚农镁肥10千克/亩，均一次性基施；钾肥（K_2O）纯量8千克/亩，按基肥和保花肥＝5：5分两次施入。

采用随机区组试验设计方法，小区面积22米^2，设置3次重复，每个小区均单设进、排水口，田埂用防水薄膜覆盖，隔离防渗。四周设保护行。各试验处理施肥量如表1所示。

表1 各试验处理小区施肥量

处理	基肥				蘖肥	穗肥（含保花肥）	
	尿素（克）	过磷酸钙（克）	氯化钾（克）	镁肥（克）	尿素（克）	尿素（克）	氯化钾（克）
常规施肥（T1）	430	1 650	220	0	215	215	220
常规施肥＋镁肥（T2）	430	1 650	220	330	215	215	220
氮肥减施15%＋镁肥（T3）	365.5	1 650	220	330	182.75	182.75	220

1.4 试验方法

1.4.1 水稻产量和产量构成因子测定

水稻产量测定：水稻收获前调查水稻有效穗数，每个处理按 3 点取样法进行取样和测产，每个取样点随机采集 20 穴水稻植株，用网袋装好，带回室内考种，主要考查穗粒数、结实率、千粒重等指标。

1.4.2 水稻品质指标测定

成熟期收获脱粒后，待稻米理化性质稳定，参照国家标准 GB/T 17891—1999《优质稻谷》测定整精米率、垩白度、胶稠度、碱消值等。

1.4.3 土壤指标测定

水稻收获后，用土钻在试验田按 S 形路线随机采集 15 个点的土样，取样深度为 0～20厘米，混合后带入实验室，剔除石块和动植物残体等杂质，用常规方法测定有机质、全氮、碱解氮、有效磷、速效钾以及 pH；交换性钙、镁用 NH_4OAc 浸提-原子吸收分光光度法测定。

2 试验结果与分析

2.1 不同处理对水稻产量的影响

由试验结果可知（表 2），与常规处理（T1）相比，增施镁肥处理（T2）显著提高了水稻产量，增产率达 12.8%；氮肥减施 15% 条件下增施氢氧化镁功能型中量元素肥料处理（T3）也增加了水稻产量，增产率达 6.8%，但其与 T1 处理间无显著差异。

表 2 不同处理对水稻产量的影响

处理	小区产量（千克）				产量（千克/亩）	增产量（千克/亩）	增产率（%）
	重复1	重复2	重复3	平均值			
常规施肥（T1）	14.0	17.0	16.2	15.7	476.6±19.2b	—	—
常规施肥＋镁肥（T2）	16.8	18.0	18.4	17.7	537.7±10.1a	61.1	12.8
氮肥减施15%＋镁肥（T3）	16.1	17.4	16.9	16.8	509.2±8.6b	32.6	6.8

注：不同小写字母代表差异性显著（$P<0.05$），下同。

多重比较结果表明，施用 10 千克/亩镁肥对水稻具有明显的增产效果，方差分析结果表明，不同处理之间产量差异达到显著水平，重复之间差异不显著，故试验可以用来衡量中量元素肥料的肥效。

2.2 不同处理对水稻产量构成因子的影响

由表 3 可知，与常规处理（T1）相比，增施镁肥处理（T2）对水稻有效穗、千粒重无显著影响，但显著提高了结实率；氮肥减施 15% 条件下增施镁肥处理（T3）也增加了结实率，但其与 T1 处理间无显著差异。

结果表明，增施镁肥主要通过提高结实率提高产量。

表 3　不同处理对水稻产量构成因子的影响

处理	有效穗	千粒重（克）	结实率（%）
常规施肥（T1）	18.3±0.5a	25.1±0.2a	64.7±2.3b
常规施肥＋镁肥（T2）	19.4±1.0a	25.1±0.2a	77.1±3.5a
氮肥减施15%＋镁肥（T3）	19.6±0.3a	25.2±0.1a	67.8±3.5ab

2.3　不同处理对稻米品质指标的影响

由表4可知，与常规处理（T1）相比，氮肥减施15%条件下增施镁肥处理（T3）可通过提高碱消值、降低垩白粒率改善稻米营养品质，稻米品质达部标三等，但常规施氮条件下增施镁肥并无此效果。

表 4　不同处理对稻米品质指标的影响

处理	糙米率（%）	精米率（%）	整精率（%）	粒长（毫米）	长宽比	垩白粒率（%）	垩白度	透明度	碱消值	胶稠度（毫米）	直链淀粉（%）	综合判定
常规施肥（T1）	81.8	75.3	66.6	6.9	3.3	8	0.8	2	4.7	77	14.0	普通
常规施肥＋镁肥（T2）	81.9	75.1	66.1	6.9	3.3	8	0.7	2	7.8	77	13.9	普通
氮肥减施15%＋镁肥（T3）	81.7	74.8	66.7	6.9	3.3	7	0.8	2	5.2	76	14.1	三等

2.4　不同处理对稻田交换性钙和交换性镁含量的影响

由表5可知，与常规施处理（T1）相比，增施镁肥处理（T2、T3）均显著提高了稻田交换性镁含量。此外，减氮15%条件下配施镁肥可以显著提高稻田交换性钙含量。

表 5　不同处理对稻田交换性钙、镁含量的影响

处理	交换性钙（厘摩/千克）	交换性镁（厘摩/千克）
常规施肥（T1）	2.47±0.42b	129.07±21.05b
常规施肥＋镁肥（T2）	2.93±0.31b	169.7±21.29a
氮肥减施15%＋镁肥（T3）	3.04±0.08a	170.63±8.73a

3　小结与讨论

3.1　试验结果

试验结果表明：在当地常规施肥基础上，施用镁肥可显著提高水稻颖花数和结实率，从而提高水稻的产量。施用镁肥 10 千克/亩比不施镁肥的水稻亩增产 61.1 千克，增产率为 12.8％；减氮 15％处理水稻增产 32.6 千克，增产率为 6.8％。同时，减氮 15％条件下施用镁肥 10 千克/亩可一定程度提高稻米碱消值、降低垩白粒率，改善稻米品质。施用氢氧化镁功能型中量元素肥料还可以有效提高稻田土壤交换性钙、镁含量。

3.2　施肥建议

从试验结果看，建议亩施 10 千克镁肥，可有效提高水稻产量；配合氮肥减施，能兼顾提高水稻产量和稻米品质。

参考文献

[1] 张凤鸣，孙世臣 . 黑龙江省的水稻生产与发展 . 黑龙江农业科学，2007，27（20）：13-15.

[2] 左远志 . 黑龙江省水稻生产现状及前景展望 . 中国农学通报，2005，21（1）：335-340.

[3] 于清涛，肖佳雷，龙江雨，等 . 黑龙江省水稻生产现状及其发展趋势 . 中国种业，2011（7）：12-14.

[4] Edmeades D C. The long - term effects of manures and fertilizers onsoil productivity and quality A review. NutriCycl Agroecosys, 2003（66）: 165-180.

[5] 汪贞，席运官 . 国内外有机水稻发展现状及有机稻米品质研究 . 上海农业学报，2014，30（1）：103-107.

[6] 白由路，金继运，杨俐苹 . 我国土壤有效镁含量及分布状况与含镁肥料的应用前景研究 . 土壤肥料，2004（2）：3-5.

[7] 杨军芳，周晓芬，冯伟 . 土壤与植物镁素研究进展概述 . 河北农业科学，2008，12（3）：91-93，96.

[8] 张加明 . 镁肥不同施用量在明溪县水稻对比试验初报 . 福建热作科技，2022，47（1）：40-42.

[9] 薛英会，陈琦 . 镁肥不同施用方法对水稻产量构成因素及产量影响 . 北方水稻，2015，45（3）：14-16.

[10] 林秀华，刘传芹，范业春 . 镁肥对水稻产量及品质的影响研究 . 农业科技通讯，2008（11）：40-41.

[11] 戴平安，易国英，郑圣先，等 . 硫镁钙营养不同配经量对水稻产量和品质的影响 . 作物研究，1999（3）：31-35.

[12] 李晓鸣 . 矿质镁对水稻产量和品质影响的研究 . 植物营养与肥料学报，2002（1）：125-126.

[13] 朱彩云，郭玉华，崔鑫福，等 . 不同施氮水平对粳稻米质的影响 . 中国农学通报，2006，22（3）：175-178.

[14] 黄辉 . 我国农业发展现状和土壤施肥情况 . 中国农资，2011（2）：48-49.

[15] 莫惠栋 . 我国稻米品质的改良 . 中国农业科学，1993，26（4）：8-14.

通菜施用小分子有机水溶肥小区试验初报

黄继川[1]　许杨贵[1]　徐小霞[2]　郑义腾[2]

1. 广东省农业科学院农业资源与环境研究所；2. 广东海纳百川环保科技有限公司

摘　要： 为验证新型有机水溶肥料对蔬菜生长和提质增效的作用，推广基于有机水溶肥料产品的蔬菜化肥减量模式，在增城市选择有代表性的地块，开展通菜淋施海威沃小分子有机水溶肥料的小区试验。结果显示，海威沃小分子有机水溶肥料在通菜上增产效果明显，较对照组相比，最高每亩每茬的增产效益达 701.6 元，增产率达 22.6%，且能提高通菜通菜生素 C、可溶性糖和粗纤维含量。

关键词： 小分子有机水溶肥料；通菜；增产；品质

　　为进一步集成创新化肥减量增效技术模式，开展新技术、新产品、新材料试验示范，筛选、验证有机水溶肥料在促进蔬菜生长、提高蔬菜产量、改善蔬菜品质和节本增效等方面的作用，总结典型模式，规范技术应用，提高农户对农业新技术、新产品的认识，在增城市选择有代表性的地块，开展通菜淋施海威沃小分子有机水溶肥料的小区试验，推进当地农业化肥减量和农业绿色高质量发展。通过试验，了解有机水溶肥料在通菜上施用的增产效果，为农民提供可靠的优质肥料。

1　材料与方法

1.1　试验地点

　　试验地点在广州增城市壹丰生态农场温室大棚。试验地土壤 pH 为 5.8、有机质含量 2.35%、碱解氮含量 120.5 毫克/千克、有效磷和速效钾含量分别为 35.8 毫克/千克和 138.6 毫克/千克，属中等肥力水平。

1.2　试验材料

　　试验用通菜由广州增城某生态农场提供，为当地常规主要栽培品种。

　　海威沃小分子有机水溶肥 1 号（以下简称水溶肥 1）、海威沃小分子有机水溶肥 2 号（以下简称水溶肥 2）由广东海纳百川环保科技有限公司提供，价格为 6 500 元/吨。普通复合肥（25 - 10 - 10）市面购买，价格为 4 000 元/吨。

1.3　试验方法

挑选地势平坦、形状整齐、地力水平均匀的试验地块，种植时按照畦宽 1.0 米、沟宽 30 厘米、沟深 30 厘米作畦。设 5 个处理（表1），每个处理 3 次重复，区组间随机分布。

表1　处理设置

处理编号	处理内容
1	对照（普通复合肥，100％N）
2	水溶肥1（100％N），与对照 N 素投入相同
3	水溶肥2（100％N），与对照 N 素投入相同
4	水溶肥1（80％N），按对照 N 素 80％投入
5	水溶肥2（80％N），按对照 N 素 80％投入

注：水溶肥的施用量按照普通固体复合肥含氮量的比例施用，磷肥和钾肥用量各处理相同；施用水溶肥的处理用过磷酸钙和氯化钾调整养分，使其与普通固体复合肥处理相同。

1.4　试验及主要栽培管理情况

通菜在 2021 年 2 月 22 日种植，播种采用撒播的方式，播种后应注意防晒遮阳，保持土壤湿润，各处理底肥一致。追肥方面对照组第一次追肥在齐苗后每亩追施 12 千克复合肥（25‑10‑10），间隔 20 天后再每亩追施 12 千克复合肥（25‑10‑10）；处理组水溶肥 1 和水溶肥 2 的追肥氮素用量与普通复合肥处理相同，磷素和钾素用过磷酸钙和氯化钾补齐；水溶肥 1（80％N）和水溶肥 2（80％N）处理氮素用量按照普通复合肥追肥氮素用量的 80％投入，磷肥和钾肥相同。于 2021 年 3 月 23 日进行收获，测定株高、地径、产量、维生素 C 含量、可溶性糖含量和粗纤维含量。

2　结果分析

2.1　施用水溶肥对通菜生长和产量的影响

如表 2 所示，收获期调查结果显示通菜株高为 17.9～22.3 厘米。与常规复合肥比较，施用水溶肥均能提高通菜的株高，且随着水溶肥用量的增加而提高，尤其是水溶肥 1（100％N）处理，通菜的株高较普通复合肥处理显著提高 24.6％，水溶肥 2（100％N）处理通菜的株高较普通复合肥显著提高 21.8％。而施用 80％N 素的水溶肥 1 和水溶肥 2，通菜的株高也较普通复合肥处理分别显著提高 21.2％和 12.8％。

施用水溶肥 1 和水溶肥 2 均能增加通菜地径，其中水溶肥 1（100％N）处理通菜地径大于水溶肥 1（80％N）处理，也大于水溶肥 2（100％N）。随着水溶肥用量的下降，其对通菜地径大小的促进作用也在下降。水溶肥 1（100％N）、水溶肥 1（80％N）、水溶肥 2（100％N）和水溶肥 2（80％N）处理通菜地径分别较普通复合肥处理显著提高 25.1％、

18.5%、18.1%和15.5%。

不同处理通菜的产量为445.1～545.8千克/亩，施用水溶肥1和水溶肥2均能提高通菜的产量，其中施用水溶肥1（100%N）和水溶肥2（100%N）分别较普通复合肥处理显著增产22.6%和12.3%；水溶肥1（80%N）和水溶肥2（80%N）处理分别较普通复合肥处理增产18.1%和3.9%，前者差异显著。

表2　通菜产量与农艺性状

处理	株高（厘米）	地径（毫米）	产量（千克/亩）
1	17.9b	5.41c	445.1c
2	22.3a	6.77a	545.8a
3	21.8a	6.39ab	499.6ab
4	21.7a	6.41ab	525.8a
5	20.2a	6.25b	462.3bc

注：表中同列字母不同表示差异达到显著水平，下同。

2.2　施用水溶肥对通菜品质的影响

从表3可看出，施用水溶肥1和水溶肥2均能提高通菜维生素C、可溶性总糖和粗纤维含量。其中水溶肥1（100%N）处理通菜维生素C、可溶性糖和粗纤维含量分别较普通复合肥处理提高46.1%、19.5%和4.4%；水溶肥1（80%N）处理通菜维生素C、可溶性糖和粗纤维含量分别较普通复合肥处理提高34.1%、7.3%和6.6%；水溶肥2（100%N）处理通菜维生素C、可溶性糖和粗纤维分别较普通复合肥处理提高40.7%、4.9%和9.5%；而水溶肥2（80%N）处理通菜维生素C、可溶性糖和粗纤维分别较普通复合肥处理提高29.5%、4.9和9.5%。说明施用水溶肥1和水溶肥2均对通菜的品质有良好的增效作用，水溶肥1的效果比水溶肥2显著。

表3　不同处理通菜品质分析

处理	每100克通菜维生素C含量（毫克）	可溶性糖含量（%）	粗纤维含量（%）
1	33.2b	0.41b	13.7b
2	48.5a	0.49a	14.3ab
3	46.7a	0.43b	15.0a
4	44.5a	0.44ab	14.6ab
5	43.0a	0.43b	15.0a

2.3　施用水溶肥对通菜增产效益的影响

从表4可以看出，水溶肥1和水溶肥2都能提高通菜的亩增产效益。100%N素和80%N素的水溶肥1每亩增产效益分别为701.6元和581.6元；100%N素和80%N素的水溶肥 2 每亩每茬的增产效益分别为 332.0 元和 73.6 元。

表 4　不同处理经济效益分析

处理	追肥成本 （元/亩）	产量 （千克/亩）	亩产值 （元/亩）	增产效益 （元/亩）
1	96	445.1	3 560.8	—
2	200	545.8	4 366.4	701.6
3	200	499.6	3 996.8	332.0
4	160	525.8	4 206.4	581.6
5	160	462.3	3 698.4	73.6

3　小结

　　追施水溶肥 1 和水溶肥 2 均能提高通菜的株高和地径大小，提高通菜的产量。不同处理间通菜产量为 445.1～545.8 千克/亩，其中追施与普通复合肥等 N 量的水溶肥 1 和水溶肥 2 比普通复合肥分别增产 22.6％和 12.2％；追施 80％N 用量的水溶肥 1 和水溶肥 2 比普通复合肥分别增产 18.1％和 3.9％。

　　追施与普通复合肥等 N 量和 80％N 素的水溶肥 1 每亩的效益增加分别为 701.6 元和 581.6 元；追施与普通复合肥等 N 量和 80％N 素的水溶肥 2 每亩效益增加分别为 332.0 元和 73.6 元。

　　施用水溶肥 1 和水溶肥 2 均能提高通菜通菜生素 C、可溶性糖和粗纤维含量，品质改善效果明显。